GONGYE FEIQI KUANGJIANG
TUOLIU TUOXIAO JISHU
JI YINGYONG

工业废气矿浆
脱硫脱硝技术及应用

贾丽娟　著

化学工业出版社

·北京·

内容简介

《工业废气矿浆脱硫脱硝技术及应用》主要介绍了磷矿浆液相催化氧化脱除工业烟气中 SO_2 和 NO_x 的技术可行性，在优化实验室反应条件的基础上，对矿浆脱硫脱硝的反应动力学和传质动力学进行了分析，并对比了外场作用（超声波、微波等）对脱硫效果的强化作用，以供工业化应用参考、借鉴。

《工业废气矿浆脱硫脱硝技术及应用》可供环境工程、环境科学、环境生态学、化学工程等相关专业的师生使用，还可供从事相关专业技术工作的研究人员、管理人员参考。

图书在版编目（CIP）数据

工业废气矿浆脱硫脱硝技术及应用／贾丽娟著．—北京：化学工业出版社，2021.10

ISBN 978-7-122-39790-4

Ⅰ．①工…　Ⅱ．①贾…　Ⅲ．①矿浆-脱硫-应用-工业废气-废气净化②矿浆-脱硝-应用-工业废气-废气净化　Ⅳ．①X701

中国版本图书馆 CIP 数据核字（2021）第 167592 号

责任编辑：宋林青
责任校对：宋　玮　　　　装帧设计：史利平

出版发行：化学工业出版社（北京市东城区青年湖南街 13 号　邮政编码 100011）
印　　装：涿州市般润文化传播有限公司
787mm×1092mm　1/16　印张 15½　字数 447 千字　2021 年 9 月北京第 1 版第 1 次印刷

购书咨询：010-64518888　　　　售后服务：010-64518899
网　　址：http：//www.cip.com.cn
凡购买本书，如有缺损质量问题，本社销售中心负责调换。

定　　价：98.00 元

前言

SO_2、NO_x 在工业废气中普遍共存，是工业炉窑排放的主要大气污染物，对人体有极大不良影响的同时，也是导致植物死亡、金属及非金属腐蚀、土壤酸化和贫瘠、酸雨形成、光化学烟雾等生态破坏和环境污染的罪魁祸首。我国是能源消耗大国，在燃料使用领域中，煤占较大比重，煤炭年消费总量达 12.0亿～13.0亿吨，其中 80%属于原煤直接燃烧，燃煤排放的 SO_2、NO_x 污染已成为制约我国经济社会可持续发展的重要因素。作为世界上最大的煤炭生产和消费国，在国家环保政策的要求下，硫硝同步脱除与资源化利用是环境保护和经济发展的需要。而我国磷煤化工行业目前所采用的 SO_2、NO_x 净化技术存在工艺流程复杂、投资运行费用高、固废产生量大、硫硝资源回收及脱硫硝副产品难以销售等问题。尤其对需要满足超低排放标准的磷化工企业，SO_2、NO_x 治理方法单一，治理效果不如人意，研究与开发新的磷煤化工行业废气低浓度 SO_2、NO_x 同步高效脱除技术势在必行。磷矿中含有丰富的过渡金属氧化物，在矿浆吸收 SO_2 或 NO_x 的过程中，过渡金属离子会不断进入溶液中，成为廉价的液相催化氧化脱硫反应的金属离子催化剂，促进磷矿的分解并产生高附加值的副产物，从而达到脱硫脱硝和吸收液再利用的目的。

本书从工业烟气脱硫脱硝低排放需求出发，结合低品位磷矿资源现状，重点论述了磷矿湿法脱硫脱硝技术工艺可行性条件，通过剖析实验反应动力学以及气液两相反应的传质动力学，初步确定了矿浆脱硫反应动力学方程、传质速率方程。为探讨外场条件如超声波、微波技术是否具有强化脱硫的效果，本书将超声波、微波技术应用至矿浆法烟气脱硫过程，并对比分析了外场附加条件下的强化脱硫效果。

全书共分为 7 章。第 1 章论述了矿浆脱硫技术产生的背景，第 2 章对矿浆脱硫或脱硝技术可行性进行了初探，第 3 章介绍了磷矿浆脱硫技术实验研究和中试结果，第 4 章介绍了泥磷加磷矿脱硫脱硝技术及传质过程分析，第 5 章利用超声波雾化磷矿浆脱硫并与无外场条件对比脱硫效果，第 6 章利用微波技术改性磷矿后进行磷矿浆液相脱硫并与无外场条件对比脱硫效果，第 7 章简要介绍了矿浆脱硫脱硝技术的研究总结及推广应用情况。

本书在撰写过程中得到了昆明理工大学宁平教授、李凯教授、宋辛博士等的大力支持和帮助，在校研究生余倩、何迪、谢兵华、耿娜、姜恩柱也参与了大量书稿材料的整理、汇编，在此一并致以衷心感谢。由于作者水平有限，书中难免存在缺点和疏漏之处，敬请广大读者批评、指正。

作者

2021 年 4 月

目录

1

绪　论

1.1 SO_2 和 NO_x 的来源及危害

1.1.1 SO_2 的性质、来源、危害、排放现状

1.1.1.1 SO_2 的性质

二氧化硫（SO_2）是无色、有刺激性气味的有毒气体，它的分子具有极性，极易液化，相对密度是空气的 2.26 倍。二氧化硫属于酸性气体，具有酸性氧化物的通性，即可与碱反应生成盐和水、与碱性氧化物生成盐、易溶于水。常温常压下，1 体积水大约能溶解 40 体积二氧化硫，其溶液被称作亚硫酸溶液。二氧化硫既具有氧化性又具有还原性，主要表现为还原性。此外，二氧化硫还具有漂白性，漂白机理是二氧化硫溶于水后能与某些有色物质化合生成无色物质，生成的无色物质不稳定易分解呈现原来的颜色。气体二氧化硫的一般性质如表 1.1 所示。

表 1.1　二氧化硫的一般性质

项目	数值(条件)	项目	数值(条件)
分子量	64.063	平均比热容/[J/(g·K)]	0.6615(0～100℃)
密度/(g/L)	2.9265	黏度/(mPa·s)	0.0116(0℃)
熔点(结晶温度)/℃	−75.48	偶极矩/D×10^{18}	1.61
沸点(冷凝温度)/℃	−10.02	临界温度/℃	157.2
溶化热/(J/mol)	7.401	临界压力/MPa	7.87
蒸发热/(J/mol)	24.937	溶解度(20℃)/	10.55
分子容积/mL	44(沸点)	(g SO_2/100g H_2O)	
电导率/S·cm^{-1}	4×10^{-8}(−10℃)	溶解热/(kJ/mol)	34.4(20℃)

工业上含硫废气包括二氧化硫、硫化氢、硫醇、硫醚等，其中，二氧化硫为主要成分。根据对二氧化硫的光谱研究，其中主要物质为各种水合物 $SO_2\cdot H_2O$，不同浓度、温度和 pH 下，存在的离子有 H_3O^+、HSO_3^-、$S_2O_5^{2+}$，还有少量的 SO_3^{2-}。大气中的二氧化硫容易被氧气氧化生成三氧化硫，三氧化硫溶于水后生成硫酸，生成的硫

酸及二氧化硫溶于水后生成的亚硫酸随降雨落到地面，这在很大程度上导致了酸雨的形成。

1.1.1.2 SO_2 的来源

二氧化硫是大气污染物中排放量较大，污染范围广的一种气态污染物，是当今人类面临的主要大气污染物之一。大气中 SO_2 来源主要分为两大类：自然源和人为源。自然源包括火山爆发、沼泽、湿地等处 H_2S 的氧化，微生物的分解等。自然源排放量大约占大气中 SO_2 总量的 30%，自然源产生的 SO_2 可以通过大气、水流的扩散、氧化以及微生物的分解作用得以净化。人为源来自火电厂、钢铁、有色冶炼、化工、炼油、水泥等工业生产中燃煤、石油等含硫化石燃料的燃烧；由于煤和石油最初都是由有机质转化形成的，而有机生命体的组织和结构中是含有元素硫的，因此，在这种转化过程中元素硫也被结合进入矿物燃料中。硫在燃料中常以有机硫化物或无机硫化物（如 FeS_2）的形式存在，其含量大约各占一半。在燃烧过程中，燃料中的硫几乎能够全部转化形成二氧化硫。通常煤的含硫量为 0.5%～6%，石油的含硫量为 0.5%～3%，全世界每年由人为源排入大气中的二氧化硫约有 146×10^6t，其中约有 60%来自煤的燃烧，30%左右来自石油燃烧和炼制过程。因人为源排放 SO_2 的占有量大，大约占大气中 SO_2 总量的 70%，且人为源比较集中，在占地球表面不到 1%的城市和工业区上空占主导地位，这是造成大气污染的主要原因。

1.1.1.3 SO_2 对人体的危害

SO_2 是一种无色、有毒并且伴有刺激性气味的气体，人体吸入后易溶于人体的体液和其他黏性液体中，其中很大一部分停滞在人体上呼吸道，在潮湿的黏膜上容易变成具有腐蚀性的亚硫酸、硫酸以及硫酸盐，从而刺激人体的呼吸道，进而影响呼吸道功能。这主要是由于人体上呼吸道内的平滑肌存在于末梢的神经感触器，一经受刺激便会产生窄缩反应，即气管和支气管的管腔缩小，从而使气道内的阻力增强，如果成年人长期生活在 SO_2 浓度为 0.15～0.2mg/m^3 条件下，则会产生多种呼吸系统疾病。吸入二氧化硫可使呼吸系统功能受损，导致多种疾病，如上呼吸道感染、慢性支气管炎、肺气肿等，并且会加重呼吸系统及其他疾病（尤其是支气管炎及心血管病）。除此之外，SO_2 若被吸收进入血液中，则破坏酶的活力，使得人体内碳水化合物和蛋白质的代谢速率降低。SO_2 还会破坏角膜蛋白质，因此导致其变性从而引起视力的障碍。此外，二氧化硫在氧化剂、光的作用下，尤其是粒子协同作用下，会产生使人致病、甚至死亡率上升的硫酸盐气溶胶；气溶微粒中的 SO_2 若进入人体肺叶深处，SO_2 的毒性将增加至原来的 3～4 倍，当二氧化硫转化为酸雾，这种粒径小于 10μm 的雾滴能深入肺深处，其危害比二氧化硫大十倍。同时，短期内接触 SO_2 会对人体呼吸道产生影响，但是如果人体长时间内接触 SO_2，会对人体大脑皮质的机能产生消极的影响，主要包括会削弱大脑劳动的能力，导致儿童大脑智力发育缓慢等。空气中二氧化硫对人体的影响见表 1.2。

表 1.2 空气中二氧化硫对人体的影响

浓度/(mg/m^3)	对人体的影响
0.0286～0.286	光化学反应生成分散性颗粒，引起视野距离缩小
0.286～2.86	植物及建筑结构材料遭受损害
2.86～28.6	对人体有刺激作用
2.86～14.3	感觉到二氧化硫气味
14.3～28.6	人在此环境下进行较长时间的操作时尚能忍受
28.6～286	对动物进行实验时出现种种症状
57.2	人因受到刺激而咳嗽、流泪
286	人仅能忍受短时间的操作，咽喉有异常感，喷嚏、疼痛、哑嗓、胸痛，并且呼吸困难
1144～1430	立刻引起人严重中毒，呼吸道闭塞而导致窒息身亡

1.1.1.4 SO_2 对植物的危害

二氧化硫对植物的危害主要是其通过植物叶面气孔进入植物体，在细胞或细胞液中生成 SO_3^{2-} 或 HSO_3^- 和 H^+。如果其浓度和持续时间超过本身的自解机能，就会破坏植物的正常生理机能，使光合作用减弱，影响体内物质代谢和酶的活性，从而使植物细胞发生质壁分离、崩溃、叶绿素分解等，结果使植物生长缓慢，抗病虫害能力降低，出现叶斑、枯黄、卷落，严重时会枯死。研究表明，在高浓度二氧化硫的影响下，植物产生急性危害，叶片表面产生坏死斑，或植物叶片直接枯萎脱落；在低浓度二氧化硫的影响下，植物的生长机能受到影响，造成产量下降，品质变坏。在植物中，树木对二氧化硫最敏感，树木长期处在二氧化硫的大气中，会生长缓慢或停滞生长，同时抗病虫能力降低，造成间接危害。

1.1.1.5 SO_2 对环境的危害

大气中的二氧化硫和氮氧化物在一定条件下转化成酸性降水（$pH \leqslant 5.6$）即形成酸雨。酸雨是改变大气化学和生态环境的重要现象，在国外被称为“空中死神”，酸雨对水生生物、陆地系统、人体均存在不同程度的危害，使建筑物、机械和市政设施产生严重的腐蚀。

1.1.1.6 SO_2 的排放现状

我国能源消费结构以燃煤为主，一次能源结构中燃煤占 75%左右。随着经济的快速发展，全国煤炭消费量不断增加，我国煤炭消费总量 2010 年为 33.9 亿 t，2013 年达到历史峰值 42.44 亿 t，2014 年、2015 年分别为 41.16 亿 t 和 39.65 亿 t，2016 年为 39 亿 t，占一次能源消费量的 62%，较 2010 年下降 7 个百分点，但仍高出世界目前平均水平近 40 个百分点。能源结构的特殊性，导致我国 90%以上的二氧化硫由燃煤产生，近年来二氧化硫排放量虽有所减少，但总量仍很大。表 1.3 为 2011—2019 年二氧化硫的排放情况。

表 1.3 2011—2019 年全国二氧化硫排放量

年份	合计	工业源	生活源
2011	2217.6	2017.2	200.4
2012	2117.4	1911.7	205.7
2013	2043.7	1835.2	208.5
2014	1974.3	1740.4	233.9
2015	1853.6	1556.7	296.9
2016	854.5	770.5	84.0
2017	610.4	529.9	80.5
2018	515.4	446.7	68.7
2019	852.7	457.3	395.4

2011 年 7 月，国家质量监督检验检疫总局发布《火电厂大气污染物排放标准》(GB 13223—2011)，标准规定了火电厂大气污染物排放浓度限值、监测和监控要求，以及标准的实施与监督等相关规定。该标准适用于现有火电厂的大气污染物排放管理以及火电厂建设项目的环境影响评价、环境保护工程设计、竣工环境保护验收及其投产后的大气污染物排放管理。标准中指出，自 2012 年 1 月 1 日起，新建火力发电锅炉及燃气轮机组的二氧化硫排放限值为：燃煤锅炉 $100mg/m^3$，以油为燃料的锅炉或燃气轮机组 $100mg/m^3$，以天然气为燃料的锅炉或燃气轮机组 $35mg/m^3$，以其他气体为燃料的锅炉或燃气轮机组 $100mg/m^3$；自 2014 年 7 月 1 日起，现有火力发电锅炉及燃气轮机组的二氧化硫排放限值为：燃煤锅炉 $200mg/m^3$，以油为燃料的锅炉或燃气轮机组 $200mg/m^3$，以天然气为燃料的锅炉或燃气轮机组 $35mg/m^3$，以其他气体为燃料的锅炉或燃气轮机组 $100mg/m^3$；重点地区的火力发电锅炉及燃气轮机组的二氧化硫排放限值为：燃煤锅炉 $50mg/m^3$，以油为燃料的锅炉或燃气轮机组 $50mg/m^3$，以气体为燃料的锅炉或燃气轮机组 $35mg/m^3$。

2014 年 9 月，为进一步提升我国煤电清洁高效的发展水平，我国环境保护部、能源局、国家发改委三个部委联合印发了《煤电节能减排升级与改造行动计划（2014—2020 年）》通知，通知要求中东部地区燃煤发电机组的大气污染物排放浓度限值与燃气轮机组排放标准接轨。2015 年 12 月，国家发改委、环境保护部、能源局又联合印发《全面实施燃煤电厂超低排放和节能改造工程工作方案》，方案明确提出：所有具备改造条件的燃煤电厂要实现在超低排放基准氧含量 6％的条件下，对于二氧化硫的排放限值提高 $35mg/m^3$；并且要求东部地区在 2017 年前总体达标，中部地区力争在 2018 年前基本达标，西部地区在 2020 年前达标。随着政府部门这些的政策出台，我国燃煤电厂近几年的二氧化硫排放浓度显著下降，2018 年，全国电力二氧化硫排放量约为 99 万吨，相比 2017 年下降了 17.5％。

但是由于不同地区对新标准执行力度的不同，二氧化硫减排幅度仍然存在显著差异，一些地区的电厂受设备老化等条件的制约，要达到国家排放标准，还需大力改进和升级排污设备。2017 年 6 月，环保部发布《钢铁烧结、球团工业大气污染物排放标准》等20项国家污染物排放标准修改单（征求意见稿）意见的函，大幅降低钢铁烧结（球团）排放限值，二氧化硫由180mg/m^{3}降低至50mg/m^3，尽管二氧化硫整体排放浓度得到了大幅下降，二氧化硫减排效果明显，但离未来的脱硫减排之路依然存在一段距离。因此，要想全面实现硫氧化物的超低排放，必须进一步加强硫氧化物的脱除效率，开发更为高效且适用性更强的脱硫技术。

1.1.2 NO_x 的来源、危害、排放现状

1.1.2.1 NO_x 的来源

氮氧化物（NO_x）是多种氮的氧化物的总称，是主要的大气污染物之一，包括NO、NO_2、N_2O、N_2O_5、N_2O_3、NO_3、N_2O_4等，其中N_2O_5、N_2O_3、NO_3、N_2O_4四种气体在常温常压条件下不稳定，会很快分解成NO和NO_2。氮氧化物都具有不同程度的毒性，其中N_2O是一种无色的惰性气体，俗称“笑气”，是底层大气中含量较高的氮氧化物，也是导致温室效应的气体之一，当其进入大气层后会转化为NO，进而破坏臭氧层。因此，通常所称的污染大气的NO_x主要以NO和NO_2两种气体为主。燃煤烟气中的氮氧化物主要是NO和NO_2，统称为NO_x，在绝大多数燃烧过程中，NO的产生量通常占90%以上，其次为NO_2。

随着我国经济的快速增长，能源消耗速率也随之不断上升，进而导致工业源排放的氮氧化物也随之增加。各类工业源排放的氮氧化物中NO占比最重，大约为90%，其排放到大气中后再被氧化成为NO_2，空气中的氮氧化物继续与其他物质进行反应，就会形成二次污染物，如光化学烟雾。

1.1.2.2 NO_x 的危害

氮氧化物对人体的危害极大，其中NO与血液中血红蛋白的亲和力较强，从而导致血液输氧能力下降，致使人体缺氧而呼吸困难，如出现急性中毒后则会出现缺氧发绀症状。NO_2是具有特异刺激臭味的棕色气体，对人体健康的影响主要是对呼吸器官有刺激，会引起支气管炎和肺气肿等疾病，如果NO_2和浮游粒状物共存，其对人的影响比单独对人体的影响更严重。NO_2的浮游微粒容易侵入肺部，沉积率很高，可导致呼吸道及肺部病变，出现气管炎、肺气肿及肺癌等病症。同时，NO_x与臭氧层中的臭氧可以发生反应，NO_x再与平流层内的臭氧发生反应生成一氧化氮与氧气，一氧化氮与臭氧进一步反应生成二氧化氮和氧气，消耗大量的臭氧，最终形成光化学烟雾。光化学烟雾可导致人类眼睛红肿、咳嗽和皮肤潮红等一系列疾病，严重者心肺衰竭。NO_x与臭氧发生反应的同时造成臭氧平衡被打破，臭氧浓度降低，导致臭氧层的耗损，威胁人类健康。

其次NO_x是形成酸雨的主要污染物，酸雨不仅会导致江、河、湖、泊等水体酸化，破坏生态平衡，还会腐蚀建筑物等基础设施，破坏土壤结构，影响植物正常生长，产生温室效应，威胁人类生存发展。

此外，NO_x 对植物也有较大的损害。NO 可以抑制植物的光合作用，若植物叶片气孔中吸收溶解 NO_2，就会造成叶脉坏死，影响植物生长发育，降低产量。

1.1.2.3 NO_x 的排放现状

近年来，随着我国经济的增长和电力工业的发展，燃煤消耗产生的 NO_x 尾气也日益增多，使我国大气污染面临严峻的形势。2011—2019 年全国 NO_x 排放量见表 1.4。

表 1.4 2011—2019 全国氮氧化物排放量 单位：万吨

年份	合计	工业源	生活源	移动源	集中式
2011	2404.2	1729.7	36.6	637.6	0.3
2012	2337.8	1658.1	39.3	640.0	0.4
2013	2227.3	1545.6	40.7	640.6	0.4
2014	2078.0	1404.8	45.1	627.8	0.3
2015	1832.2	1180.9	65.1	585.9	0.3
2016	1503.3	809.1	61.6	631.6	1.0
2017	1348.4	646.5	59.2	641.2	1.5
2018	1288.4	588.7	53.1	644.6	2.0
2019	1233.8	548.1	49.7	633.6	2.4

注：自 2011 年起机动车排气污染物排放情况与生活源分开，单独统计。

“十一五”期间，国家加大了 SO_2 的减排力度，全国二氧化硫的排放量有所下降，但是氮氧化物排放呈现逐年上升的趋势，“十二五”期间，国家加大了环境保护力度，着力解决突出环境问题，重点推进主要污染物总量减排。因此在“十二五”规划中，国家对 NO_x 的排放总量提出了要求：到 2015 年全国氮氧化物总量控制在 2064.2 万吨，比 2010 年的总量 2273.6 万吨下降 10%。国家环境保护部同年也颁发了更为严格的新火电行业氮氧化物排放标准，标准规定：对于重点地区，所有火电投运机组从 2014 年 7 月 1 日开始 NO_x 排放浓度不超过 $100mg/m^3$。在高标准要求下，“十二五”期间全国污染物排放量与 2012 年相比，化学需氧量排放量下降 2.93%、氨氮排放量下降 3.12%、二氧化硫排放量下降 3.48%、氮氧化物排放量下降 4.72%。环境保护工作取得一定的成绩，环境污染得到改善，但是环境形势依然严峻，环境风险不断凸显，污染治理任务仍然艰巨。据统计，2011—2013 年我国 NO_x 排放量整体呈下降趋势，但 NO_x 的排放总量依然很高，城镇生活源和机动车排放量仍在增长，NO_x 排放控制刻不容缓。

2011—2017 年全国重点行业氮氧化物排放情况见表 1.5。

表 1.5 2011—2017 年全国重点行业氮氧化物排放情况 单位：万吨

年份	合计	电力、热力生产和供应业	非金属矿物制品业	黑色金属冶炼及压延加工业
2011	1471.3	1106.8	269.4	95.1
2012	1390.1	1018.7	274.2	97.2

续表

年份	合计	电力、热力生产和供应业	非金属矿物制品业	黑色金属冶炼及压延加工业
2013	1268.2	896.9	271.6	99.7
变化率/%	−8.8	−12.0	−1.0	2.6
2017	486.63	169.24	173.97	143.42
变化率/%	−62	−81	−35.9	43.8

根据表1.5可知工业行业废气中污染物排放总体情况，2013年，调查统计的工业行业中，氮氧化物排放量位于前3位的行业分别为电力、热力生产和供应业、非金属矿物制品业、黑色金属冶炼及压延加工业；3个行业共排放氮氧化物总量为1268.2万吨，占重点调查工业企业氮氧化物排放总量的86.6%。其中占较大比例的为电力、热力行业，这是因为，我国是以煤炭为主要能源的国家，火电厂燃煤发电过程中会产生大量的NO_x并排放。

1.1.3 含硫硝工业烟气概述

1.1.3.1 含硫硝工业废气的成分及来源

工业废气也就是工业烟气，是指企业生产时燃料进行燃烧和生产工艺过程中产生的后排入空气的各类污染物气体，是由气体和烟尘组成的混合物。工业废气从形态上分析可以分为颗粒性废气和气态性废气。

颗粒性废气主要是指工业过程产生的污染性烟尘，主要成分为燃料的灰分、煤粒、油滴以及裂解产物等。在产品生产过程中，因原料中杂质较多，燃烧过程中一些不能完全燃烧、分解的成分，最终通过以烟尘为主要污染物的废气排放到大气中。

气态性废气危害性很大，种类也很多。气态性废气主要有以下三种。①含氮废气：排入空气中会与其他气体反应，从而破坏了气体组分。如石油产品燃烧后会产生大量NO_x，排放到空气中会对大气氮循环造成影响。②含硫废气：工厂利用含硫矿物进行冶炼或使用含硫燃料时，产生的废气中均含硫氧化物，主要以二氧化硫为主。钢铁制造、有色金属冶炼、炼油、水泥等工业生产中燃煤、石油等含硫化石燃料的燃烧都会产生含硫废气。③碳氢有机废气：烃类，主要由碳原子和氢原子构成，比如石油炼制过程中会产生烃类气体，扩散到大气中会对臭氧层造成破坏，引发各类健康问题、生态系统问题以及气候问题。

1.1.3.2 含硫硝工业废气的排放现状

SO_2、NO_x在工业废气中普遍同时共存，是工业炉窑排放的主要大气污染物，对人体有极大不良影响的同时，也是导致植物死亡、金属及非金属腐蚀、土壤酸化和贫瘠、酸雨形成、光化学烟雾等生态破坏和环境污染的罪魁祸首。我国是能源消耗大国，在燃料使用领域中，煤炭占较大比重，煤炭年消费总量达12.0亿～13.0亿吨，其中

80%属于原煤直接燃烧，燃煤排放的SO_2、NO_x污染已成为制约我国经济社会可持续发展的重要因素。经济的不断发展导致全国煤炭消耗量不断增加，我国的一次能源消费中，燃煤所占比重约为75%，90%以上的SO_2和NO_x来源于燃煤燃烧。国家环境保护部颁发的污染物排放标准（GB 13271—2014，GB 13223—2011）规定：对于重点地区，SO_2排放浓度不超过200mg/m^3，NO_x排放浓度不超过100mg/m^3。因此，在国家超低排放标准要求下，硫硝同步脱除与资源化利用是环境保护和经济发展的需要。

1.2 工业废气脱硫脱硝技术概述

1.2.1 烟气脱硫技术

以燃烧阶段为基础，按脱硫过程和脱硫产物形态对二氧化硫的脱除进行划分，可将脱硫分为三个阶段：燃烧前脱硫、燃烧中脱硫、燃烧后脱硫。目前较为常用的是燃烧后脱硫，燃烧后脱硫又称烟气脱硫（Flue Gas Desulfurization，简称FGD），是烟气离开燃烧区后再对废气中二氧化硫进行脱除的方法。近年来，烟气脱硫在世界各发达国家取得了显著成效，因此成为整个脱硫市场应用最广泛，技术最成熟的脱硫技术。在FGD技术中，按照脱硫过程是否加水和脱硫产物的干湿形态划分，FGD又可分为干法、湿法、半干法三大类。

三类烟气脱硫技术各有优缺点，技术比较见表1.6。

表1.6 三类烟气脱硫技术比较

烟气脱硫技术	优点	缺点
湿法烟气脱硫技术	脱硫反应速度较快，设备较简单，脱硫吸收与产物生成均在中低温状态下进行，脱硫效率高	普遍存在着腐蚀设备严重，运行维护费用高及易造成二次污染等问题
干法烟气脱硫技术	烟气在脱硫过程中无明显降温，净化后烟气温度高，有利于排除后扩散，无废液的二次污染，设备腐蚀性小	与湿法相比存在反应速度较慢、脱硫剂的利用率低、脱硫效率低、设备的磨损及装置较庞大的问题
半干法烟气脱硫技术	克服了干法和湿法的一些缺点，投资和运行费用比湿法低	与湿法相比，脱硫效率低

1.2.1.1 湿法烟气脱硫技术

湿法烟气脱硫技术最早由美国和日本开发，据国际能源机构煤炭研究组织调查，湿法烟气脱硫占世界安装烟气脱硫机组总容量的85%。湿法烟气脱硫技术是利用液体或浆液吸收净化SO_2，因此湿法烟气脱硫也称为吸收法。湿法烟气脱硫技术主要包括石灰石/石膏法、双碱法、氨-酸法、湿式氨法、磷铵新工艺等，其中石灰石/石膏法脱硫工艺应用最为广泛。

(1) 石灰石/石膏法

石灰石/石膏法是将石灰石破碎磨细成石灰石粉，加水调制成30%的石灰浆液，由循环泵将石灰浆液泵入吸收塔内，与含二氧化硫的烟气充分接触混合（此前烟气已除尘），浆液中的碳酸钙、烟气中的二氧化硫以及从吸收塔下部鼓入的空气进行氧化反应，生成硫酸钙（$CaSO_4$），硫酸钙达到一定饱和度后结晶形成二水硫酸钙（$CaSO_4 \cdot 2H_2O$），反应后的浆液经浓缩、脱水工序，得到浆液含水率小于10%的石膏，再利用传送带送至石膏贮料仓内堆放；反应后的烟气需经除雾器除去雾滴，再经换热器加热升温后由烟囱排入大气。由于吸收塔内吸收剂浆液通过循环泵反复循环与烟气接触，吸收剂利用率较高，钙硫比较低，脱硫效率可大于95%。

影响石灰石/石膏法脱硫效率的因素有石灰浆的酸度、吸收温度、液气比、烟气流速及氧化方式。虽然石灰石/石膏法脱硫效率高、技术成熟、运行可靠且石灰石廉价易得得到了广泛应用，但石灰石/石膏法脱硫技术也存在缺陷，如整个脱硫装置体积庞大，脱硫过程中管道易结垢、堵塞，能耗较高，且产生大量难以处理的石膏造成硫资源的浪费，与循环经济导向不符。因此，针对以上问题，石灰石/石膏法脱硫工艺有待进一步研究与优化。

(2) 双碱法

双碱法最早由美国通用汽车公司提出，用于解决石灰石/石膏法易结垢的问题。由于在工艺过程中，使用了两种不同类型的碱，故称为双碱法。双碱法是用碱金属盐类（如 NaOH、$NaCO_3$、$NaHCO_3$、Na_2SO_3 等）水溶液作为吸收剂，与含 SO_2 的烟气在吸收塔中接触发生反应，烟气中的 SO_2 被吸收，脱硫废液在另一个反应器中再与第二碱（通常为石灰石或石灰）反应，使溶液得到再生，再生后的吸收液循环利用，无废水排放。其脱硫基本原理如下。

吸收塔内烟气中的 SO_2 与吸收液反应：

$$Na_2CO_3 + SO_2 \xlongequal{} Na_2SO_3 + CO_2$$

$$2NaOH + SO_2 \xlongequal{} Na_2SO_3 + H_2O$$

$$Na_2SO_3 + SO_2 + H_2O \xlongequal{} 2Na_2HSO_3$$

吸收液送至石灰反应器中进行再生与固体副产物的析出：

$$Ca(OH)_2 + Na_2SO_3 \xlongequal{} 2NaOH + CaSO_3$$

$$Ca(OH)_2 + 2Na_2HSO_3 \xlongequal{} Na_2SO_3 + CaSO_3 \cdot H_2O + H_2O$$

将固体副产物亚硫酸钙氧化制成脱硫石膏：

$$2CaSO_3 \cdot H_2O + H_2O + O_2 \xlongequal{} 2CaSO_4 \cdot 2H_2O$$

整个反应过程在气液两相之间进行，避免了系统结垢问题，且吸收速率高，液气比低，吸收剂利用率高。但双碱法脱硫技术对烟气中烟尘的含量要求严格，否则其产品纯度低，难以进一步利用；另外将高价值氢氧化钠原料转化为低价值的硫酸钠产品，脱硫成本高，企业难以承受。

(3) 氨-酸法

氨-酸法回收低浓度 SO_2 时可分为四个主要步骤：吸收、吸收剂再生、分解和中和。

① 吸收

总反应：

$$SO_2 + NH_3 + H_2 \longrightarrow NH_4HSO_3$$

$$SO_2 + 2NH_3 + H_2O = (NH_4)_2SO_3$$

实际上吸收剂是亚硫酸铵-亚硫酸氢铵溶液。亚硫酸铵对于 SO_2 有较好的吸收能力，是主要的有效吸收剂。其在吸收塔内按下列反应式吸收尾气中 SO_2，附带吸收部分 SO_3：

$$SO_2 + (NH_4)_2SO_3 + H_2O = 2NH_4HSO_3$$

$$SO_3 + 2(NH_4)_2SO_3 + H_2O = 2NH_4HSO_3 + (NH_4)_2SO_4$$

② 吸收剂再生　吸收反应结果：亚硫酸铵-亚硫酸氢铵溶液中的部分 $(NH_4)_2SO_3$ 被消耗，NH_4HSO_3 却增多了，吸收能力逐渐下降，为了维持吸收液的吸收能力，需要在循环槽内不断补充氨水或氨气，使部分亚硫酸氢铵按下式转变成亚硫酸铵：

$$NH_4HSO_3 + NH_3 = (NH_4)_2SO_3$$

以使吸收剂得以再生，维持 $(NH_4)_2SO_3/NH_4HSO_3$ 值不变。

③ 分解　氨-酸法吸收 SO_2 得到的中间产物亚硫酸铵-亚硫酸氢铵溶液用途不大，用浓硫酸分解之，按下列反应式得到含水蒸气的二氧化硫和硫酸铵：

$$(NH_4)_2SO_3 + H_2SO_4 = (NH_4)_2SO_4 + H_2O + SO_2\uparrow$$

$$2NH_4HSO_3 + H_2SO_4 = (NH_4)_2SO_4 + 2H_2O + 2SO_2\uparrow$$

蒸汽加热分解可以将微量残留亚硫酸氢铵彻底分解，反应式：

$$2NH_4HSO_3 \xlongequal{\triangle} (NH_4)_2SO_3 + H_2O + SO_2\uparrow$$

为了使亚盐分解完全，浓硫酸加入量比理论用量多30%～50%，使分解液酸度变为15～45滴度，过量的游离硫酸则在中和槽用氨气或氨水中和。

④ 中和

用氨中和过量硫酸：

$$2NH_3 + H_2SO_4 = (NH_4)_2SO_4$$

NH_3 的加入量比理论用量略高，将中和液碱度调整为2～3滴度的硫酸铵溶液。

浓度为400g/L、相对密度为1.2（标准液体化肥）的硫酸铵溶液可作为液体肥料直接用于农业，或蒸发结晶加工成固体硫铵，以便于贮存和运输。

可将含饱和水蒸气的 SO_2 送回制酸系统干燥塔进口重新用于制酸。大多数工厂则用浓硫酸将含水蒸气的二氧化硫干燥后经压缩机压缩、冷却、冷凝制得附加值甚高的液体二氧化硫产品。

(4) 湿式氨法

湿式氨法脱硫是利用氨水和液氨等氨类碱性溶液作为吸收剂与烟气中的二氧化硫反应生成盐的过程，经过吸收、结晶，最后生成亚硫酸铵和亚硫酸氢铵。其脱硫原理如下：

首先，氨水通入吸收塔，并与烟气中的二氧化硫接触进行吸收，发生的反应如下：

$$SO_2 + 2NH_3 + H_2O = (NH_4)_2SO_3$$

$$(NH_4)_2SO_3 + SO_2 + H_2O = 2NH_4HSO_3$$

随着吸收的进行，吸收液中 NH_4HSO_3 逐渐增多，吸收液的吸收能力下降，需加入新鲜的氨水，使部分 NH_4HSO_3 转化为 $(NH_4)_2SO_3$。

$$NH_4HSO_3 + NH_3 \xlongequal{} (NH_4)_2SO_3$$

湿式氨法脱硫适用于处理高含硫量烟气，其工艺技术简单，脱硫效率高，对处理负荷变化适应性强，运行可靠性高，无结垢问题，且脱硫产物可用作化肥，经济效益提高。但湿式氨法脱硫存在常温下氨易挥发损失，吸收剂的消耗和增加二次污染，运行成本高，易腐蚀设备等问题，此外净化后的气体还存在气溶胶等，这些缺点都制约着该技术的发展。

(5) 磷铵新工艺

国内料浆法生产磷铵的工艺流程如图 1.1 所示。一般工厂的硫酸尾气采用氨法吸收，并副产大量亚硫酸铵。虽然亚硫酸铵可作产品销售，但应用范围有限，造成工厂亚硫酸铵产品大量积压，给企业的正常运转带来一定的困难。

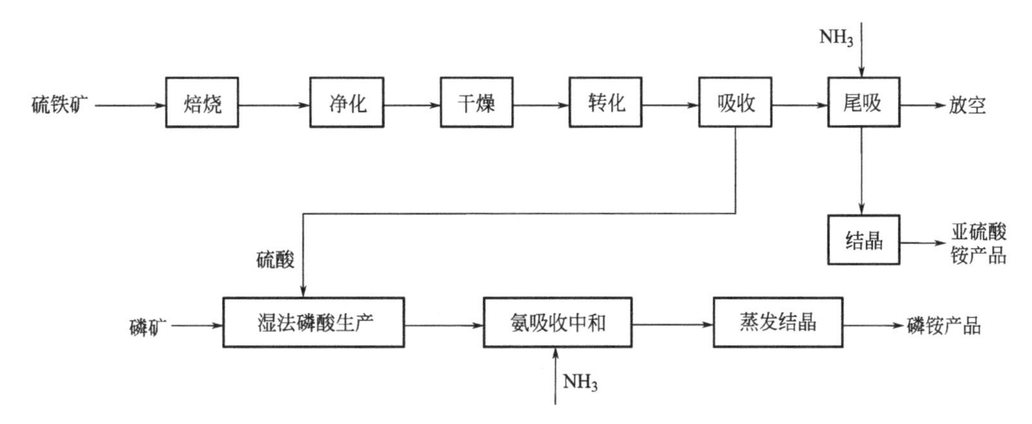

图 1.1　料浆法磷铵生产工艺流程

华东理工大学研究开发了一种新的工艺过程，简称磷铵法，将亚硫酸铵产品转变为磷铵产品，同时解吸出二氧化硫，回到硫酸生产中，使产品的结构更为合理。此法经华东理工大学与四川省银山化工集团股份有限公司协作完成了工业性试验。此法工艺简单、投资小，特别适用于磷铵厂的硫酸生产。

① 工艺原理　料浆法磷铵生产是由硫酸分解磷矿得到磷酸，再用氨中和磷酸得到磷铵，中和反应如下：

$$H_3PO_4 + NH_3 \xlongequal{} NH_4H_2PO_4$$

$$H_3PO_4 + 2NH_3 \xlongequal{} (NH_4)_2HPO_4$$

若用磷酸酸解亚硫酸氢铵和亚硫酸铵，则亚盐转变为磷酸盐，同时释放二氧化硫，反应过程如下：

$$NH_4HSO_3 + H_3PO_4 \xlongequal{} NH_4H_2PO_4 + SO_2\uparrow + H_2O$$

$$(NH_4)_2SO_3 + 2H_3PO_4 \xlongequal{} 2NH_4H_2PO_4 + SO_2\uparrow + H_2O$$

所得的磷铵料浆返回磷铵生产，进行进一步的中和，调节氮磷比，蒸发结晶，即得磷铵产品。二氧化硫返回硫酸生产系统，经干燥脱水后即可进入转化工艺。因此磷铵法消化了尾吸过程的副产品亚硫酸铵，实现了尾吸过程的零排放和原料的全资源化利用，使原滞销的亚硫酸铵产品转变为高效复合肥。

② 工艺流程　磷铵法与硫铁矿制酸过程及料浆法磷铵生产构成的新工艺流程如图1.2所示。

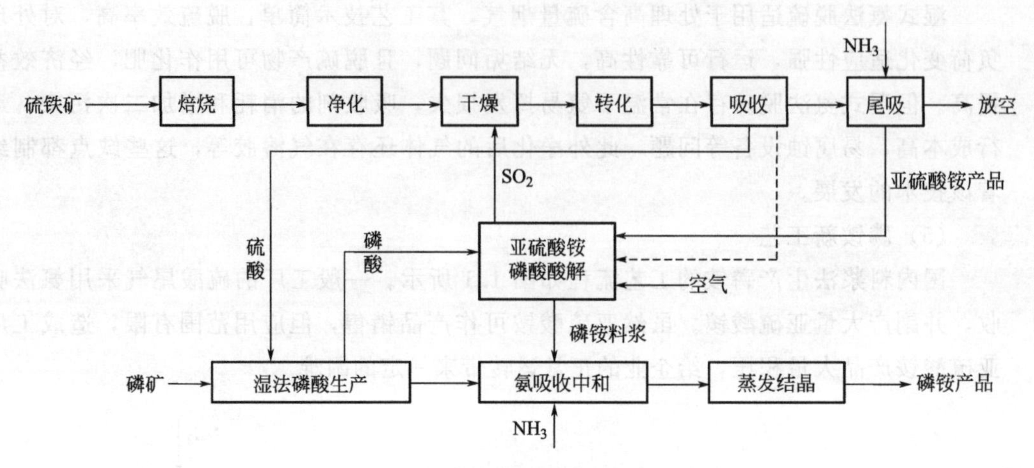

图1.2　料浆法磷铵生产新工艺流程

磷铵法的工艺流程（酸解部分）如图1.3所示。

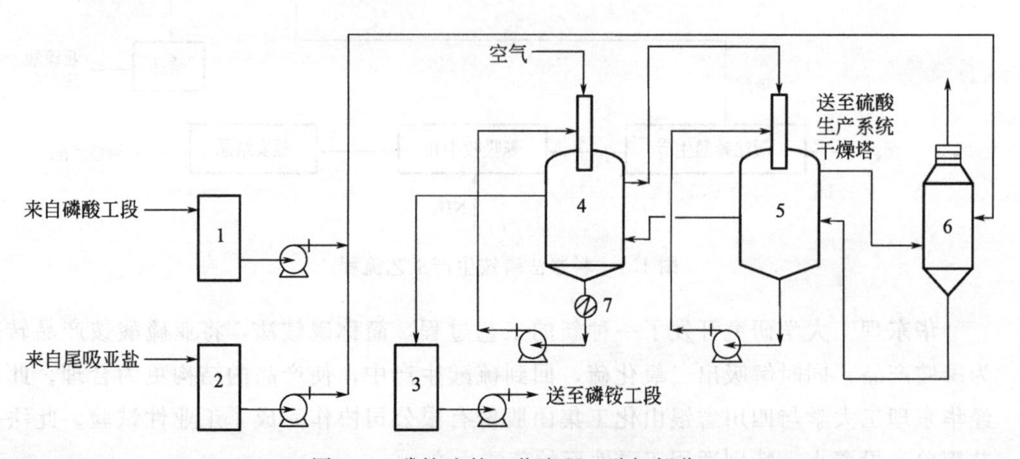

图1.3　磷铵法的工艺流程（酸解部分）

1—硫酸贮槽；2—亚盐贮槽；3—磷铵料浆贮槽；4—一级动力波酸解槽；
5—二级动力波酸解槽；6—复挡除沫器；7—加热器

磷铵法装置处理能力为1.0～1.5m^3/h，亚硫酸铵吸收母液，母液中总亚铵含量700～800g/L，磷酸加入量为理论量的1.0～1.1倍，酸解液用空气进行解吸，最终可使体积分数为8%～9%的二氧化硫、气量为1800～2200m^3/h的气体返回硫酸生产系统，二氧化硫气体干燥脱水后直接进入二氧化硫转化器，此工艺对硫酸生产无不良影响。工艺所得磷铵料浆中SO_2残留量为1.0～2.0g/L，将其返回磷铵生产系统进行中和、蒸发、结晶、干燥，得磷铵产品。原磷酸中P_2O_5为20%（质量分数），因亚硫酸铵母液带入的水使磷铵料浆中P_2O_5降至16.5%～17.5%，每吨料浆增加水量100～200kg，磷铵料浆采用双效蒸发，故增加的蒸汽量十分有限，对整个磷铵生产无大影响。若部分用吸收尾气进行解吸，可使磷铵料浆带水减少，但应考虑 SO_2 气流中的氧含量。

另外，由亚硫酸铵吸收液带入的硫酸铵使磷铵产品中 N 增加 0.5%～1.0%（质量分数），对产品的氮磷比及总养分无明显影响，磷铵产品为优级。

③ 工艺过程特点　磷铵法与传统的硫铵法比较，有以下特点。

a. 采用空气气提 SO_2 方法，可使酸解所用的酸量由过量 30%～50%降为 3%～5%，因而也降低了氨用量；

b. 采用蒸汽加热方法，使酸解温度维持在 60～80℃，提高了酸解速率并使酸解完全，同时降低了磷铵料浆中 SO_2 的残留量，从而保证磷铵产品中氮磷比和总养分；

c. 送至硫酸系统干燥塔的 SO_2 气体的 SO_2 含量可根据需求调节（一般为 8%～12%），不影响稳态 SO_2 的转化，同时气体温度应控制低于 40℃；

d. 料浆法磷酸易于沉积，要防止在设备及管道中沉积造成阻塞；

e. 磷酸腐蚀性强，相关设备应选耐腐蚀材质，如 FRP（玻璃钢）、PP（增强聚丙烯）及搪瓷等；

f. 与两转两吸工艺相比，可以显著节省投资，可以显著减低运行成本。以一个 120kt/a 硫铁矿制酸装置为例，由原来的一转一吸改造为两转两吸，投资为 900 万元左右，而氨-磷铵法尾气治理方法的投资为 80 万元左右，占地面积也可显著减小，建设周期也短得多。

1.2.1.2　干法烟气脱硫技术

干法烟气脱硫利用干燥状态下的粉状吸收剂、脱硫剂或催化剂与烟气中的二氧化硫反应，从而达到净化烟气的目的。干法烟气脱硫主要包括电子束照射法、荷电干式喷射脱硫法和炉内喷钙法。

（1）电子束照射法

电子束照射法最先由日本荏原（Ebara）公司提出，其主要工艺流程为：烟气经预除尘后进入冷却塔，经冷却塔喷水冷却后，根据烟气中二氧化硫及氮氧化物的浓度加入化学计量的氨，将它们一同通入反应器，由发生装置产生的电子束使烟气及水蒸气发生辐射反应，生成大量离子、原子及自由基等活性物质，使二氧化硫及氮氧化物氧化为高价硫氧化物及高价氮氧化物。这些高价硫氧化物与氮氧化物与水蒸气反应生成硫酸和硝酸，硫酸和硝酸再与氨气发生中和反应生成硫酸铵和硝酸铵，最后经造粒处理后可以作为化肥售出。

该法可用于烟气同时脱硫脱硝，其脱硫脱硝效率在 80%以上，工艺过程简单，无固体废物产生，但处理成本高，适用周期短，且烟道及电极板易被硫酸及硝酸腐蚀，设备运行费用高。

（2）荷电干式喷射脱硫法

荷电干式喷射脱硫法由美国阿兰柯环境资源公司（Alanco Environmental Resources Company）最先提出，用于解决传统喷射干式吸收剂脱硫技术存在的问题。该法的脱硫原理是：脱硫剂粉末粒子高速流过带有高压静电电晕充电区时，脱硫剂粉末粒子带上大量的负电荷。带有负电荷的脱硫粒子喷射到烟气流中，因为脱硫粒子带有同样的负电荷，相互排斥，脱硫剂形成均匀的悬浮状态，这时每个脱硫粒子的表面暴露在烟气中，增加了与二氧化硫反应的机会；同时，脱硫粒子表面荷电使脱硫剂的活性大大提高，缩短了反应所需的滞留时间，从而有效地提高了二氧化硫的脱除效率。

荷电干式喷射脱硫法投资少、占地面积小、脱硫系统简单、运行可靠，并且该法是纯干法脱硫，不会造成二次污染，脱硫效率在90%以上，但此方法对脱硫剂粉末$Ca(OH)_2$的纯度、粒度及含水率要求较高。在脱硫过程中靠电子加速器来产生高能电子，需要大功率电子枪，威胁人体健康，运行维护设备的要求也较高。

(3) 炉内喷钙法

炉内喷钙法是在锅炉炉膛适当部位把干燥的粉状脱硫剂（一般为石灰石）喷入其中，炉膛内的热量将脱硫剂煅烧成氧化钙和二氧化碳，氧化钙与烟气中的二氧化硫反应生成硫酸钙和亚硫酸钙粉末，最后这些粉末状产物和灰尘一起被除尘设备所捕获。

该法不产生废水，无腐蚀现象，但干粉状的脱硫剂吸收二氧化硫的速度慢，脱硫效率低，一般只有50%～70%，不适合高硫煤电厂。

1.2.1.3 半干法烟气脱硫技术

半干法烟气脱硫技术主要包括喷雾干燥烟气脱硫法和循环流化床烟气脱硫法等。

(1) 喷雾干燥烟气脱硫法

喷雾干燥烟气脱硫法利用高速旋转的喷雾装置将石灰浆液雾化成小液滴，小液滴与高温烟气中的二氧化硫混合，二氧化硫被吸收，同时小液滴内水分受热蒸发，干粉状的脱硫产物和飞灰一起被除尘设备所捕获，一部分返回配浆池循环利用，一部分外排，从而得以净化烟气。

旋转喷雾干燥烟气脱硫法工艺简单、占地面积小、投资少、无废水排放、设备不易腐蚀、反应速度较快，但对雾化喷淋系统和制浆系统有较高要求，其次吸收剂的用量不固定，操作较复杂。

(2) 循环流化床烟气脱硫法

循环流化床烟气脱硫法在循环流化床技术的基础上，通过吸收剂在循环流化床吸收塔内多次再循环，强化吸收剂与烟气的混合，并增加接触时间，从而大大提高了吸收剂的利用率。

相比于湿法脱硫技术，该法具有脱硫效率高、系统简单、投资费用少、占地面积小、对负荷变化适应性强等优点。因此，该技术在近几年发展迅速，具有广泛的应用前景。

1.2.2 国内外烟气脱硫技术发展现状

1.2.2.1 国外烟气脱硫现状

全世界已有20个国家和地区应用了烟气脱硫装置，而且湿法烟气脱硫装置占其中的 90%以上，年去除 $SO_2$1000 万吨，美国、日本和德国是安装烟气脱硫装置最多的国家。

美国从 19 世纪 70 年代开始在电厂装备烟气脱硫设备，1995 年已在燃煤电厂中安装 366 套烟气脱硫装置，烟气脱硫容量/装机总量由 18.77%上升至 27.00%。在美国的烟气脱硫装置中，石灰石/石膏法占 90%以上，其次是双碱法和碳酸钠法。1980 年以来，为了降低基本投资和运行费用，人们研究开发了喷雾干燥法脱硫技术和炉内直接喷射石灰石烟气脱硫技术。

目前，美国正在研究开发 E-SO_x 法脱硫技术，将改造现有电除尘器（ESP），拆除电场极板、极线，加装石灰乳浆喷射装置，在除尘时同时脱硫，改进后要求脱硫效率最低不小于 50%，费用最高不大于 500 美元/t(SO_2)。美国电厂企业处理烟气量为 42.5～566m^3/min 的中试结果发现，当钙硫比为 1.3～1.4 时，电除尘器出口烟温高出绝热饱和温度 16～19℃时，脱硫效率可达 50%～60%，达到改进后要求。此外，美国企业还发明了 ADVACAT 工艺并申请了专利，主要用于烟道喷射脱硫，其关键是将飞灰和石灰水转化为高活性的硅酸钙吸收剂，工艺反应活性是单纯石灰的 4 倍，含水分 30%～60%，且在含水 60%时仍能维持松散易流化状态，此工艺配合布袋除尘器，脱硫效率达 90%左右。

日本是世界上最早大规模应用烟气脱硫装置的国家，1987 年各类烟气脱硫装置已经达到 500 多套，1990 年达到 1900 套，烟气处理能力为 1.7 亿 m^3/h，其中燃煤电厂处理能力为 7000 万 m^3/h，应用技术以湿式石灰石/石灰-石膏法为主，其脱硫效率可达 90%以上。由于日本石膏资源相对匮乏，因此该脱硫技术常采用回收流程，日本国内所用的石膏大部分来自于烟气脱硫产物。

德国在环保领域的研究处于整个欧洲的领先地位，特别是针对大型燃烧装置污染物排放的控制技术。德国烟气脱硫技术起步分别晚于美国和日本 7 年和 12 年，这主要得益于德国实施了严格的大型燃烧装置环保法规。早在 1983 年 7 月 1 日生效的德国《联邦防污染法》第 13 款大型燃烧装置法规 GFAVO 规定，自 1998 年 7 月 1 日起，热功率 300MW（相当于电功率 120MW 的电厂）以上的大型燃烧装置释放的 SO_2 含量不得超过 400mg/m^3，烟气中的硫含量须低于燃料含硫量的 15%。基于该标准，德国从美国和日本引进脱硫技术后，积极消化吸收，并结合本国国情进行大规模的技术修改和创新，最终形成具有自主知识产权的专利技术，并于短短数年内开发出自动化程度高、运行可靠的烟气脱硫技术，并在国外市场上占据了一定份额，社会效益和经济效益相当可观。目前，德国脱硫技术中，石灰石洗涤法约占总装机容量的 87%、喷雾干燥法占 7.2%、Wellman-Lord 法占 2.8%、炉内喷钙法占 1.9%、活性炭法占 0.8%、氨法洗涤法占 0.2%，同时脱硫脱硝法占 0.1%。

1.2.2.2 国内烟气脱硫现状

目前，我国烟气脱硫技术开发还不够成熟，仍处于对各种工艺的工程示范阶段。自 20 世纪 80 年代以来，我国大部分烟气脱硫除尘工程都是从国外引进的，投运的脱硫设备中石灰石-石膏法脱硫占70%，由于国内没有形成专用的配套脱硫设备体系，因此脱硫设备得从国外成套引进，虽然运行安全可靠，自控性强，但投资及运行费用昂贵，且欠缺背后技术支持，难以在国内推广应用，表 1.7 为我国部分已运行的烟气脱硫示范工程情况。

表 1.7 我国部分烟气脱硫示范工程

脱硫工艺		企业名称	规模/$(Nm^3 \cdot h^{-1})$	脱硫剂	脱硫率/%	技术来源
湿法	石灰石-石膏法	重庆珞璜电厂一期	1087000	石灰石	95	日本三菱重工
		重庆珞璜电厂二期	915500		80	
		北京第一热电厂	882000		95	德国 STEINMULLER
		浙江半山电厂	1230000		95	
		重庆电厂	1760000		95	
		扬州电厂	975000		80	日本川崎重工
		连州电厂	1090000	石灰石	81	奥地利能源公司
		太原第一热电厂	600000		80	日本巴布科克日立
	简易石灰石-石膏法	重庆长寿化工总厂	61000	电石渣 $Ca(OH)_2$	70	日本千代田公司
		山东潍坊化工厂	100000		87.2	日本三菱重工
		南宁化工集团	50000		70	日本川崎重工
	海水脱硫法	深圳妈湾发电总厂	1100000	海水	90	挪威 ABB 公司
		福建漳州后石电厂	1915900		90	日本富士化水
	氨-硫铵法	胜利油田	2100000	NH_3	90	日本东洋公司
干法	旋转喷雾干燥法	山东黄岛电厂	300000	生石灰煤灰	70 以上	日本三菱重工
	炉内喷钙	南京下关电厂	795000	石灰石	75	芬兰 FORTUM
	尾部增湿活化	浙江钱清电厂	550000		65	
	荷电干式	山东德州电厂	100000	$Ca(OH)_2$	60～70	美国 ALANCO 公司
	喷射法	杭州钢铁集团	60000		70	
	电子束法	成都热电厂	300000	NH_3	80	日本荏原公司
	循环流化床	山东淄博矿务局	30t/h 锅炉	石灰石	90	日本石川岛播磨公司
	NID 干法	浙江巨化集团电厂	300410	电石渣	80	瑞典 ABB 公司

1.2.3 烟气脱硝技术

随着经济的快速发展，电力行业排放的氮氧化物呈现快速增长状态，氮氧化物（NO_x）不仅是主要一次污染物，而且是生成臭氧（O_3）等二次污染物的重要前体物之一，其产生的温室效应约是 CO_2 的 200～300 倍，其污染产生的经济损失和防治所需价值量比 SO_2 约高出 33.3%。NO_x 还可转化成为硝酸盐颗粒，形成 $PM_{2.5}$，增加颗粒物的污染浓度、毒性和酸性。由氮氧化物带来的大气污染问题备受人们的关注，因此，烟气脱硝技术是控制氮氧化物的重要途径。为了控制日益严重的环境污染，2011 年 7 月 29 日发布的《火电厂大气污染物排放标准》（GB 13223—2011）中规定所有火电机组氮氧化物排放量不得超过 100mg/m^3（W 形火焰炉，CFB，以及 2003 年 12 月 31 日前建成投产或通过建设项目环境影响报告书审批的火力发电锅炉不得超过 200mg/m^3），新建及现有锅炉分别于 2012 年 1 月 1 日、2014 年 7 月 1 日起执行。新标准大幅降低了燃煤锅炉氮氧化物的排放限值，但根据目前氮氧化物的排放浓度，开发新的烟气脱硝技术势在必行。

工业废气中的氮氧化物主要是指 NO 和 NO_2，高温燃烧过程产生的 NO_x 中，NO 的体积分数为 90%～95%，NO_2 为 5%～10%。通常所讲的脱硝主要是指 NO 的脱除，NO 中 N 是+2 价，因此理论上它既可以被氧化为更高价态的 N(Ⅳ)、N(Ⅴ)，也可以被还原为 0 价的 N_2。但由于 NO 的性质稳定，难溶于水，难以被氧化，因此烟气中的 NO 极难被脱除，是烟气脱硝的难点所在。

烟气脱硝技术比脱硫技术起步晚，只有在少数发达国家应用较多，实现大规模工业应用的技术尚未有相关报道。目前，国内外燃煤烟气的 NO_x 脱除技术可以分为两类，即燃烧中脱除技术和燃烧后脱除技术。其中燃烧中脱除技术是根据 NO_x 的形成机理而产生的，即通过改进系统燃烧方式和生产工艺以控制煤炭燃烧过程，进而实现脱硝目的，是一种比较经济实用的减排途径，主要有低氮燃烧法、二段燃烧法、烟气再循环法等，但通过以上技术最终排放量一般在 350mg/m^3 以上，排放依然不达标。另一种是燃烧后脱除技术，燃烧后脱硝技术是控制 NO_x 最重要的措施，可分为干法、湿法和干-湿结合法三大类，主要包括气相反应法、液相吸收法、氧化吸收法、电子束法、吸附法、液膜法、微生物法等。

1.2.3.1 气相反应法

气相反应法包括选择性催化还原法（SCR）和选择性非催化还原法（SNCR）等。其中选择性催化还原法和选择性非催化还原法是国外用得较多，而且技术比较成熟的两种方法。

选择性催化还原法由美国 Eegelhard 公司开发，并由日本于 20 世纪 70 年代后期完成商业运行，其是在 NH_3 及催化剂作用下将烟气中 NO_x 选择性还原为 N_2，同时系统中少量 O_2 的存在可促进该过程的进行。低温下 NO_x 的分解在热力学角度上是可行的，但是反应非常缓慢，需要在反应过程中加入还原剂，利用 CH_4、H_2、CO 和 NH_3 等还原剂将 NO_x 转化为 N_2。其中 NH_3 是当今电厂 SCR 脱硝中广泛采用的还原剂，现在几乎所有的研究认为在典型 SCR 反应条件下的化学反应式如下：

$$4NH_3+4NO+O_2 \longrightarrow 4N_2+6H_2O$$

$$2NH_3+NO+NO_2 \longrightarrow 2N_2+3H_2O$$

通过使用适当的催化剂，上述反应可以在 200～450℃的温度范围内有效进行。反应时，排放气体中的 NO_x 和注入的 NH_3 几乎 1∶1（物质的量之比）进行反应，最终可以得到 80%～90%的脱硝率。在反应过程中，NH_3 可以选择性地和 NO_x 反应生成

N_2 和 H_2O，而不是被 O_2 所氧化，因此反应又被冠以“选择性”。

SCR 技术具有工艺相对较成熟、设备紧凑、运行可靠、反应温度低（200～400℃）、脱硝效率高（70%～90%）、氨逃逸率较低（0.0003%～0.0005%），以及满足当前环保要求等优点。但是 SCR 技术需要大量的催化剂而价格昂贵，且由于硫中毒、粉尘微粒或水雾污染等需对其定期更换，故具有较高的投资及运行成本；工艺系统相对较复杂，故占地面积较大；在 NO_x 被脱除的同时，烟气中 N_2O 含量增加，常存在 NH_3 泄露的问题，造成二次污染。其中，催化剂失活和氨逃逸是当前 SCR 系统存在的两大难题。

选择性非催化还原技术是一项发展成熟的烟气净化方法，最早是由日本在一些燃气电厂中开始应用，其主要化学反应为 $4NH_3+4NO+O_2 = 4N_2+6H_2O$。SNCR 工艺是将含有氨气或者氨基的还原剂喷入炉膛温度为 900～1000℃的区域内，该还原剂快速热解成 NH_3 并和烟气中的 NO 进行还原反应，把 NO_x 还原成 N_2 和 H_2O。在无催化剂时，氨或尿素等氨基还原剂可选择性地把烟气中的 NO_x 还原为 N_2 和 H_2O，基本上不与烟气中的氧气作用，据此发展了 SNCR 法。SNCR 技术可源自原有设备的改造，不使用催化剂、工艺简单、建设周期短、占地面积小、投资及运行成本低等。但是 SNCR 技术的相对要求、还原剂耗量、系统反应温度及氨逃逸率等均较高，脱硝效率一般不超过 60%，存在氨逃逸、产生二次污染的问题，因此，SNCR 技术在现有锅炉上的独立应用受到一定限制。

1.2.3.2 液相吸收法

液相吸收法有水吸收法、酸吸收法、碱液吸收法、液相还原吸收法等。人们综合利用以上几种方法来吸收烟气中的氮氧化物，液相吸收法是我国工业企业采用较多的减排方法。为了能有效地吸收 NO_x，需要将烟气中的 NO 氧化到 NO_2，在低浓度下 NO 的氧化速度是非常缓慢的，因此 NO 的氧化速度成为氧化吸收法脱除 NO_x 总速度的决定因素。

（1）水吸收法

水与 NO_x 反应生成硝酸和亚硝酸，生成的亚硝酸通常情况下很不稳定，常发生反应生成 NO，NO 稳定，不与水发生反应，在水中的溶解度很低，几乎不溶于水，因此，水吸收法效率不高，不适于治理 NO_x 中 NO 比重较大的废气。增加压力有助于 NO_x 吸收的进行，但是高压作用下的吸收过程，对吸收塔设备要求较高，投资较大，当吸收压力低于 0.686MPa 时，用水吸收效果不够理想。

（2）酸吸收法

NO 在稀硝酸中的溶解度比在水中的溶解度大，用硝酸吸收含 NO_x 烟气效果比水好。硝酸吸收 NO_x，以物理吸收为主，低温高压较有利于吸收，加热减压有利于解吸，硝酸吸收法适合于硝酸尾气的处理。但是该方法所需液气比较大，酸循环量较大，对吸收系统的压力要求较高，能耗大。我国目前硝酸生产吸收系统本身压力低，该法在我国的应用在经济和技术上都遇到较大的困难。

硫酸吸收法：用浓硫酸吸收可以生成亚硝基硫酸和混合硫酸，反应式如下：

$$NO+NO_2+2H_2SO_4 = 2NOHSO_4+H_2O$$

$$NO+H_2SO_4 = H_2SO_4NO$$

操作分两步进行，第一步用硫酸和硝酸混合液吸收，第二步用浓硫酸洗涤。经过上述操作处理后，尾气中 NO_x 的体积分数可降到0.06%。硫酸和硝酸混合液吸收的总反应式为：

$$NO+HNO_3+H_2SO_4 = NOHSO_4+NO_2+H_2O$$

生成的亚硝基硫酸可用来浓缩稀硝酸，在采用硫酸吸收 NO_x 的同时，又提高稀硝酸的浓度。因此在用浓硫酸提浓硝酸或将亚硝基硫酸作为一种中间产品时可以考虑使用该工艺。

(3) 碱液吸收法

碱液吸收法包括烧碱法和纯碱法，烧碱法是采用 NaOH 溶液来吸收 NO_x，NaOH 溶液吸收 NO_x 过程中，NaOH 与 NO_x 不发生直接反应，NaOH 溶液的作用是中和 NO_x 水合反应生成的硝酸和亚硝酸。液相吸收反应都是快速反应，在液膜内完成。NO_x 氧化度较低时，N_2O_3 是主要传递物质。NO_x 氧化度高时，NO_2 是主要传递物质。反应从很大程度上减少了亚硝酸的分解，溶液的吸收速率明显高于水的吸收速率。

由于 Na_2CO_3 价格低于 NaOH，所以采用 Na_2CO_3 溶液吸收 NO_x，但是 Na_2CO_3 溶液吸收 NO_x 的活性不如 NaOH 溶液高，且纯碱法产生的 CO_2 将影响 NO_2 和 N_2O_3 的溶解，因此纯碱法不如烧碱法的吸收效果好。

(4) 液相还原吸收法

液相还原吸收法是一种用液相还原剂把 NO_x 还原为 N_2 的方法，常用的还原剂有：尿素、亚硫酸盐、硫化物、硫代硫酸盐等，还原吸收法的产物是 N_2。对于含高浓度 NO_x 的废气，通常为了有效净化 NO_x，可先用碱液吸收法或是酸吸收法，再用液相还原吸收法净化处理尾气。由于还原剂与 NO 反应生成的是 N_2O，且反应速率缓慢，因此液相还原吸收法的重点是提高 NO_x 的氧化速度。

1.2.3.3 氧化吸收法

氧化吸收法的种类比较少，为了能有效地吸收 NO_x，它首先是利用氧化剂将 NO 氧化为易溶于水的 NO_2，再用水或碱液吸收。目前研究的氧化吸收法使用的氧化剂可分为气相和液相两类，气相氧化剂有 O_3、ClO_2 和 O_2 等，液相氧化剂有 $KMnO_4$、Na-ClO_2、$NaClO_3$ 和 H_2O_2 等。

(1) O_3 氧化法

O_3 氧化法采用 O_3 把 NO 氧化成 NO_2，然后用水或碱液来吸收。液相中 O_3 与 NO 之间的氧化反应机理如下：

$$O_3+NO = NO_2+O_2$$

$$O_3+NO_2 = O_2+NO_3$$

$$NO_2+NO_3 = N_2O_5$$

$$2NO_2+H_2O \longrightarrow HNO_3+HNO_2$$

$$N_2O_5+H_2O \longrightarrow 2HNO_3$$

臭氧作为一种清洁氧化剂，其本身也在自发地进行着分解反应，反应生成的产物不会造成二次污染。但采用该方法脱硝一般需要由臭氧发生器制备臭氧，投资成本比较高，制约了该技术的工业化应用。

(2) $KMnO_4$ 氧化吸收法

高锰酸钾常与碱性物质（如 NaOH、KOH 等）结合进行脱硝，最终产物为 KNO_3，高锰酸钾具有较好的脱硝效果，但由于制作工艺复杂，价格较高，制约了该方法的应用。

1.2.3.4 电子束法

电子束辐照烟气脱硫脱硝技术利用高能射线（电子束或 γ 射线）照射工业废气，使发生辐射化学变化，从而将 NO_x 除去，同时也可以除去 SO_2。一般认为该反应为自由基反应。其原理是利用电子加速器产生的高能电子束，直接照射待处理的废气，高能电子与气体中的氧分子和水分子碰撞，使之解离、电离，形成非平衡等离子体，其中所用的大量活性粒子与污染物进行反应，使之氧化去除。

1.2.3.5 吸附法

吸附法利用吸附剂对 NO 进行吸附，通过周期性地改变操作温度或压力，控制 NO 吸附量随温度或压力的变化规律，控制 NO 的吸附和解吸，属于干法脱硝技术。根据再生方式的不同，吸附法可分为变温吸附法、变压吸附法。变温吸附法脱硝研究较早，已有一些装置。变压吸附法是目前发展最快的气体分离提纯工艺，是最近研究开发的一种较新的脱硝技术。常用的吸附剂有杂多酸、分子筛、活性炭、硅胶及含 NH_3 的泥煤。吸附净化 NO_x 废气时，吸附剂吸附容量小、吸附剂使用量大、设备庞大、需要再生处理，操作过程为间歇性，投资费用较高、能耗较大。

1.2.3.6 液膜法

液膜法的原理是利用液体对气体的选择性吸收，从而使低浓度的气体在液相中富集。液膜含水，置于两组多微孔憎水的中空纤维之间构成渗透器，这种结构可以消除操作中时干时湿的不稳定现象，延长了设备的寿命。液膜中的含水液体选择性地吸收烟气中的 NO_x 和 SO_2，NO_x 和 SO_2 可以从液膜中解吸出来，成为高浓度的气体。高浓度的气体可用于加工硫酸、硝酸等产品。

液膜不仅要具有选择性，同时还必须对气体具有良好的渗透性，25℃时纯水的渗透性最好，其次是 $NaHSO_4$、$NaHSO_3$ 的水溶液，后者对含 0.05% SO_2 烟气的脱除率可达 95%。用 Fe^{3+} 及 Fe^{2+} 的 EDTA 水溶液作为液膜，可以从含 0.05% NO 的烟气中去除 85%的 NO；若采用 0.01mol/L 的 EDTA 溶液作为液膜，可以同时去除 SO_2 和 NO_x，脱除率分别达到 90%和 60%。烟气中的 O_2 对液膜中含 Fe^{2+} 的 EDTA 溶液有影响，但对含 Fe^{3+} 的 EDTA 溶液无影响，用含有 Fe^{2+} 的 EDTA 溶液作为液膜时，需要在较高的温度下进行。

1.2.3.7 微生物法

微生物净化 NO_x 废气的原理是利用脱氮微生物处理 NO_x 挥发性有机物及臭气。微生物净化 NO_x 的原理是脱氮菌在外加碳源的条件下，以 NO_x 作为氮源，将 NO_x 还原成无害的氮气，而脱氮菌本身获得生长繁殖。其中溶于水的成分（如 NO_2）先溶于水中形成 NO_3^- 和 NO_2^-，再被微生物还原成氮气，而对于不溶于水的成分（如 NO），则是被微生物吸附在其表面后直接被微生物还原成氮气。但该方法最大的缺陷是 NO_x 是无机气体，其不含碳元素，其本身不能提供微生物正常生长所必需的碳元素。

1.2.3.8 低氮燃烧法

低氮燃烧法原理是富燃料在主燃区燃烧形成还原性气氛，二次风分级送入。这样既保证了燃料能充分燃烧，同时大大降低了 NO_x 的生成，此法可以脱除或者减少 60% 左右的 NO_x。低 NO_x 燃烧技术主要通过燃烧技术降低 NO_x 生成量，其主要途径如下：

a. 选用 N 含量较低的燃料，包括燃料脱氮和改用低氮燃料；

b. 降低过剩空气系数，组织过浓燃烧，来降低燃料周围氧浓度；

c. 在适宜的过剩空气条件下，降低温度峰值以减少“热力” NO_x；

d. 在低氮浓度下，增加可燃物在火焰前峰和反应区中的停留时间。

目前，采用各种低 NO_x 燃烧技术一般可以使 NO_x 的生产量降低 20%～60%，但若要使烟气中的 NO_x 有更大幅度降低，必须采用烟气脱硝技术和研究新型的低 NO_x 燃烧技术（如水泥浆燃烧法、沸腾燃烧技术等）。

1.2.3.9 液相催化氧化脱硝技术

（1）液相催化氧化脱硝技术概述

液相催化氧化是在水溶液中加入催化氧化剂，对被吸收的 SO_2 和 NO_x 废气进行催化氧化，然后回收酸或采用碱中和吸收。可采用以 Fe^{3+}、Fe^{2+}、Cu^{2+}、Mn^{2+} 等过渡金属离子为催化剂，催化氧化 SO_2 和 NO_x，再用氨吸收的脱硫脱氮工艺。因为在我国广大地区氨水来源丰富，且反应最终产物为肥料，不产生二次污染。马双忱等人研究了在氨水溶液中添加 Cu^{2+}、Fe^{3+}、Fe^{2+}、Mn^{2+} 等过渡金属离子等对 SO_2 和 NO_x 脱除效果的影响，发现 Fe^{3+} 的催化氧化效果最好，对 SO_2 和 NO_x 同时具有促进吸收的作用，NO_2 的存在能显著加快 S(Ⅳ) 的氧化速率，使 SO_3^{2-} 迅速转化为 SO_4^{2-}，从而加快了液相 SO_2 的吸收转化。在实际的烟气治理工艺中，Fe^{3+} 被还原后在吸收塔下部的氧化槽中氧化，然后可以循环利用。

液相催化氧化法同时催化氧化 SO_2 和 NO_x 的研究在国内外尚不多见，因此，采用液相催化氧化法同时净化 SO_2 及 NO_x 有较好的发展前景。但过渡金属离子催化吸收

NO_x 的机理不是非常明确，因此首先要研究其作用的机理，以进一步优化脱硫脱硝效率。目前对催化氧化碱液吸收方法中金属离子催化剂的协同作用、脱硫脱硝废水的处理以及金属催化剂的回用等尚需进行深入研究。

(2) 液相催化氧化 NO_x 的理论分析

液相溶液脱除烟气中 SO_2 及 NO_x 的烟气控制技术目前正处于发展中。近几年来乳化黄磷法脱硫脱氨工艺、Fe-EDTA 金属螯合物联合脱除 SO_2 及 NO_x 工艺等都得到了一定程度的发展，对此领域的研究是国内外烟气治理研究的热点之一。对于工业尾气的净化处理，一般被吸收组分浓度愈低，吸收就愈困难。电厂烟气中的 NO_x 浓度很低，加上烟气中 NO_x 的特性，其脱除较为困难。研究脱除低浓度 NO_x 的方法应首先了解其吸收机理，含有 NO_x 的烟气各组分相互间可能存在如下反应：

$$2NO+O_2 = 2NO_2$$

$$2NO_2 = N_2O_4$$

$$NO+NO_2 = N_2O_3$$

$$NO+NO_2+H_2O = 2HNO_2$$

$$3NO_2+H_2O = 2HNO_3+NO$$

对于液相吸收 NO_x 的过程，Counce 等提出了一种较为复杂的传质反应机理（图 1.4），从图 1.4 可以看出，在水吸收过程中，NO_2、N_2O_4 和 N_2O_3 都是传递物。

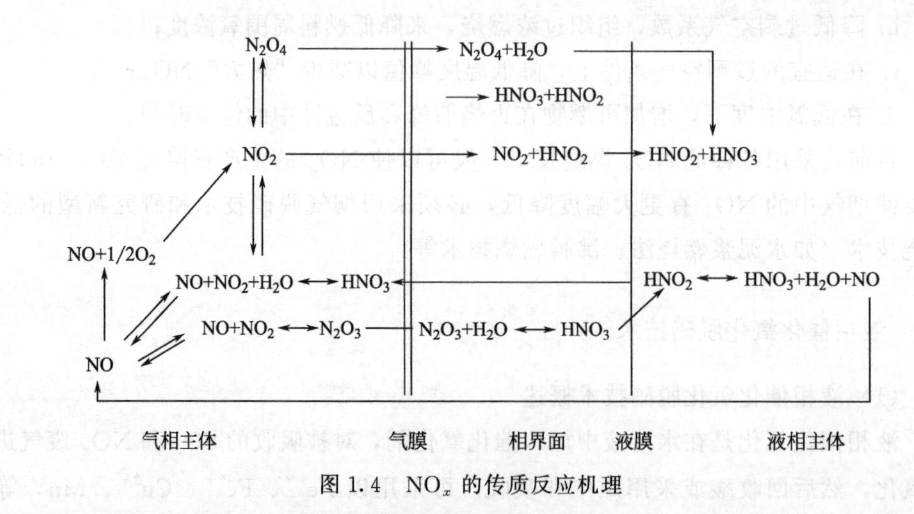

图 1.4 NO_x 的传质反应机理

由上述机理可知，NO_x 的液相氧化首先是由气相转入水相，这个主要通过气体在溶液中的吸收平衡来实现，吸收平衡符合亨利定律。NO_x 在水相中的存在形态较为复杂，溶于水中 NO_x 可以被液相中氧化剂氧化为 NO_3^-。液相脱除烟气中 NO_x（一般 NO 占 90%以上）的主要障碍是 NO 在水中的溶解度很低，室温（25℃）其亨利常数为 1.94×10^{-8} mol/(L·Pa)，比 SO_2 的亨利常数低 3 个数量级，这极大增加了液相传质阻力，改变温度及溶液 pH 都不能使 NO 在水中的溶解度明显提高。因此，使 NO 转化为容易吸收的形态是脱除的关键。近年来对许多对液相脱除 NO_x 有一定效果的无机和有机化合物进行了广泛的研究，研究的关键是探索 NO 快速氧化或转变成其他可溶于水形态的方法。

1.2.4 国内外烟气脱硝技术发展现状

我国于1973年才成立了国家级的环保机构——国务院环境保护领导小组办公室，1978年修改的宪法作出专门规定“国家保护环境和自然资源，防治污染和其它公害”，这也是我国第一次将环境保护上升到宪法地位。环境保护工作起步较晚，因此工业废气脱硫、脱硝技术在我国的研发和应用也较晚。

1.2.4.1 国外工业废气脱硝技术现状

国外对于脱硝技术的研发起步较早，技术处于领先地位。20世纪70年代，美国、日本、德国等发达国家已经对NO_x的危害有了高度的重视，同时采取了一系列手段对NO_x的排放进行控制，主要通过对电厂燃煤过程进行清洁生产和采用脱硝催化剂来减少所排放烟气中的NO_x含量。同时开始对燃料NO_x生成原理、炉内脱硝技术、低NO_x燃烧器以及炉后烟气脱硝技术等进行研究，目前国外已经开发出多种较成熟的低NO_x燃烧技术和烟气脱硝技术，并成功进行了商业化应用。尤其是在SCR脱硝技术方面，日本和欧洲所取得的成就已经大量见诸于文献资料，在NO_x去除率、空间逃逸速度、空气预热器的设计研发等方面，日本和欧洲都处于世界领先地位。

SCR技术在20世纪70年代后期首先由日本应用在工业锅炉和电站锅炉上，其脱硝率超过90%，1975年日本首次在Shimoncski电厂建立了世界上第一套SCR系统的示范工程，SCR催化剂开始进行商业使用。欧洲从1985年开始引进SCR技术，美国从1959年开始研究SCR技术，并获得了该方面的许多专利，但直到20世纪80年代后期才发展到工业应用上来。美国SCR技术更多地应用于燃气和复合循环机组，也有一些小型燃煤锅炉应用，美国电厂大都选用优质煤，但是煤粉锅炉出口烟气的NO_x质量浓度仍大大超过同类型燃油、燃气锅炉的指标，因此美国燃煤电厂NO_x的排放量亦为世界之最。美国东部的烟煤，含硫量高，而且飞灰成分变化很大，导致SCR催化剂活性维护困难，这是SCR在美国燃煤电站锅炉推广较晚的重要原因之一。直到1997年，美国才有8台燃煤机组使用，总容量3000MW。但是美国的烟气脱硝发展十分迅速，到2004年底美国电力行业安装的SCR装机容量约100000MW，脱硝率多在90%以上。截止2012年底，美国电力行业电站锅炉安装SCR装置1162套，装机容量约200000MW，占脱硝总量的90%。目前，国外对于SCR脱硝技术的研究偏向于新型材料研发，如特殊构型SCR催化剂的研究，传统催化剂在一些领域将被取代。

SNCR技术最初由美国的Exxon公司发明，并于1974年在日本成功投入工业应用，后经美国Fuel Tech公司推广，目前美国是世界上应用实例最多的国家。20世纪70年代，SNCR技术首先在日本投入商业应用。由于SNCR的NO_x脱除效率较低（$<30\%$），而氨的逃逸较高（$5\sim10mL/m^3$），所以目前世界上大型电站锅炉单独使用SNCR技术的较少，绝大部分是将SNCR技术和其他脱硝技术联合使用，如SNCR和低氮燃烧技术联合、SNCR-SCR混合技术等。

1.2.4.2 国内工业废气脱硝技术现状

工业废气脱硝技术在我国的发展可以分为三个阶段，“冷态”“热态”和“温态”。

(1)“冷态”

1992—2003 年我国对烟气中氮氧化物排放的控制政策并不明朗，火力厂加装的脱硝装置多为示范性质，技术全部由国外引进，设备国产化程度低，国内专门从事脱硝的公司寥寥无几。虽然我国在 20 世纪 80 年代就开始着手对环境的整治工作，但是直到 2000 年，《环境空气质量标准》中也没有对 NO_x 排放的明确要求，导致氮氧化物大量排放。2003 年，国家环保总局发布了新修订的国家污染物排放标准《火电厂大气污染物排放标准》，其中才明确限制了 NO_x 的最高排放浓度，至此我国的脱硝技术才真正进入了开发研究阶段。

(2)“热态”

2003—2007 年是我国烟气脱硝发展的“爆炸式”阶段。国家对火电厂烟气脱硝的政策十分明朗，新的政策、法规及标准陆续出台和修订，包括一些强制性政策，如《排污费征收使用管理条例》，国内的脱硝公司也发展到 200 多家，基本采用与国外合作的技术模式，国内脱硝公司总承包，国外提供技术支持，国产化设备占的比重越来越高。

(3)“温态”

2007 以后经过“热态”阶段各脱硝企业爆炸式发展，脱硝技术基本已发展成熟，国家对各个行业制定的政策也越全面、越严格。2011 年我国修订《火电厂大气污染物排放标准》(GB 13223—2011)，2012 年国务院及相关部门又出台了《节能减排“十二五”规划》《环境保护“十二五”规划》《重点区域大气污染防治“十二五”规划》等，火电企业面临的环保标准越来越严，排放标准要求现有火力发电锅炉及燃气轮机组自 2014 年 7 月 1 日起，新建火力发电锅炉及燃气轮机组自 2012 年 1 月 1 日起，NO_x 排放将执行 $100mg/m^3$ 的浓度限值。2012 年通过指标层层分解落实，配套政策频出，我国电站锅炉中脱硝工作已经全面铺开。截至 2012 年底，全国已建成的脱硝设施燃煤机组装机容量达到 230000MW，所采用的工艺技术主要是 SCR 技术（约占 98%）和 SNCR 技术（约占 2%）。水泥行业是我国第二大工业排放氮氧化物的行业，我国拥有水泥企业近 5000 家，产量已连续多年位居世界首位。2014 年 3 月《水泥工业大气污染物排放标准》(GB 4915—2013) 开始实施，大幅降低了氮氧化物排放限值。“十二五”期间，水泥行业的脱硝业务也进入了快速发展期。此外，钢铁行业是我国第三大工业氮氧化物排放行业，随着《钢铁烧结、球团工业大气污染物排放标准》(GB 28662—2012)、《炼铁工业大气污染物排放标准》(GB 28663—2012)、《炼钢工业大气污染物排放标准》(GB 28664—2012) 的实施，该领域成为重要的脱硝市场。

我国脱硝产业经历了近 30 年的快速发展已经基本成熟，对于烟气脱硝工艺而言，目前最常使用的就是还原法与氧化法两种，其主要原理在于将烟气通过物理或者化学方式进行处理，将烟气当中的含硝化物质还原为氮气等。随着我国环境政策的不断完善和执法力度的加强，NO_x 的达标处理势在必行。现存的烟气脱硝技术在一定程度上能够满足处理要求，但仍存在不足。近年来，各种改进的或新型的烟气脱硝技术层出不穷，但大多无法实现工业化。确定各种脱硝技术的应用条件，提高脱硝率的稳定性和降低技术工业化成本必将成为我国下一阶段脱硝技术的内容。

1.2.5 国内外烟气同时脱硫脱硝技术

烟气同时脱硫脱硝是指在同一个工艺流程内采用一种脱除剂将烟气中的 SO_2 和 NO_x 同时脱除，烟气同时脱硫脱硝技术按照工作介质的不同，可分为湿法烟气同时脱硫脱硝技术、半干法烟气同时脱硫脱硝技术、干法烟气同时脱硫脱硝技术。干法、半干法同时脱硫脱硝技术虽然具有耗水量少、运行成本低、设备简单、占地面积小等优点，但仍存在一些技术方面的缺陷。湿法同时脱硫脱硝技术方法成熟、脱除效率高，应用广泛，但投资成本高，占地面积大，耗水量大，有二次污染、氨泄漏和设备腐蚀现象产生等。

1.2.5.1 干法及半干法烟气同时脱硫脱硝技术

干法及半干法烟气同时脱硫脱硝技术主要有以下几种工艺。

(1) 电子束照射法同时脱硫脱硝技术

电子束照射法（EBA）联合脱硫脱硝技术是由干法脱硝技术中的 EBA 技术改进而来的，该方法利用电子加速器产生强氧化性的自由基等活性物质，使硫酸和硝酸（SO_2 和 NO_x 反应生成）与加入的 NH_3 反应生成硫酸铵和硝酸铵，最终同时达到脱硫、脱硝的目的。

1979 年，Kawamura 等就采用电子束照射技术在中试装置上进行联合脱硫脱硝的实验。后续研究者们对该技术的性能进行了大量改进工作。该技术脱硫脱硝率比较高，副产物硫酸铵和硝酸铵可回收利用作为农用肥料，操作系统简便，处理过程易于控制，且不产生二次污染。然而，该技术需要大量的电子加速器产生高能电子束，耗电量大，费用较高，同时还会产生辐射，这些都限制了该工艺在普通锅炉烟气处理工艺上的应用。

(2) 脉冲电晕等离子体法同时脱硫脱硝技术

脉冲电晕等离子体技术（PPCP）是在电子束法基础上发展起来的，它的技术原理为：利用介质放电装置产生的高能电子对烟气中的背景气体进行活化，产生大量的活性自由基来氧化 SO_2 和 NO_x，以此达到同时脱硫脱硝的目的。该技术在污染物被固定成硫酸盐和硝酸盐的过程中需要喷入添加剂 NH_3。该工艺流程及设备简单，不需要电子加速器，操作方便，副产物也可资源化利用，吸引了众多研究者关注。该法脱硫脱硝效率相对较低，耗电量大，并且脱除过程中会排放出氨气，对环境造成污染，这些制约了其在中小企业的应用。

(3) 吸附-再生法同时脱硫脱硝技术

吸附-再生法同时脱硫脱硝技术主要是利用固态吸收剂对工业烟气中的 SO_2 和

NO_x 进行吸收，反应后的吸收剂可以再生。吸附剂中的 NO_x 可以经回收处理得到氮气和水，吸附剂中的 SO_2 也可通过处理得到酸或单质硫等副产物。

① 活性炭吸附法　活性炭的比表面积大、吸附性能较强，由于近些年来同时脱硫脱硝技术的发展，活性炭被用于同时脱硫脱硝领域当中。对经除尘器除尘后的烟气进行喷水冷却，烟气中的水和 SO_2 经催化氧化会生成硫酸吸附到活性炭上，最后将使用过的活性炭进行加热再生。在喷氨的条件下，NO 与 NH_3 催化反应生成 N_2 和 H_2，最后再排入大气。

该法工艺流程简单，所需要的反应温度比较低，烟气中的其他污染物也可以一并脱除，但氮氧化物的脱除率较低，约为 50%～80%，且活性炭再生时损耗较大，限制了该方法的大规模应用。

② CuO 吸附法　吸附剂主要是 CuO 含量在 4%～6%之间的 CuO-Al_2O_3 或 CuO-SiO_2。该法经历两个过程：吸附和再生。该方法脱硝效果良好，可达 75%以上，脱硫效果在 90%以上，不产生新的废物，也没有二次污染。但该方法所需反应温度一般为 750℃，吸附剂的制备成本较高且使用寿命短，不适合大规模应用。

1.2.5.2　湿法烟气同时脱硫脱硝技术

湿法烟气同时脱硫脱硝技术建立在湿法脱硫技术的基础上，利用可改变溶解度的吸收液，同时吸收 SO_2 和 NO_x。该法脱除效率高，工艺、操作不繁琐，运行费用相比于干法、半干法而言较低，又经济又环保，非常受研究者和技术人员们的青睐。湿法脱硫技术运行稳定，技术简单，被广泛应用。然而，由于烟气中 NO 的溶解度较低，难以被直接吸收脱除，导致湿法工艺的脱硝效率较低。湿法同时脱硫脱硝技术主要分为氧化吸收法和络合吸收法两大类。

(1) 湿式络合法同时脱硫脱硝技术

向现有湿法脱硫技术的碱性或中性溶液中添加合适络合剂，其与 NO 发生络合反应，称为络合吸收法，现今已有大量对湿式络合法的研究。与 NO 形成 π-酸配位体络合物的主要有铁、钴、镍等过渡金属，目前大多采用亚铁络合剂或钴络合剂同时脱硫脱硝技术。络合法有容量大、成本低等特点，但络合物易耗损，再生、废液处理问题等都制约了其在工业烟气处理上的应用。

(2) 湿式氧化法同时脱硫脱硝技术

针对烟气中难以被碱液吸收的 NO，人们开发出了氧化吸收法。本方法是将含 SO_2 和 NO_x 的烟气通过强氧化物质，烟气中的 NO 被氧化为 N_2 后再用碱液进行吸收。氧化吸收法可以在常温下进行，对入口烟气的浓度要求宽泛，对 SO_2、NO_x 和有毒金属（As、Be、Cd、Cr、Pb、Hg、Se）的脱除效率高等。

① 氯酸氧化法　Tri NO_x-NO_x Sorb 工艺的开发主要针对含有较大颗粒粉尘的烟气。该法在常温下，采用湿式洗涤系统，对 NO_x、SO_2 及有毒金属有较高的脱除效率；但使用该工艺处理烟气时设备需加防腐内衬，投资费用较高，同时工艺过程中会产生酸性废液，存在运输及贮存安全等问题。

② 臭氧氧化法　臭氧是强氧化剂，其氧化反应产物为氧气，不必担心二次污染的问题。NO 的溶解度较低，而高价态氮氧化物的溶解度较高，可以通过臭氧将 NO 氧化为高价态氮氧化物（如 NO_2、NO_3 和 N_2O_5 等）以便吸收，然后用水或碱液来吸收氧化生成的 NO_x 和 SO_2。

目前已经有了一些关于臭氧氧化法和其他试剂结合进行同时脱硫脱硝的研究成果。Sun 等采用臭氧氧化结合软锰矿吸收工艺对烟气同时脱硫脱硝过程进行了研究，实验结果证实臭氧可高效率氧化 NO。在该吸收工艺中，温度、臭氧量和 NO 的浓度几乎均对 SO_2 的脱除效率和 Mn^{2+} 释放速率没有什么影响，并且 NO_x 的脱除率最高可达 82%，脱除效果良好。Skalska 等进行了实验研究，证实了臭氧氧化结合 NaOH 可以有效地将烟气中的 SO_2 和 NO 氧化脱除。马双忱等将 O_3 氧化与碱液相结合，再自行设计一个小型鼓泡吸收反应装置，对烟气中的 SO_2 和 NO 做同时吸收净化处理，当操作条件中 O_3 和 NO 的物质的量比值为 0.8 时，SO_2 的脱除率接近 100%，NO_x 的脱除率约为 93%。

③ $KMnO_4$ 氧化吸收法　$KMnO_4$ 有强氧化性，所以 $KMnO_4$ 会经常被用来与碱性物质（如 NaOH、KOH）联合起来进行脱硝，一般最终产物为 KNO_3。虽然 $KMnO_4$ 氧化吸收法具有较好的脱除效果，但是该法工艺复杂，并且需要其他化学试剂的参与，增加了烟气治理成本。

④ 乳化黄磷法　在之前，美国劳伦斯伯克利国家实验室（Lawrence Berkeley National Laboratory）开发出了乳化黄磷法烟气同时脱硫脱硝工艺（即 PhoSNO$_x$ 法），其主要是利用黄磷与烟气中的氧气反应会产生臭氧和氧原子，而极具氧化性的臭氧可以将 NO 氧化成 NO_2，NO_2 在溶液中溶解形成中间产物亚硝酸盐和硝酸盐，最后达到净化烟气中 NO_x 的目的，并且反应产物是有价值的商业产品——磷酸。副产物可作为化肥，无须二次废物的处理，并且该法具有一定的经济效益。但是黄磷有剧毒，并且与氧气接触易着火，在实际操作中不管是对工艺设备还是对操作人员来说危险性都比较大。

1.3 过渡金属离子液相催化氧化脱硫脱硝研究状况

对于在第一系列的过渡金属离子，大多数金属离子都具有多价氧化态。原因是它们的电子轨道一般是 $(n-1)d^{1\sim9}nd^{1\sim2}$，d 轨道能量接近 s 轨道能量，因而这些轨道上的电子都能起到价电子作用，使其能存在多种氧化态。因为过渡金属离子处于电子充满的最高级轨道 d 轨道，从而其容易和外来分子、离子形成各类络合物，而正是因为这些特性，过渡金属离子具有其他金属所不具备的催化性能。

具有催化活性的金属离子需有较高的价态以从 S(Ⅳ) 中夺取电子，产生性质活泼的中间介质，中间介质又促进反应。失去电子的高价离子被弱化后，必须有一个加能的方式使被弱化的高价离子重新回到稳定的高价态形式，以上过程越容易的金属离子，其催化作用越强。

1871 年，Deacon 最早发现过渡金属离子 Cu^{2+} 能促进二氧化硫液相氧化生成硫酸。到 1931 年，Johnstone 利用该法处理烟气中的 SO_2 时发现，锰离子浓度在低于 0.0028%时也能发挥较强的催化作用，导致水吸收 SO_2 的能力提高约 6 倍。由于过渡金属离子液相催化氧化法的脱硫产物稀硫酸可以采用不同工艺制取肥料、硫酸亚铁或聚合硫酸铁等有价值的副产品，因而越来越多的研究者开始关注液相催化氧化脱硫。

Huss 等在 0.015mol/L 二氧化硫溶液和 0.0001mol/L 的金属离子条件下，对第四周期的过渡金属离子的催化活性进行了研究，他们认为过渡金属离子催化活性的变化可由多氧化态的影响及金属离子在高价态的活性解释，也就是说，某种金属离子具有催化活性的条件是必须能上升到足够高的价态，以从 S(Ⅳ) 中提取一个电子而产生能够延续反应的活性中间产物，因此，很多研究者选用锰和铁作催化剂。

孙佩石等利用液相催化氧化法处理低浓度 SO_2 冶炼烟气，研究发现锰离子浓度由 0.18%增大至 0.36%时，脱硫率由 63%降为 60%。杨伟华和郑明超研究锰离子浓度对脱硫率的影响时发现，锰离子浓度在 0.05～0.12mol/L 时，脱硫率呈现先升高后下降的趋势。朱德庆等在研究过渡金属离子液相催化氧化低浓度烟气中硫时发现，锰离子的催化效果最佳，当二氧化硫体积分数为 1.4%，氧气体积分数为 10%，烟气流量为 140L/h，吸收液体积为 200mL，温度为 24℃，锰离子浓度为 0.15mol/L 时，二氧化硫转化率大于 80%，烟气脱硫率在 75%以上。马双忱等利用液相催化氧化法同时脱硫脱硝，在一定控制条件下，脱除了 90%的二氧化硫和 50%左右的氮氧化物。在过渡金属离子液相催化氧化脱硫的扩大实验及工业应用中，陈昭琼和童志权采用筛板塔对锰离子液相催化氧化脱除二氧化硫进行了研究，当气体流量为 $2.5m^3/h$，塔内压降为 784Pa，烟气中二氧化硫浓度为 $4500mg/m^3$ 时，脱硫率可达 80%以上；孙佩石和宁平采用穿流式筛板塔对几种混合配比的金属离子溶液脱除二氧化硫进行研究，研究发现，在气体流量为 $8\sim11m^3/h$，二氧化硫体积浓度为 0.1%～0.2%，压力降为 799.8～1333.0Pa 的条件下，得到 6%（质量分数）的硫酸，二氧化硫的脱除率达 70%以上；在宁平等利用液相催化氧化法处理冶炼厂烟气中二氧化硫的中试研究中，单板效率达 50%以上，并可得到 16%（质量分数）的硫酸。

1.3.1 过渡金属离子液相催化氧化脱硫反应机理

在第一排（第四周期）过渡金属中，锰离子的液相催化氧化效果最好，因此，本实验采用锰离子作为催化剂。锰离子液相催化氧化二氧化硫的反应机理现今还存有较大争议，但主要分为三种，分别是非自由基反应机理、自由基反应机理以及自由基与非自由基相结合反应机理。

1.3.1.1 非自由基反应机理

锰离子催化的非自由基反应机理最开始是由 Basset 和 Parker 提出的，该机理认为锰离子与二氧化硫首先形成金属及硫的络合物，在有氧的情况下，金属及硫的络合物与氧结合，硫的电子转移至氧的内部，其反应机理如下：

$$Mn(aq)^{2+} + SO_3^{2-} \rightleftharpoons MnSO_3$$

$$MnSO_3 + SO_3^{2-} \rightleftharpoons [Mn(SO_3)_2]^{2-}$$

$$[Mn(SO_3)_2]^{2-} + O_2 \rightleftharpoons [Mn(SO_3)_2O_2]^{2-}$$

$$[Mn(SO_3)_2O_2]^{2-} \rightleftharpoons Mn^{2+} + 2SO_4^{2-}$$

Matterson 等和 Siskos 等也都对锰离子液相催化氧化反应机理提出与上述相似的非自由基反应机理。但非自由基反应机理不能解释高价锰离子（Mn^{3+}）和自由基清除剂对二氧化硫催化氧化反应有较大影响等实验现象。

1.3.1.2 自由基反应机理

锰离子对二氧化硫的液相催化氧化反应的自由基反应机理被现今许多学者所支持，自由基反应机理最先由 Backstrom 提出，其提出的自由基反应机理如下：

$$SO_3^{2-} + M^{n+} \rightleftharpoons SO_3^{\cdot-} + M^{(n-1)+}$$

$$SO_3^{\cdot-} + O_2 \rightleftharpoons SO_5^{\cdot-}$$

$$SO_5^{\cdot-} + HSO_3^- \rightleftharpoons HSO_5^- + SO_3^{\cdot-}$$

$$SO_5^{\cdot-} + SO_3^{2-} \rightleftharpoons SO_5^{2-} + SO_3^{\cdot-}$$

$$SO_5^{\cdot-} + HSO_3^- \rightleftharpoons HSO_4^- + SO_4^{\cdot-}$$

$$SO_5^{\cdot-} + SO_3^{2-} \rightleftharpoons SO_4^{2-} + SO_4^{\cdot-}$$

$$SO_3^{2-} + HSO_5^- \rightleftharpoons HSO_4^- + SO_4^{2-}$$

$$SO_3^{2-} + SO_5^{2-} \rightleftharpoons 2SO_4^{2-}$$

$$SO_4^{\cdot-} + HSO_3^- \rightleftharpoons HSO_4^- + SO_3^{\cdot-}$$

Backstrom 提出的自由基反应机理能很好地解释自由基清除剂对催化氧化反应有较大影响的实验现象。自由基相互结合失去活性导致反应结束，这也被许多学者所认可，自由基间发生的反应如下：

$$SO_3^{\cdot-} + SO_3^{\cdot-} \rightleftharpoons S_2O_6^{2-}$$

$$SO_4^{\cdot-} + SO_4^{\cdot-} \rightleftharpoons S_2O_8^{2-}$$

$$SO_5^{\cdot-} + SO_5^{\cdot-} \rightleftharpoons S_2O_6^{2-} + 2O_2$$

$$SO_5^{\cdot-} + SO_3^{\cdot-} \rightleftharpoons S_2O_6^{2-} + O_2$$

1.3.1.3 自由基与非自由基相结合反应机理

A. Huss Jr 提出的自由基与非自由基相结合的反应机理最具代表性，他认为 Mn^{2+} 在催化氧化反应中通过与 HSO_3^- 形成中间络合物来引发反应，而 Mn^{2+} 的价态不发生变化，具体反应如下：

快速初步平衡：

$$SO_2 + H_2O \rightleftharpoons HSO_3^- + H^+$$

平衡：

$$Mn^{2+} + HSO_3^- \rightleftharpoons MnHSO_3^+$$

$$2Mn^{2+} \rightleftharpoons Mn_2^{4+}$$

链的引发：

$$Mn_2^{4+} + HSO_3^- \rightleftharpoons Mn_2HSO_3^{3+}$$

$$Mn_2HSO_3^{3+} + O_2 \rightleftharpoons 2Mn^{2+} + OH^{\cdot-} + SO_4^{\cdot-}$$

$$OH^{\cdot-} + HSO_3^- \rightleftharpoons H_2O + SO_3^{\cdot 2-}$$

链的传递：

自由基途径：

$$SO_4^{\cdot-} + HSO_3^- \rightleftharpoons HSO_4^- + SO_3^{\cdot-}$$

$$SO_3^{\cdot 2-} + O_2 \rightleftharpoons SO_5^{\cdot 2-}$$

$$SO_5^{\cdot 2-} + HSO_3^- \rightleftharpoons SO_4^{\cdot-} + HSO_4^{\cdot-}$$

非自由基途径：

$$MnHSO_3^+ + HSO_3^- \Longleftrightarrow Mn(HSO_3)_2$$

$$Mn(HSO_3)_2 + O_2 \rightleftharpoons Mn^{2+} + 2HSO_4^-$$

链的终止：

$$SO_5^{\cdot 2-} + \text{有机物} \longrightarrow \text{惰性产物}$$

在此反应机理中，A. Huss Jr 认为 SO_2 液相催化氧化的整个吸收传质过程受吸收控制。因此，本实验利用超声雾化吸收剂（含催化剂），增大吸收液的比表面积，增强 SO_2、O_2 的吸收，以此来提高二氧化硫的液相催化氧化效率。

1.3.2 过渡金属离子液相催化氧化净化废气原理

众多研究表明，Mn、Fe 能在任何 pH 条件下不同程度地产生高价态，而在低 pH 下，除 Mn、Fe 外，其他过渡金属离子都几乎没有催化活性或活性很小，这可能主要是由高价态的易及性所致。近年来，国内外许多学者都进行了过渡金属离子催化氧化 SO_2 脱硫的研究，但我国目前还没有一套液相催化氧化脱硫的工业装置，国外的装置也较少。

1.3.2.1 多种过渡金属离子协同作用

宁平等以低浓度 SO_2 废气为主要原料，氨气为辅助原料，Fe、Mn、Cu、Co 等元素为催化剂，生成一系列的多效复肥，使 SO_2 高效净化与复肥最佳配比达到统一。实验结果表明，以 Fe(Ⅱ) 为主催化剂时，Mn、Cu、Co 的加入不仅对 Fe(Ⅱ) 的催化过程有促进、协同作用，而且对 Fe(Ⅱ) 的催化活性有稳定作用。两组分的催化剂中，Fe-Mn 正协同的效果最好。$L_{27}(3^{13})$ 正交实验结果确定四元催化剂各组元最佳水平为：$FeSO_4$ 为 3%；$MnSO_4$ 为 0.5%；$CuSO_4$ 为 0.05%；$CoSO_4$ 为 0.005%。

在保证 SO_2 净化效率大于85%的同时，将 $(NH_4)_2SO_4$ 含量为56%（质量分数）的吸收液浓缩结晶，可得最佳水平下复合肥中有效成分配比为：N∶Fe∶Mn∶Cu＝100∶3.7∶0.1∶0.1。与复肥有关标准相比，符合要求。同时以该催化剂配成的吸收液用于脱除冶炼厂烟气的 SO_2 时也取得了较好结果，当 SO_2 单板脱除效率大于50%时，可得到16%（质量分数）的稀硫酸。

赵毅等研究了Fe-Mn协同作用，Mn(Ⅱ)为主催化剂，分别以Fe(Ⅱ)和Fe(Ⅲ)为助催化剂，最佳配比分别为0.01mol/L $MnSO_4$＋0.005mol/L $FeSO_4$ 和0.02mol/L $MnSO_4$＋0.005mol/L $Fe_2(SO_4)_3$。连续实验的脱硫效率都在90%以上，且对燃煤锅炉中的 NO_x 也有良好的去除效果。

1.3.2.2 微生物技术与催化氧化相结合

20世纪50年代，Leathan等人最先发现某些化能自养细菌Thiobiacillus ferrooxidans（T.f）与煤硫铁矿的氧化有关，到了90年代，国内外很多学者把T.f、T.d（Thiobacillus denitrificans）、T.t（Thiobacillus thiooxidans）等细菌用于脱除煤中的硫以及 H_2S 废气，并取得了良好效果。

微生物间接氧化法脱硫机理：微生物将溶液中的亚铁离子氧化为高铁离子（细菌的作用），高铁离子再氧化酸性废气（化学氧化），其本身被还原为亚铁离子，实现可逆循环，达到脱硫的目的。以 H_2S 为例，其反应式为：

$$2FeSO_4 + 5/2O_2 + H_2S \xlongequal{\text{细菌}} Fe_2(SO_4)_3 + H_2O$$

$$H_2S + Fe_2(SO_4)_3 \xlongequal{\text{化学反应}} 2FeSO_4 + S\downarrow + H_2SO_4$$

一些研究者利用该原理将微生物技术与过渡金属离子技术结合起来脱除烟气中的 SO_2，取得了较好的效果。利用电厂粉煤灰中的 Fe_2O_3 成分，将粉煤灰与水、菌种按一定比例，制成吸收液脱硫。在适宜条件下迅速繁殖的脱硫细菌，可将粉煤灰水中的不溶性 Fe_2O_3 离子化，合理地把微生物脱硫和 Fe^{3+} 的催化作用结合起来以脱除烟气中的硫。一方面溶液中的 Fe^{3+} 可直接将 SO_2 氧化成硫酸，另一方面 SO_2 溶解于吸收液，当pH＝2.0～4.5时，由微生物进行脱硫，H^+ 成 H_2O，Fe^{2+} 成 Fe^{3+}，维持吸收液的循环，达到脱硫目的。

微生物参与硫元素循环的各个过程，将无机还原态硫氧化成硫酸，同时完成过渡金属离子由低价态到高价态的转化，利用过渡金属离子高价时的强氧化性，在溶液中转移电子，将亚硫酸氧化成硫酸。两者互相依赖、相互补充，达到脱硫的目的。

在呼和浩特电厂进行了中试试验研究。试验结果表明，此法的脱硫效率可以达到80%左右。技术经济性分析表明，由于该方法的成本低，可望有良好的经济效益。

1.3.2.3 $FeSO_4$ 加铁屑强化循环

很多学者研究了用Fe或Mn这两种催化活性最高的过渡金属离子脱硫，其中对于脱硫过程中不断产生稀硫酸造成脱硫率下降的情况，研究者曾通过向溶液中加入石灰石（石灰）或氨气（氨水），与稀硫酸反应以调节吸收液的pH，保持较高的脱硫效率。但加入石灰石（石灰）只能产生附加值低的石膏，加氨气（氨水）存在氨挥发问题。另外也有研究者提出将脱硫过程产生的达到一定浓度的稀硫酸回收后同铁屑反应制取硫酸亚铁或聚合硫酸铁。张玉、周集体等研究了在无其他催化剂条件下，以 $FeSO_4$ 为脱硫吸收液，在脱硫过程中加铁屑的新工艺。一方面通过铁屑消耗稀硫酸，使反应在较高吸收液pH下进行，获得较高的脱硫率；另一方面可将 SO_2 转化为附加值较高、具有广泛用途的 $FeSO_4$ 溶液，达到回收硫的目的。

1.3.2.4 Fe_2O_3 负载于载体催化吸附法

气相中Fe也能把 SO_2 氧化为 SO_3，形成一种吸附态的 SO_3^*，从而吸附就变得容易多了。吸附后生成一种复合硫酸盐，这样也大大加快脱除 SO_2 的速率。Fe的存在又能使饱和吸附后的材料用氢气等还原性气体再生变得容易，所以引入Fe对提高材料的性能十分有利。

陈银飞等以MgO为吸附载体，用机械混合法、浸渍法和共沉淀法等方式引入Fe，引入方式对材料的脱硫性能影响很大。实验结果表明，以 $Mg(NO_3)_2$ 和 $Fe(NO_3)_2$ 用共沉淀法制得的 $MgFeO_x$ 复合氧化物吸附剂，硫容量最大达到1.4g SO_2/g，分析表明，高度分散态的 $MgFeO_x$ 中Mg和Fe有协同作用，其中Fe起到了催化氧化的作用，Mg是吸附中心，氧化和吸附的耦合加快了 $MgFeO_x$ 对 SO_2 的吸附速率，增加了硫容量。

1.3.3 催化氧化烟气净化技术发展方向

1.3.3.1 烟气液相催化氧化脱硫技术

工业烟气湿法脱硫技术是最常用的烟气 SO_2 脱除技术，工艺简单、脱硫效率高、运行稳定、操作容易。湿法脱硫按副产物的处理可分为抛弃法和回收法。抛弃法处理简单，处理费用低，但脱硫固废需占用大量的堆置场地，难免产生二次污染，硫资源也随之被浪费；回收法需增加大量的投资及操作费用，工艺流程长，但资源利用充分，二次污染少。

液相催化氧化净化低浓度 SO_2 是一种成熟的湿法脱硫技术，近年来在工业应用中备受关注。其主要原理是：利用吸收液中丰富的Fe、Mn等过渡金属离子的催化特性，在液相条件下将烟气中的 SO_2 催化氧化成 H_2SO_4。

1.3.3.2 烟气液相催化氧化脱硝技术

工业烟气 NO_x 净化技术可分为干法和湿法两种。干法SCR烟气脱硝技术脱硝率高，是目前国内外工业烟气脱硝主导技术，但存在投资运行成本高、催化剂再生困难、氨逃逸等问题。湿法烟气脱硝技术具有投资成本低、二次污染小等优点，是脱硝技术重要的发展方向。该方法是利用吸收液洗涤烟气、吸收脱氮的常见方法，一般采用NO

氧化-吸收法，即利用氧化剂和NO发生氧化反应，将难溶于水的NO氧化成易溶于水的NO_2，再利用溶液进行吸收。湿法烟气脱硝技术又可分为碱液吸收法、酸吸收法、络合吸收法、液相还原吸收法、氧化吸收法等，在不采取任何外场手段的条件下，目前国内外报道的湿法脱硝效率普遍较低，同时由于吸收前NO的氧化效率不高，导致运行成本增高，产业化应用不太理想。

随着烟气脱硝要求的不断提高，光催化、电催化等外场强化手段也用于湿法烟气脱硝过程中。李瞳等利用H_2O_2在可见光照射及氧化石墨烯、Fe_2O_3催化条件下产生的羟基自由基，将烟气中的NO氧化为NO_2后吸收脱除，NO_x转化率可达84.33%。Liu等以TiO_2溶胶作为催化剂，研发了光催化氧化和湿式洗涤结合的同时脱硫脱硝系统。黎宝仁等采用溶胶-凝胶法以聚砜（PSF）中空纤维膜为载体制备了Fe-TiO_2/PSF复合催化膜，构建了新型复合催化膜生物反应器（HCMBR），光催化氧化与湿法微生物法耦合烟气脱硝，提高了微生物法脱硝的能力。H. B. Yu和A. Nasonova等利用等离子体活化法，通过高能电子辐射烟气中的各种气体分子产生活性粒子以催化氧化NO_x，然后将其通过湿式吸收装置脱除。

1.4 新型矿浆烟气净化技术

天然矿物和工业固废是冶金及化工行业可以利用的脱硫、脱硝材料。目前较成熟的矿浆单独脱硫技术主要有软锰矿浆脱硫技术、磷矿浆脱硫技术、菱镁矿浆脱硫技术、铜矿渣浆脱硫技术和赤泥矿浆脱硫技术，较成熟的矿浆单独脱硝技术主要有软锰矿浆脱硝、磷矿浆脱硝技术。目前国内对于软锰矿浆烟气脱硫、磷矿浆脱硫的研究已经进入工业化试验阶段。但烟气脱硫过程中烟气自身性质、脱硫装置、经济成本以及副产物的回收利用等，是目前矿浆脱硫技术推广应用中仍需进行的研究工作。

1.4.1 软锰矿浆脱硫

我国矿产资源丰富，锰矿是继铁矿和铝矿之后，排位第三的金属矿产。锰在国民经济中占有重要地位，是冶金和化学工业中的重要材料之一。我国软锰矿储量丰富，但由于矿的品味较低、开发利用难、能耗高、污染严重，锰的浸出率低，工艺不稳定。在冶金工业中，将锰用作炼钢过程中的还原剂和脱硫剂可以提高钢的强度、硬度和耐磨性，此外，锰还可用于制造合金（如锰-铝、锰-铜合金等）等，素有“无锰不成钢”之说；在化学生产工业中，锰可以作为油漆干燥剂，生产锰的化合物（硫酸锰、氯化锰、高锰酸钾等）。近年来，随着新能源产业的高速发展，在电池、磁性材料等方面锰的需求越来越大。

锰矿的主要成分是MnO_2，利用锰矿浆去除烟气中的二氧化硫和氮氧化物，可得到具有较高经济价值的硫酸锰和硝酸锰。实验研究发现，软锰矿是一种很好的吸收二氧化硫的物质，其原理是：$MnO_2+SO_2 = MnSO_4$。目前对于软锰矿脱硫技术的研究主要集中在脱硫过程中条件的控制以及副产物硫酸锰的提纯和浸取渣的重复利用。任志凌等研究了软锰矿浆烟气脱硫工艺中二氧化硫与软锰矿反应动力学的特征，并考察了搅拌强度、反应温度、SO_2 浓度等因素对反应速率的影响。研究发现，增大搅拌强度能有效促进二氧化硫与软锰矿浆的反应，试验最佳搅拌强度为500r/min；在试验过程中二氧化硫与软锰矿浆的反应速率随反应温度的升高迅速上升；并计算出反应活化能为28.6kJ/mol、反应级数为0.64级，得出二氧化硫与软锰矿反应动力学特征的锰浸出速率方程为 $dX_B/dt=1.384\times10^5\times\exp[2.86\times10^4/(RT)]\cdot[SO_2]^{0.64}$。闫奇操等从软锰矿的特性和烧结烟气的特点出发，综述了软锰矿浆吸收烧结烟气中二氧化硫的研究进展，内容包括烧结烟气脱硫的发展趋势、软锰矿浆脱硫的化学反应机理、软锰矿浆脱硫副产品的回收、影响脱硫效率的工艺参数等，通过分析发现，利用软锰矿浆对钢铁企业的烧结烟气进行脱除是有效且可行的，并且具有良好的经济和环境效益。此外，利用软锰矿浆进行烧结烟气脱硫所得的副产品硫酸锰还具有很高的应用价值，这不仅解决了烧结烟气脱硫的净化问题，为钢铁工业的绿色发展奠定基础，还实现了硫的回收利用，间接地降低了脱硫成本。利用软锰矿浆进行烧结烟气脱硫，可以实现废气、贫矿综合利用的目的，达到环境效益和经济效益的统一。Sun 等研究了烟气成分对软锰矿浆吸收二氧化硫和氮氧化物过程的影响。提出了烟气中 $O_2/(SO_2+0.5NO_x)$（物质的量比）对催化氧化、副产物、Mn 提取率、SO_2 和 NO_x 吸收率、吸收容量的影响并进行了实验探讨。结果表明，增加 $O_2/(SO_2+0.5NO_x)$ 值，可以增强软锰矿浆对烟气的催化氧化作用，当 $O_2/(SO_2+0.5NO_x)\leqslant18$ 时，二氧化硫和氮氧化物主要被 MnO_2、$MnSO_4$ 以及 $Mn(NO_3)_2$ 的主要产物氧化，而当 $O_2/(SO_2+0.5NO_x)\geqslant18$ 时，二氧化硫和氮氧化物则主要被 O_2 以及 H_2SO_4 和 HNO_3 的主要产物氧化。二氧化硫和氮氧化物的总吸收能力随 $O_2/(SO_2+0.5NO_x)$ 值的增加而增强。Mn 的提取率随 $O_2/(SO_2+0.5NO_x)$ 值的增加先增加后降低，当 $O_2/(SO_2+0.5NO_x)$ 值在13左右时，Mn 的提取率最大可达到91%。在 $O_2/(SO_2+0.5NO_x)\geqslant18$ 的情况下，加入菱锰矿作为pH调节剂，可以提高 SO_2 和 NO_x 的吸收率和锰的提取率。

软锰矿浆进行烟气脱硫具有如下优点：a. 技术成熟、可靠，设备运行稳定，流程简单，操作简便；b. 投资成本低；c. 脱硫产物具有经济效益，可进行资源化回收利用。但在现实应用中，该脱硫工艺仍存在一定难度，不同地区的软锰矿含量及组分存在差异，实现较高的脱硫率和锰浸出率也存在难度。

1.4.2 镁矿浆脱硫

镁是地壳中含量高、分布广的元素之一，在自然界中以化合态的形式存在，主要分布于白云石矿、盐湖、海水等资源中，镁矿资源主要来源于海水、天然盐湖水、油田卤水、菱镁矿、水镁石、白云岩、橄榄石等。目前已知的含镁矿物有60多种，具有工业价值的有：菱镁矿（$MgCO_3$），镁含量为28.8%；白云石矿（$MgCO_3\cdot CaCO_3$），镁含量为13.2%；光卤石（$KCl \cdot MgCl_2 \cdot 6H_2O$），镁含量为8.8%。菱镁矿是我国的优势矿产之一，储量和产量都在世界上名列前茅。全球的菱镁矿资源主要分布于俄罗斯、中国、朝鲜等9个国家，我国菱镁矿储量占世界菱镁矿储量的21.94%，仅次于俄罗斯的22.82%，是世界第二大菱镁矿生产国。

镁矿浆脱硫是利用镁矿中的氧化镁、碳酸镁、氢氧化镁等组分，烟气中的二氧化硫进入矿浆后与这些组分发生反应生成硫酸镁等产物，反应式主要为：

$$MgCO_3 + SO_2 = CO_2 + MgSO_3$$

$$MgO + H_2O = Mg(OH)_2$$

$$Mg(OH)_2 + SO_2 = H_2O + MgSO_3$$

$$MgO + H_2O + 2CO_2 = Mg(HCO_3)_2$$

$$Mg(HCO_3)_2 + SO_2 = H_2O + 2CO_2 + MgSO_3$$

$$MgSO_3 + H_2O + SO_2 = Mg(HSO_3)_2$$

$$Mg(HSO_3)_2 + MgO = H_2O + 2MgSO_3$$

田琳等以不同等级的菱镁矿作为烟气脱硫剂，研究了在相同的实验条件下不同脱硫剂脱硫效率随时间的变化、反应过程中浆液pH随时间的变化、pH对脱硫率的影响，探讨了菱镁矿在火电厂湿法烟气脱硫应用中的可能性，结果表明：随着反应时间的延长，菱镁矿浆液的脱硫率逐渐下降。在相同的脱硫时间内，不同浆液的脱硫率按菱镁矿等级依次为：一级菱镁矿＞特级菱镁矿＞二级菱镁矿＞三级菱镁矿＞风化石；各浆液在10min内的脱硫率如下：特级菱镁矿浆液89%，一级菱镁矿浆液91%，二级菱镁矿浆液77%，三级菱镁矿浆液87%，风化石浆液50%。随着反应时间的延长，脱硫剂浆液pH逐渐降低，pH为4.6～6时，浆液的脱硫效果比较稳定。连娜等以菱镁矿浮选尾矿浆液作为烟气脱硫剂，采用湿法烟气脱硫技术对模拟烟气进行脱硫试验研究，分别考察了脱硫剂浆液含量、浆液温度、添加的有机酸种类对浆液脱硫率的影响。实验结果表明：在脱硫剂浆液质量分数为10%、浆液温度为60℃、脱硫10min时，浆液脱硫率为85%；向脱硫剂中添加柠檬酸和乙二酸均能提高浆液的脱硫率，当有机酸浓度为3.5mmol/L时，添加了柠檬酸的浆液脱硫率达96%，添加了乙二酸的浆液脱硫率达90%；Jia等在不同条件（淬火和水合温度、水合时间、液固比、连续/不连续过程）下进行了一系列镁渣的淬火水合实验。在水合过程中，获得了电导率，以pH和水合度来表征反应。结合水化程度，采用动力学模型对水化动力学进行分析，得到相关参数。为了进一步了解水合镁渣的脱硫性能以及水合与脱硫之间的关系，在热重分析仪中进行了脱硫实验。此外，分别通过X射线衍射和扫描电子显微镜研究了水合后材料的组成和形态。结果表明，淬火温度和水合温度分别为950℃和80℃时，可得到最高水合度（0.16）。正交试验确定了连续水合的最佳条件为：淬火温度为950℃，液固比为8，水合时间为8h。连续水合处理样品的脱硫性能优于非连续水合处理样品，其钙转化率分别为30.3%和13.3%。

镁矿浆湿法脱硫工艺可在现存的石灰-石灰石法脱硫工艺上进行改造，镁矿浆法脱除烟气中的二氧化硫相比传统石灰-石灰石法烟气脱硫，具备吸收剂制备简单、液气比小、吸收剂利用率高、可回收利用镁、工艺运行稳定、设备不易堵塞等优点，为我国的低品位镁矿资源化利用开辟了新方向，但该法仍需关注脱硫副产物的资源化利用。

1.4.3 钢渣浆脱硫

钢渣是冶金生产过程中产生的一类工业废料，其产率为粗钢产量的12%～15%，把钢渣作为废物遗弃，不仅占用了大量的土地资源，还会对环境造成污染。为适应钢铁工业的快速发展，如何有效地利用钢渣被提到了重要日程上来，并已取得了较为显著的成果。钢渣的主要成分有 CaO、SiO_2、Fe_2O_3、Al_2O_3、MgO 等，因此在脱硫应用方面具有一定的潜力，将钢渣作为脱硫剂进行烟气脱硫是一种环保、高效的可行途径。

于同川等用钢渣配制成浆液，在旋流板塔中进行烟气脱硫，考察了钢渣的脱硫性能，以期开发一种实用、廉价、高效的脱硫剂。实验研究了钢渣的主要成分对脱硫效果的影响，讨论了液气比、浆液的 pH、气体中二氧化硫的体积分数等主要因素对脱硫效率的影响。实验结果表明：当钢渣浆的质量分数为 2%，进口气温为 20℃，液气比高于 4.85 时，浆液脱硫率可达 85%以上。钢渣中的 MgO、Fe_2O_3 对脱硫效果有促进作用。因此在旋流板塔湿法脱硫过程中，钢渣是一种有效的脱硫剂。刘盛余等考察了钢渣湿法脱除烧结烟气过程中钢渣浆液浓度、钢渣粒径、进口二氧化硫浓度、钢渣浆液 pH 以及烟气流量等因素对脱硫率的影响，并得出结论，当常温，钢渣粒径$<75\mu m$，浆液浓度$>4\%$，进口二氧化硫浓度$<2000mg/m^3$，烟气流量$<0.06m^3/h$，初始 pH$>$7 时，二氧化硫的去除率可达 80%以上。对脱硫前后的钢渣进行 XRD 分析，钢渣在脱硫反应后，其硅酸钙晶体的峰高减弱，即硅酸钙晶体部分被消耗。同时从反应前后钢渣的 XRF 分析得出，钢渣在反应后 CaO、SiO_2、Fe_2O_3、Al_2O_3 等成分均减少。此外，钢渣中含有某些成分起着催化剂作用，比如 V_2O_5、MnO_2 等，这些过渡金属氧化物具有催化作用，导致脱硫后钢渣中的 SO_4^{2-} 含量发生很大的变化。张顺雨等利用自行设计的喷射鼓泡反应器，以钢渣作为吸收剂进行烧结烟气脱硫的试验研究，研究了钢渣作为新型脱硫剂的脱硫效果，探究了二氧化硫浓度、钢渣粒度、烟气流量、钢渣浓度等因素对脱硫效率的影响。试验结果表明：在二氧化硫浓度为 $1331.88mg/m^3$、钢渣粒度为 0.074mm、烟气流量为 $5m^3/h$、钢渣浓度为 1.2%时，钢渣浆的脱硫率达到 85%以上。因此钢渣在喷射鼓泡反应器中进行湿法脱硫是可行有效的；Meng 等提出一种利用 $(NH_4)_2S_2O_3$-钢渣浆进行臭氧氧化同时从烟气中脱除二氧化硫和氮氧化物的方法，研究了操作条件对同时去除二氧化硫和氮氧化物效率的影响。结果表明，二氧化硫的去除受 pH 影响，而氮氧化物的去除主要受 $(NH_4)_2S_2O_3$ 浓度、反应温度和 pH 的影响。在最佳操作条件下，二氧化硫的去除率几乎达到 100%，氮氧化物的去除率大于 78.0%。当 pH 从 8.5 降低到 7.0 时，二氧化硫的去除率稳定保持在 100%，而当 pH 进一步降低到 6.0 时，去除率从 100%略降至 98.5%。同时，当 pH 从 8.5 降低至 7.5 时，氮氧化物的去除率恒定为 78.0%。此后，随着 pH 从 7.5 降至 6.0，效率从

78.0%降至 54.4%。钢渣浆液中的 NH_4^+ 可以耐受较高的 NO_2^- 浓度，并且 NH_4^+ 和 $S_2O_3^{2-}$ 的共存对氮氧化物的去除具有明显的协同作用。研究建立了 $(NH_4)_2S_2O_3$-钢渣浆去除氮氧化物的反应机理。最佳条件如下：钢渣浆浓度为 5%，$(NH_4)_2S_2O_3$ 浓度为 0.18mol/L，反应温度为 40℃，pH 为 7.5 和 MR 为 1.0。并推测 $S_2O_3^{2-}$ 和 NH_4^+ 的脱硝协同作用机理如下：二氧化氮与 $S_2O_3^{2-}$ 反应生成 NO_2^-。NH_4^+ 的存在抑制了 NO_2^- 的分解，进一步促进了氮氧化物的去除。从钢渣中浸出的 Mg^{2+} 在 $S_2O_3^{2-}$ 的存在下也促进了氮氧化物的去除。$S_2O_3^{2-}$ 阻止了 $MgSO_3$ 的氧化，从而通过二氧化氮和 $MgSO_3$ 之间的氧化还原反应促进了二氧化氮的去除。

钢渣法进行烟气脱硫时对用于研磨设备的要求较高，因为钢渣硬度过大，导致设备运行过程中脱硫系统的磨损严重，故目前以钢渣作为脱硫剂的研究还主要集中在钢渣本身，对于钢渣中各成分对脱硫所起的作用还有待进一步的研究。

1.4.4 赤泥脱硫

赤泥又称红泥，是氧化铝冶炼生产过程中产生的固体废物，也是制铝工业的最大污染源。赤泥产量巨大，平均每生产 1 吨氧化铝会产生将近 2 吨的赤泥。全球每年赤泥的产量约为 1.2 亿吨，而我国赤泥的年排放量在 700 万吨以上，赤泥的大量堆积，造成土地资源浪费、环境污染、土地碱化，污染地下水，危害人们的健康。近几年来，随着氧化铝需求量的逐年递增，赤泥的综合利用也成为氧化铝产业持续发展的重要课题。与碳酸钙脱硫剂相比，其活性较高，因此具有较好的固硫效果，试验数据显示，赤泥作为固硫剂取得较好的脱硫效果，脱硫率可达 75%以上，可代替钙基固硫剂应用于流化床燃煤脱硫系统。

左晓琳等通过自制鼓泡反应器利用赤泥进行脱硫研究，并结合拜耳法赤泥的高铁含量性质，将过渡态金属离子的液相催化氧化机理应用于赤泥脱硫，并探讨了赤泥的脱硫机理。试验结果表明，当赤泥浆液的固液比为 1∶20 时，赤泥浆液的硫容为 362.7mg/g，且赤泥浆液能够在酸性条件下净化二氧化硫，其浆液 pH 能降至 1.58 左右，在浆液脱硫过程中，固相物质发挥了较大的脱硫作用。试验还得出：在赤泥浆液 pH≤4 时，浆液中铁离子的溶出对二氧化硫的吸收具有催化氧化作用。研究认为，在赤泥浆液中发生了如下反应：

$$SO_2 + H_2O \longrightarrow H_2SO_3 \longrightarrow 2H^+ + SO_3^{2-}$$

$$H_2O + SO_3^{2-} + Fe^{3+} \longrightarrow SO_4^{2-} + Fe^{2+} + 2H^+$$

$$2Fe^{2+} + 2H^+ + 1/2O_2 \longrightarrow 2Fe^{3+} + H_2O$$

初步得出赤泥浆液脱除二氧化硫的机理为：当赤泥浆液 pH>4 时，起脱硫作用的主要是浆液中溶于水和难溶于水的碱性物质，而当赤泥浆液 pH≤4 时，赤泥浆液中溶出的铁离子促进了二氧化硫的溶解。张家明等以赤泥和活性炭为原料，通过热活化法制备活化赤泥脱硫剂（ARMD）。在活化赤泥脱硫剂制备的过程中，考察了赤泥与活性炭的配比、活化时间、活化温度等条件对 ARMD 脱硫效率的影响。最终确定 ARMD

的最佳制备条件如下：当 pH 为 4.5、赤泥与活性炭配比为 20∶1、活化温度为 900℃、活化时间为 15min 时赤泥脱硫率达 86.9%。并采用 BET、XRD 和 SEM 对 ARMD 进行表征分析，考察不同 pH 下铁离子浓度及 ARMD 的脱硫性能。结果表明：脱硫后 ARMD 中出现了具有较高比表面积和发达孔容的 β-FeOOH，其为钙基反应提供了空间，进一步增强了 ARMD 的脱硫性能。蒋妮娜等采用单因素试验，利用自行设计的实验装置将赤泥用于热电厂烟气的二氧化硫脱除，考察了赤泥含固量、pH、液气比、烟气中二氧化硫浓度与脱硫率的关系，并将赤泥脱硫与石灰石脱硫进行了对比，实验证明，赤泥脱除烟气中二氧化硫的效率可达 97%以上，在相同条件下，赤泥的脱硫效果要高于石灰石脱硫效果，具有很好的社会效益、经济效益和环境效益。Li 等以赤泥为吸收剂并结合臭氧氧化的方法同时去除二氧化硫和氮氧化物，研究了不同因素对同时脱硫脱硝效率的影响。结果表明，臭氧与一氧化氮物质的量比＞1 时，升高氧化温度不利于氮氧化物的吸收，低浓度的二氧化硫有助于氮氧化物的吸收，但高浓度的二氧化硫会抑制氮氧化物的吸收。赤泥脱硫脱硝后的固体残渣主要为重钙铝石（$CaSO_4 \cdot 0.5H_2O$）。当 pH＞5 时，碳酸钙与金属钠在赤泥中起主要作用，而当 3.5＜pH＜5 时，硅铝酸钠水合物（$1.08Na_2O \cdot Al_2O_3 \cdot 1.68SiO_2 \cdot 1.8H_2O$）、霞石钙［$Na_6CaAl_6Si_6(CO_3)O_{24} \cdot 2H_2O$］和石榴石［$Ca_3Al_2(SiO_4)(OH)_8$］参与了反应。在氧化温度为 130℃，臭氧与一氧化氮物质的量比为 1.8 条件下，反应 1h 内赤泥的脱硫效率可达 93%，脱硝效率达 87%。

赤泥用于脱除燃煤电厂烟气中的二氧化硫，一方面可使烟气达标排放，另一方面，赤泥在脱硫反应后碱性减弱，可用作水泥、农用肥原料、建筑材料等，但由于赤泥维持高效处理二氧化硫的时间较短，因此该工艺的各项参数还有待优化，需进一步考虑将多级结构等工艺应用于氧化铝工业。

1.4.5 磷矿浆脱硫

磷矿是在经济上能被利用的磷酸盐类矿物的总称，是一种重要的化工矿物原料，是工业生产中重要的磷源，其主要成分是氟磷酸钙，同时还会含有氯、硅、铝等其他元素。磷矿可用于制取磷肥、黄磷、磷酸、磷化物及其他磷酸盐类，被广泛应用于医药、食品、火柴、染料、制糖、陶瓷、国防等工业部门。目前，全球磷矿的年产量约在 2.6 亿吨，其中 2/3 以上被应用于生产磷肥及含磷复合肥，磷资源已成为影响各地农业及工业发展的重要因素。

魏爱斌以磷矿浆作为脱硫吸收剂，硫酸工业生产过程中排放的低浓度二氧化硫为脱除对象，结合实验室小试结果，研究了中试过程中的氧含量、pH、矿浆温度、烟气温度、矿石粒度、气流量、喷淋量等对脱硫效率的影响。结果表明：硫酸尾气中 7%左右的氧含量可维持磷矿浆中二氧化硫的氧化过程，增大氧气浓度对脱硫效果没有太大的帮助；当 pH 低于 3.0 时，脱除效率迅速下降；矿浆温度对脱硫效率的影响程度高于烟气温度的影响程度，且当矿浆处于常温状态时，脱硫效率可维持大于 99%，当矿浆温度大于45℃时，脱硫效率将迅速下降；当喷淋量为$7m^3/h$时，脱硫效率低于90%，喷淋量为$15m^3/h$时，脱硫效率大于90%；矿石粒度的增加有利于脱硫。武春锦在用磷矿浆脱除燃煤锅炉烟气二氧化硫的同时还开展了脱硫过程中氟、镁离子的平衡实验，实验结果表明；液相中镁离子浓度随温度升高而增大，随浆液pH升高而降低；液相中氟离子浓度则随浆液湿度和pH的上升均呈现下降趋势。李帅通过间歇式密封反应，对单一金属离子以及复合金属离子液相催化氧化S(Ⅳ）的本征反应动力学进行了研究，并确定了各金属离子体系下的反应活化能，还采用分段式的研究方法研究了磷矿浆湿法烟气脱硫的动力学过程。吴琼通过正交试验、单因素试验及表征方法对磷矿浆脱硫脱镁的机理进行探讨。当反应温度为40℃时，镁的浸出率最高，温度低于40℃时镁的浸出率随温度升高而增加；而温度高于40℃时，镁的浸出率随温度升高而降低；当pH为5时，镁的浸出率最大，当pH大于5时，镁的浸出率下降；浆液浓度越大，镁的浸出率越低；二氧化硫浓度的增加有利于镁的浸出。

贾丽娟等用磷矿浆对低浓度二氧化硫进行脱硫小试研究，实验过程中不添加其他任何反应物，磷矿浆作为唯一的催化剂。实验结果表明，磷矿的硫容量是同体积NaOH饱和吸收液的42倍、水的264倍，矿浆pH维持在4～6时对二氧化硫吸收效果最好，矿浆达到吸收饱和后澄清液中P_2O_5的质量分数可达3.20%。李创等采用加入无机、有机类添加剂的方法对磷矿浆湿法脱硫技术进行强化，研究了添加剂种类、添加剂比例、二氧化硫入口浓度对矿浆脱硫的影响。结果表明：在矿浆固液比、反应温度、气流量、添加剂比例、氧含量分别为5%、25℃、0.3L/min、2%、5%时，处理$3000mg/m^{-3}$的二氧化硫2h，最佳有机添加剂为己二酸、最佳硝酸盐添加剂为硝酸铁、最佳金属氧化物添加剂为二氧化锰，且己二酸、硝酸铁、二氧化锰的最佳添加比依次为2%、4%、6%。在以上三种添加剂的最佳添加比例基础上，对不同浓度的二氧化硫进行脱除实验，反应时间为2h，结果为：添加二氧化锰的磷矿浆脱硫效果最好，硝酸铁次之，己二酸波动较大。Nie等对磷矿浆湿法烟气脱硫进行了研究，在反应过程中，以磷矿石为吸附剂有助于对S(Ⅳ）的吸附和催化氧化效率。在脱硫过程中，从磷矿中溶出的一些金属离子可以促进S(Ⅳ）的氧化并提高脱硫率。此外，还分析了磷矿吸附剂的失活现象，废矿浆液中磷矿吸附剂的溶解和F^-、PO_4^{3-}的浓度增加，而废液中的磷减少。反应过程主要涉及两个阶段：a. 二氧化硫的吸收和S(Ⅳ）的氧化，b. 磷矿的溶解和产物形成。当模拟烟气进入浆料中时，二氧化硫迅速溶于水中，并通过电离平衡产生H_2SO_3、HSO_3^-和SO_3^{2-}。由于溶解的氧对SO_3^{2-}的氧化，产生了少量的SO_4^{2-}。该团队之后继续研究了磷矿中溶解的Mn^{2+}、Fe^{3+}和Mg^{2+}对二氧化硫去除效率的影响，结果表明这些金属离子对二氧化硫的脱除均具有促进作用。与不含金属离子的系统相比，痕量的Mn^{2+}和Fe^{3+}可提高19%～31.5%的二氧化硫脱除率。此外，通过将这些金属离子添加到亚硫酸氢钠水溶液体系中，比较它们对S(Ⅳ）氧化的催化作用。在Mn^{2+}和Fe^{3+}同时存在的情况下，它们之间表现出对S(Ⅳ）氧化的催化协同作用。并且此时的活化能仅为16.56kJ/mol，与没有催化剂的体系相比，活化能降低了74.1%。

磷矿浆脱硫绿色环保，是一种高效、节能的烟气脱硫方法，工艺简单，相比于传统脱硫方法可回收磷酸、无固体，适用于磷化工制酸尾气及含有燃煤锅炉的磷酸企业，也可将此运用于磷矿浮选脱镁等。

1.4.6 泥磷乳浊液脱硫脱硝技术

泥磷是一种有毒的混合物，含有单质磷，燃点较低，有腐蚀性。黄磷生产过程中，由于泥磷得不到有效处理，造成磷回收效率、精制效率下降，最终导致生产成本上升，这已成为制约磷化工产品发展的瓶颈，而泥磷在堆存过程中，还会引起环境空气、水体及土壤的污染。若将泥磷直接暴露于空气中，则会冒烟和燃烧，因此泥磷必须要没于水中存放，否则将会造成污染及危害。但是即使用水封存，泥磷仍会慢慢释放出烟雾而污染空气，甚至若存放不当，磷还将随水外流，进而引起水体污染，可能使人、畜、鱼类等发生严重中毒。近年来，随着磷化工的发展，泥磷的产生量逐年增加，泥磷堆存引起的环境问题也将日益突出。泥磷中还含有10%～50%的元素磷，若不予回收或处理，则将造成资源的极大浪费。而作为电炉法生产黄磷的副产品之一，泥磷中磷含量较高，但无论是富泥磷还是贫泥磷，均属于危险固体废物。如果还对其进行有效回收或处理，除了引起环境污染外，还将造成资源的极大浪费，如何妥善有效地处理或处置这种含磷有害物，已是迫在眉睫的问题。若能对其进行资源化利用，不仅可提高磷矿资源的总磷回收率、减少资源浪费，还能避免环境污染、增加经济价值、减少堆存量，具有重要的经济和社会意义。

1.4.6.1 泥磷的来源

磷矿资源作为云南省的经济支柱产业之一，在储量和产量方面均名列全国前茅，因此磷矿的开发利用是至关重要的。再者，磷矿是不可再生的宝贵资源，已经被国土资源部列为不能满足中国经济需求的矿种之一。现如今云南磷矿发展最重要的问题就是磷矿资源综合利用最大化，而高效综合利用泥磷可以缓解资源短缺及环境保护的压力。

黄磷是一种极为重要的最基本化工原料，生产方法有高炉法和电炉法，国内外基本采用电炉法。泥磷是电炉法生产黄磷过程中产生的废渣，是一种混合固体废物，经过除尘后的磷炉气仍然会含有一些未分离的固态粉尘，这些固态物质与气态磷、冷却水在冷凝段所形成的胶状混合物即泥磷。在电炉法黄磷生产过程中，泥磷产生的环节有：a. 粗磷精制，精制锅加温时溢流管内溢出的液体经冷却沉降后会形成泥磷；b. 在利用热水对精制粗磷进行漂洗时，精制锅炉中会出现磷泥，并浮于上层，经打捞收集后成为泥磷；c. 当炉气被水循环时，部分磷泥和磷会流入热水槽，并沉降，将其放出后冷却沉降可形成泥磷。每个环节所形成泥磷的含磷量不同。

磷化工的发展致使泥磷的产量逐年增加。据统计，每生产1吨黄磷，就会有0.1～0.15吨泥磷产生，而泥磷中含有许多有价值的元素，为了避免造成极大的资源浪费，需要将泥磷彻底处理或回收。不仅如此，泥磷这类含磷的有害物质，暴露于空气中会燃烧和冒白烟，产生有剧毒的磷化氢、五氧化二磷气体，严重污染环境，用化学法和物理法可回收泥磷中的元素磷，也可以制成磷酸。但在黄磷生产过程中，泥磷中磷回收效率低，造成生产成本提高，是磷化工产品发展的不利因素。泥磷堆存过程中，会引起环境空气、水体及土壤的污染，且在处理泥磷时大多存在污染较大，劳动条件差，安全等问题。所以，如何妥善有效地处理或处置，这是一个值得探讨和迫在眉睫的问题。

1.4.6.2 泥磷的成分

泥磷主要是由元素磷、粉尘杂质（主要成分为 SiO_2、CaO、C、Fe_2O_3、As、F、Al_2O_3 等）和水组成。由于精制程度不同，导致泥磷中含磷量也不同，一般含磷 5%～70%。可以将泥磷分为富泥磷、贫泥磷和弱泥磷。一般来说，富泥磷中磷元素的含量在 50%以上，粗磷精制过程中所形成的泥磷是富泥磷；贫泥磷中磷含量为 10%～40%，主要来自于各个分离工段产生的剩余污泥，如漂洗精制粗磷时浮于上层的磷泥；弱泥磷中磷元素的含量低于 10%，弱泥磷主要来自于黄磷生产中污水处理系统的各个工段。

1.4.6.3 泥磷的性质

泥磷是磷和粉状矿物、碳粒在吸附的内聚力作用下形成的聚集体，在澄清过程中形成了能牢固吸着磷的空间网络构架。泥磷中含有的 SiO_2，因为具有亲水性，可以吸附其他杂质，导致磷元素被包裹起来而难以从中分离出来。泥磷是无定形颗粒乳胶体，黏度较高，实测范围在 102～104cP。泥磷的熔点随着含磷量的不同而有所不同，一般在 60～75℃之间。苏联乌拉尔化学研究所通过对泥磷长期的研究发现，富泥磷的磷中夹有链状或网状结构的杂质；而贫泥磷是极小的无定形或球状颗粒。

1.4.6.4 泥磷的处理

随着泥磷引发的危害越来越大，需要对其进行安全、有效的处理或处置。下面是泥磷的一些常规处理方法。

（1）直接法提取黄磷

直接法提取黄磷，是利用黄磷的性质将磷从泥磷中回收。常见的方法包括重力法、蒸馏法和过滤等。

近几年，为了能有效地提高磷的回收率，已经有大量科研工作者在蒸馏等方法上做了进一步研究。如刘云根等人提出了泥磷中温真空提取黄磷技术。这些方法虽然在一定程度上提高了磷的回收率，但是还存在操作安全性差、要求温度控制严格且不容易操作、设备腐蚀速度快等不同程度的问题。

（2）制取磷化合物

将泥磷转中的磷元素转化为其他的含磷化合物，不仅可以使资源得到有效利用，变废为宝，而且还可以解决泥磷引发的一系列环境问题。目前国内外主要用泥磷来制取磷酸、磷酸氢钙、亚磷酸钠和次磷酸钠等含磷化合物。

目前，将泥磷转化为磷酸是工业上可以规模化处理泥磷的方法，但生成的磷酸质量差。制取磷酸氢钙时，先是利用泥磷制成泥磷酸，再用泥磷酸与一定浓度的石灰乳反应制取磷酸氢钙，但由于温度及 pH 的影响较大，存在控制的随机性较大、操作繁琐等缺点。利用黄磷电炉水淬炉渣中和磷泥，烧酸后的残渣可制取双渣磷肥，该法成本低、操作简便、产品性能良好，但是在操作过程中会有 PH_3 气体排出，必须在良好的通风条件下进行操作。这虽然可以将泥磷与氢氧化钠在加热条件下进行反应，然后将反应物进行过滤、蒸发、结晶、干燥，最后得到亚磷酸钠晶体产品和次磷酸钠产品。但操作过程需要氮气的保护，存在产品纯度低、分离困难等问题。

以上方法可以将泥磷变废为宝，得到磷化合物，这虽然解决了泥磷引发的环境污染问题，有效利用泥磷中的有效磷元素，但是目前这些处理或处置方法依然存在不同方面、不同程度的问题，致使泥磷还是得不到最好的处理或处置，不仅使泥磷中的磷得不到充分利用，也白白浪费泥磷中的其他过渡金属资源。所以本文利用泥磷处理烟气中的 SO_2 和 NO_x 时，不仅泥磷中的过渡金属可以被利用起来，产物也可以作为一种肥料进行回收利用，而且也处理了泥磷、烟气中的 SO_2 和 NO_x，一举多得。

1.4.6.5 泥磷脱硫脱硝技术

泥磷与黄磷成分相似，泥磷中足量的 P_4 能够在液相中将氧气转化为强氧化性物质臭氧，进一步促进了脱硫脱硝氧化反应，而且泥磷中金属元素在酸性条件下析出形成的 Fe^{2+}、Fe^{3+} 等金属离子，也具有催化氧化性，可以协同提高脱硫脱硝效率。王访等已经利用泥磷脱硝并取得很好的效果。Li、Sun 等将泥磷与碱液结合使用，脱除效果良好。沈迪新等提出的黄磷乳浊液控制 NO_x 和 SO_2 的新技术，在理论上也证明了黄磷具有烟气脱硫脱硝的能力。

烟气泥磷同时脱硫脱硝原理如下：泥磷中单质磷与浆液中的溶解氧接触生成臭氧，生成的臭氧从溶液中逸出进入烟气中，成为 NO 的强氧化剂。臭氧再氧化 NO 成为高价氮氧化物，提高了其在水中的溶解度，从而脱去 NO。

$$P_4 + 5O_2 = 4PO + 2O_3$$

$$2PO + \frac{3}{2}O_2 + 2CaO + H_2O = 2CaHPO_4$$

$$NO + O_3 = NO_2 + O_2$$

$$2NO_2 + H_2O = HNO_3 + HNO_2$$

含硫、硝气体经过泥磷浆液洗涤，尾气中的 SO_2 首先溶于水生成亚硫酸。

$$H_2O + SO_2 = H_2SO_3$$

水中的亚硫酸与磷矿浆中的磷矿石发生反应，生成磷酸氢钙和硫酸钙，尾气中的 SO_2 被脱除，尾气得以净化。

$$Ca_5(PO_4)_3F + 2H_2SO_3 + O_2 = 2CaSO_4\downarrow + 3CaHPO_4 + HF$$

$$Ca_5(PO_4)_3F + 2SO_2 + 2H_2O + O_2 = 2CaSO_4\downarrow + 3CaHPO_4 + HF$$

$$2HF + CaO \xlongequal{} CaF_2 + H_2O$$

生成的亚硝酸、硝酸与生成的 $CaHPO_4$ 发生反应：

$$CaHPO_4 + 2HNO_3 \xlongequal{} Ca(NO_3)_2 + H_3PO_4$$

$$CaHPO_4 + 2HNO_2 \xlongequal{} Ca(NO_2)_2 + H_3PO_4$$

本文以废物泥磷为脱硫脱硝原料，采用液相催化氧化净化 SO_2、NO_x，具有工艺简单、运行成本低、产物易回收利用等特点，为磷煤化工企业产排的 SO_2、NO_x 处理和回收利用开拓了新途径。

1.5 超声波雾化耦合烟气净化技术

1.5.1 超声波雾化技术简介

众所周知，声波是由振动物体所产生的机械波，人们所能听到的声波频率在 16～20000Hz，称为可听声波；声波频率低于 16Hz 的为次生波；声波频率高于 20000Hz 的为超声波。超声波方向性好、功率大、穿透力强、能引起空化作用及许多特殊效应，因此超声波技术已经应用到医学、科学技术等各个领域，包括医学上的超声诊断和超声治疗技术，已在现代医学中占有重要位置；科学技术上的声化学，在开创安全、廉价及无污染的“绿色”化学工业中起到非常关键的作用。

超声波的应用主要分为检测超声和功率超声两大方面。检测超声主要是利用超声的信息载体作用，即通过超声在介质中传播、散射、吸收、波形转换等，提取反映介质本身特性或内部结构的信息，达到检测介质性质、物体形状或尺寸、内部缺陷或结构的目的，如超声测距、测厚，工业无损探伤，医学上常用的 B 超等。功率超声则主要是利用超声的能量及对物质的作用，即利用超声振动产生的大功率、高强度超声波，来改变物质的性质与状态，如超声清洗、超声焊接、超声雾化等。

超声雾化是功率超声的一个重要应用，其在石油化工、医学、日常生活、喷涂、除尘等方面有着很大的用途。电声换能型超声雾化是超声雾化的一种，也是现在工业和生活中应用最多的一种雾化类型，其结构如图 1.5 所示。它是利用电子高频振荡原理，在超声波发生器上通过高频振荡电流，产生高频电能信号，然后通过换能器将其转换为超声机械振动（超声波），超声波通过雾化介质传播，在气液界面处形成表面张力波，超声空化作用使液体分子作用力破坏，从液体表面脱除形成分散均匀的微米级的高密度微小液滴流，具体雾化过程如图 1.6 所示。目前使用比较多的雾化片为压电陶瓷片。

1.5.2 超声波雾化技术耦合工业烟气净化研究现状

气液两相吸收过程是指利用混合气体各组分在吸收剂中的溶解度的差异，从而分

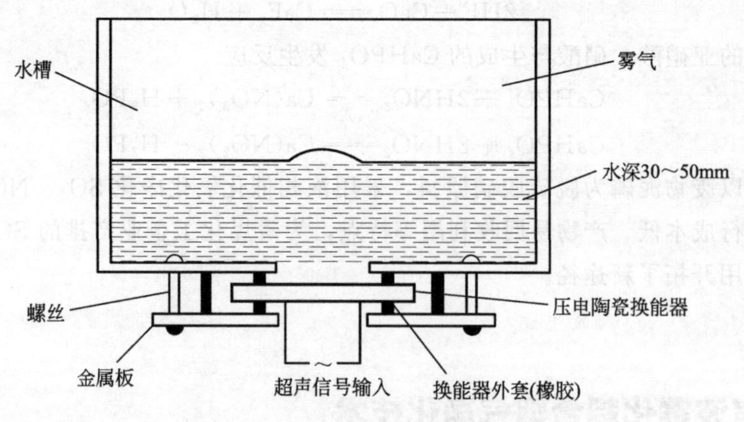

图 1.5　电声换能型超声雾化器结构图

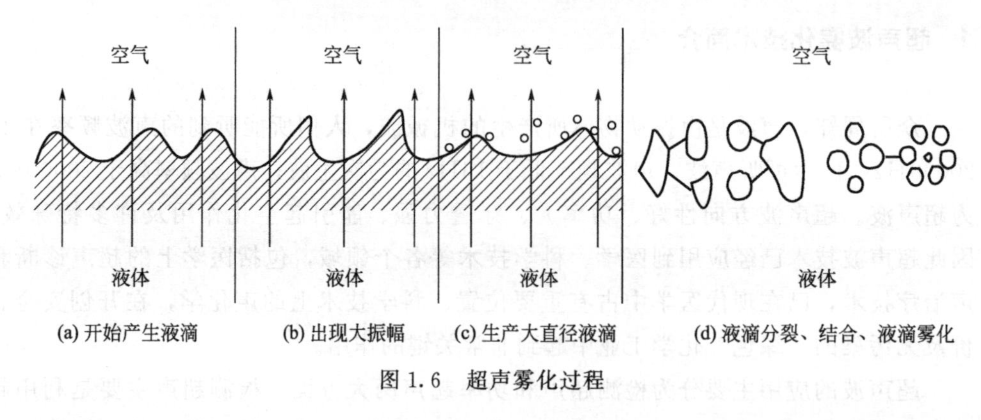

图 1.6　超声雾化过程

开气体混合物的操作，吸收过程一般是在吸收塔内进行，气体和吸收剂并流或者逆流接触，为了提高脱硫的效率，通常在吸收塔内装入大量的填料，比如拉西环和阶梯环等，从而增加了气液传质的面积。为提高气液接触面积和脱硫效率，马汉泽等利用雾化器进行雾化脱硫研究，研究发现，当出口二氧化硫浓度低于国家规定排放标准 $1333.74mg/m^3$ 时，对于超声波、气流式和压力式雾化吸收，$1m^3$ 的硫酸锰溶液可分别处理标准状态下二氧化硫体积浓度为 1%的烟气达到 $10322m^3$、$6785m^3$ 和 $6015m^3$。赵琪琤等利用超声波使碱性脱硫剂液体变成 1～10μm 雾滴与空气混合进入燃煤锅炉，参与煤的燃烧的同时和单质硫及其化合物反应，达到减少烟气二氧化硫含量的效果，其本质是利用脱硫剂的化学热力学性质和雾化微粒的动力学特性进行脱硫，生成可溶解回收硫酸盐。苏联的 Mal'tsev 研究了超声波对多相催化过程的影响，研究发现，超声波能提高催化剂的分散度，使得多相催化反应的单程转化率提高近 10 倍。超声波强化气固相催化过程的报道表明，超声波能强化多相催化反应。

超声波雾化是利用超声换能器产生的超声波通过雾化介质传播，在气液界面处形成表面张力波，超声空化作用使液体分子作用力破坏，从液体表面脱出形成雾滴。超声波雾化产生的液滴喷射速度低，可制得分散均匀的 2～4μm 级液滴，而且液滴的初速度几乎为零，所需载气的流量小，容易产生高浓度细小的液滴流。并且超声波产生的雾滴具有直径（1～5μm）小、自身的动能较低、易随气流飘动等特点，经超声波雾化的过渡金属离子溶液，具有较大比表面积，在最大程度上增加了互相反应的接触面积，大大提升了脱硫效率。同时超声强化过渡金属离子催化作用，从各方面促进过渡金属离子液相催化氧化反应，从而提高液相脱硫效率。

目前，在低浓度范围内利用超声波雾化过渡金属离子溶液直接用于烟气脱硫方面的文献还鲜有报道。

1.6 微波加热耦合烟气净化技术

1.6.1 微波加热技术简介

微波是指波长在1mm～1m之间，频率在300MHz～300GHz，介于红外辐射与无线电波之间的电磁波。微波加热的原理是：通过物料中的某些物质吸收微波能并将其转化为热能。当样品受到微波辐射后，物料中水分子的极性分子能被微波加热，在微波的作用下，样品极性分子中的偶极子或电子会随着电场方向变化而重新排列，微波加热引发水分子的自旋运动，进而使微波能转化为待加热物料的热能，导致物料温度迅速升高，紧接着产生热化等物化过程，最终达到微波加热干燥的目的。

微波加热不同于热辐射、热传导、热对流的传统加热方式。与传统加热技术相比，微波加热技术更加高效、经济，被广泛应用于食品加工、塑料材质处理等领域。微波加热技术克服了加热速度缓慢，无法对同一装置内的混合物料分别进行加热的缺点。与传统加热方式相比，微波加热具有以下特点：选择性加热，热转化效率高，加热均匀，清洁无污染，反应灵敏、易于控制。

(1) 选择性加热

微波加热的原理决定了微波对物料进行加热时仅对物料内部的极性物质加热，并不会对物料的基质材料加热。而不同物质对微波的吸收能力不同，导致物料中吸波能力强的物质在微波加热过程中温度高于其他物质，形成热点。所以在加热物料的过程中，绝大部分是在加热水分和吸波能力强的物质。

(2) 热转化效率高

传统的加热方法加热过程会在空气中损失掉很大一部分热能，使得可利用的热能大大减少，且不能达到满足要求的升温效率，然而，微波炉腔体内产生的微波会在腔体内部被腔体内壁多次反射至物体反射，达到多次利用的效果以满足更好的加热效率，能量转化率极高，有效地节约了能源。

(3) 加热均匀

微波波长较长，具有一定的穿透力。当用微波加热的物料粒径小于微波穿透深度时，微波形成的电磁场会直接穿透物料，此时，物料将会处于一个相对均匀的电磁场内，从而实现微波对物料的均匀加热，使物料内外受热均匀。而传统的加热技术一般是通过热传导、热辐射或热对流的方式，通过加热物料表面使温度由表及里地逐步向物料内部扩散，温度梯度的存在造成加热不均匀。

（4）清洁无污染

与传统的加热方式相比，微波加热过程中无热量散发，可针对指定物体进行加热，对周边环境污染很小，且在使用过程中，达到目标温度时可随即切断电源，电磁场随即消失，不会产生二次损害，安全性能高。此外，微波的产生主要依靠最为环保的能源之一——电能，相比于用燃油等其他方式产生能量，存在较高的环保性。

（5）反应灵敏、易于控制

传统的加热方法一般需要很长的时间以升温和降温，而微波加热可以在较短的时间内将温度快速调节到所需数值，物料加热情况可立即、无惰性地随之改变，在停止加热后，电磁场即刻消失，无残余热量散发。

微波加热能够节约成本，避免待加热材料与热源的直接接触，能够对材料进行选择性加热，进而对其进行系统控制，微波加热设备体积较小，绿色、环保、经济，操作具有可控性。

1.6.2 微波技术在矿物焙烧方面的应用

近年来，微波在矿物处理方面得到了越来越多的应用和关注。由于组成矿石内部各矿物质不同的吸波特性，利用微波加热过程中物质吸波、部分吸波和完全不吸波的特性进行选择性加热，如此可在矿物内部形成显著的局部温差，从而在它们之间产生热应力。当这种热应力值上升到某一程度时就会使得矿物内部产生裂纹甚至裂缝，这种现象有效地促进了被加热矿物单体的解离程度，同时也增加了目标矿物的有效反应接触面积。

高志芳等以产自马鞍山钢铁公司的高炉瓦斯泥为对象，采用微波对高炉瓦斯泥进行改性，并对微波改性后瓦斯泥的粒度分布、微观形貌以及化学变化进行了表征分析。结果表明，高炉瓦斯泥的主要成分为含铁烧结矿和焦炭颗粒，经微波改性后，瓦斯泥颗粒在形貌上表现为粗糙度增大、孔隙结构更明显、比表面积增大、活性位点增多。分析证明，瓦斯泥颗粒中的部分矿物在微波加热过程中发生了解离，矿物组分间发生了化学变化，微波改性使瓦斯泥的吸附性能得以提高。实验结果为改善瓦斯泥吸附性能提供了理论依据。于海莲等研究了在微波辐射作用下，以低品位磷矿作为原材料，用湿法制备磷酸二氢钾。实验过程中考察了硫酸的质量分数、微波功率、微波辐射时间、磷矿粒度对制备磷酸二氢钾的影响。得到制备磷酸二氢钾的工艺参数为硫酸质量分数60%、微波功率300W、微波辐射时间15min、磷矿粒度0.1mm，在此工艺条件下，磷酸二氢钾的产率可达88.6%；王俊鹏等通过磨矿动力学研究了经微波处理前后的不同粒度钒钛磁铁矿的破碎速率和初始破碎分布函数，并分析了磨矿产品的表面形貌及物相组成变化。结果表明：微波处理前后的钒钛磁铁矿均遵循一级磨矿动力学，经微波处理后的矿石破碎速率均高于未经微波处理的矿石，且增加的大小随着矿石粒度的增加而逐渐增大。微波处理前后钒钛磁铁矿的初始破碎分布函数取决于样品粒度，微波处理后矿石的粒度分布函数值均小于微波处理前的矿石。SEM 结果显示：微波处理后磨矿产品的粒度尺寸变小，表面变得更粗糙。XRD 分析表明：经微波处理后，矿石衍射峰和脉石相都增强，这说明矿石的解离程度得到了提高。黄秀兰等采用微波加热的方法对软锰矿进行了深度干燥，考察了微波功率、物料质量、物料含水率、物料粒径等对干燥效果的影响。结果表明：物料在微波干燥 180s 时达到最大脱水速率，且采用微波干燥在 800s 内可将物料脱水至 3.83%；物料质量一定时，随着微波功率的越大，物料的脱水速率提高。微波功率一定时，在一定范围内，物料质量和含水率越大，脱水速率越快，干燥效果越好。物料粒径则并非越小越好，反而粒径大一些的物料才有助于加速物料的脱水过程。Luo 等提出一种微波强化含锗焙烧中性浸出渣的方法。通过实验和理论分析，分析了中性浸出渣在微波场中的介电性能和升温行为，中性浸出渣可以吸收微波并转化为热能。通过微波焙烧，含有中性浸出渣的煅烧炉渣的比表面积增大，并且微波能量可以在某种程度上减小矿物颗粒的粒径。同时，在微波焙烧之后，在煅烧的砂子表面可以看到裂纹。微波焙烧后浸出炉渣表面产生的裂纹有助于打开反应通道，使氧气进入炉渣内部，参与氧化反应，这不仅改善了反应区的浸出过程，提高了浸出率，还大大改善了反应条件。金会心等针对高硫铝土矿传统焙烧脱硫存在的温度高、时间长、脱硫效率低等问题，采用微波焙烧的方式对主要成分为黄铁矿硫的高硫铝土矿进行焙烧脱硫实验。实验结果表明：微波焙烧脱硫具有短时、高效、低温的特点，在 600℃下焙烧 15min，可将铝土矿中硫的含量从 2.01%降到 0.32%（质量分数），脱硫率在 85%左右。在微波场中，黄铁矿脱硫发生的主要反应为：

$$4FeS_2 + 11O_2 = 2Fe_2O_3 + 8SO_2$$

同时，在低温和缺氧的条件下会伴随以下反应：

$$2FeS_2 + 5O_2 = 2FeO + 4SO_2$$

$$4FeO = Fe_3O_4 + Fe$$

在黄铁矿中极性分子偶极子取向极化的作用下，电磁能被转化为热能，Fe-S 键断裂，硫离子被大量释放，并不断向矿物表面扩散，与氧气结合生成二氧化硫而脱除。由于黄铁矿内部快速积聚起来的热量无法迅速散去，矿物内外部会形成明显的局部温差从而产生热应力，使得矿物界面形成程度不等的裂隙，甚至产生裂缝，有效地促进了黄铁矿的单体解离和有效反应面积的增加，为黄铁矿脱硫反应的进行提供了有利条件。

微波强化矿浆吸收二氧化硫反应是用微波对矿石进行辐照处理，微波加热矿物时，组成矿石的各种矿物会被微波加热到不同的温度，使矿物内部有用矿物和脉石矿物之间形成一个明显的局部温差，从而在它们之间产生热应力，故经过微波辐照后的矿石内部发生热应力断裂，矿石表面产生了裂痕。

1.6.3 微波加热改性催化材料技术现状

由于微波独特的加热方式，其在催化材料的改性、制备方面也得到广泛应用。张凤等在微波加热条件下，以 732 型阳离子交换树脂和 $ZnCl_2$ 改性离子交换树脂作为催化剂，乙醇为溶剂，对生物油进行催化酯化改质，考察了微波加热与传统水浴加热下催化剂的活性。结果表明：酯化过程中 $ZnCl_2$ 改性离子交换树脂的活性高于 732 型树脂。Bachari 等通过微波水热法合成了一系列具有不同硅镓比（Si/Ga＝80、50、20）的镓改性折叠板介孔材料（Ga-FSM-16），研究了苯酚的叔丁基化反应。催化剂 Ga-FSM-16（20）在使用叔丁醇烷基酯化试剂的苯酚的酸催化叔丁基化中显示出最佳性能。在 160℃的反应温度下，该催化剂的苯酚转化率高达 80.3%。此外，由于孔径大，反应物和产物可以更快地扩散，即使反应 5 小时也未观察到 Ga-FSM-16（20）的催化剂失活。田红等利用微波辅助溶剂合成了 In-Si 共改性的 TiO_2 光催化剂，In-Si 共改性的 TiO_2 表现出很强的紫外和可见光催化活性。Liu 等采用微波辅助水热法在 10min 内合成了一种新型的玫瑰状 $FeMoO_4$ 纳米材料，并将获得的材料用于检测 H_2O_2 的非酶安培传感器。该修饰电极具有易于合成、灵敏度高、响应速度快、稳定性好、检测限低等优点，该电极还对实际的牛奶样品进行了成功的评估。石坤等采用微波对生物质竹木进行前处理，用浸渍法制备了 P/Ni-HZSM-5 二元复合催化剂，并在 Py-GC/MS 上探究其催化经微波处理的竹木的热解性能。结果表明：微波预处理有助于提高竹木热解转化效率，并优化产物组分的分布。张彩云等利用微波加热制备 H_2O_2 改性 TiO_2，结果表明：微波辅助法制备 H_2O_2 改性的 TiO_2，可使其在可见光下具备光催化性能，对可见光产生吸收，且在可见-紫外光下的照射下，其光催化性能提高。

2

磷矿浆催化氧化脱硫

2.1 实验装置、流程及方法

2.1.1 实验装置与流程

磷矿浆液相催化氧化吸收低浓度 SO_2 小试实验研究装置如图 2.1 所示。

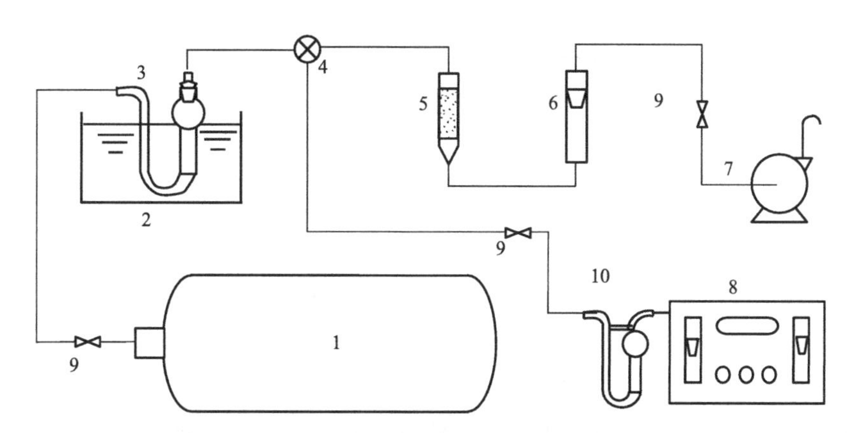

图 2.1 磷矿浆液相催化氧化脱硫实验装置

1—气袋；2—水浴恒温箱；3—吸收管；4—玻璃三通；5—干燥管；
6—转子流量计；7— 空气泵；8—大气采样器；9—截止阀；10—多孔玻板吸收管

实验中，吸收反应器为 U 型吸收管，内径为 20mm，高为 100mm。吸收管外，用水浴恒温箱 2 来调节吸收剂温度。反应动力由空气泵提供。转子流量计来控制气体流速。

实验中采用静态气袋配气法模拟工业低浓度 SO_2 烟气。由钢瓶来的 SO_2 气体与干空气、钢瓶来的 N_2 按一定比例充入气袋，混合均匀，配制成实验中所需浓度及氧含量的 SO_2 模拟废气。气袋材质为聚乙烯塑料，透明。配好的原料气中 SO_2 会与 O_2 缓慢地发生氧化反应，致使原料气 SO_2 浓度变化，因此配制好的气体应尽快使用。

实验中所用磷矿粉来源于清水沟磷矿。矿粉粒度为 100 目，其成分见表 2.1。

表 2.1 矿粉化学成分

成分	P_2O_5	MgO	CaO	SiO_2	F	Fe_2O_3	Al_2O_3
含量/%	31.54	0.13	43.5	14.92	3.41	1.22	2.05

将磷矿粉与蒸馏水混合制成不同固液比（质量百分比）的吸收液。本实验中矿浆吸收液的体积均为10mL。

配制好的模拟烟气，在动力牵引下先进入吸收管内，反应后的气体经干燥管（内装硅胶）干燥净化后，经转子流量计计量，最后在空气泵出口处连接胶管排空。硅胶干燥管的作用是干燥气体及吸附尾气中未反应完的 SO_2 气体，防止水蒸气及吸收效率下降时残余的 SO_2，对流量计和空气泵的污染腐蚀，并且防止排空尾气伤害周围人员和污染环境。

测量吸收管出口气体浓度时，调节玻璃三通，将KC-6D型大气采样器与气路相通，由大气采样器提供反应动力和计量流量，经吸收管反应后的气体通过多孔玻板吸收管，采用碘量法测浓度。

2.1.2 分析方法

实验中各种物质的监测分析方法如下所述，实验中所用的化学试剂纯度等级均为分析纯。

2.1.2.1 SO_2 气体的检测

SO_2 气体的测量采用自动滴定碘量法。其原理为：SO_2 气体通过含有淀粉指示剂碘标准溶液的多孔玻板吸收瓶，气体中的二氧化硫按以下反应式被碘滴定：

$$I_2 + SO_2 + 2H_2O = 2HI + H_2SO_4 \tag{2-1}$$

溶液起初为蓝色，当 I_2 被耗尽时，溶液变为无色，反应到达终点。用大气采样器和秒表测量反应到达终点时采集气体的体积。由于在采样期间，生成的亚硫酸根不断地滴定碘，由碘标准溶液的体积、摩尔浓度和到达反应终点的采样体积就可计算出二氧化硫的浓度或由自动判断反应终点的二氧化硫浓度直读仪测定二氧化硫的浓度，本实验采用前种方式。

该方法的测量范围是100～6000mg/m³。浓度<100mg/m³ 时，采用气体检测管进行测量。

2.1.2.2 气体采样体积的计算

用转子流量计测量采样体积时，采样体积可按下式计算：

$$V_{nd} = V_f \times \frac{273K}{273K + t_f} \times \frac{B_a + p_r - p_f}{101325Pa} \tag{2-2}$$

式中 V_f——采样体积（流量×采样时间），L；

t_f——采样时大气温度，℃；

B_a——当地大气压，Pa；

p_r——大气采样器的负压，Pa；

p_f——在 t_f 时的饱和水蒸气压，Pa；

V_{nd}——标准状态下干气的采样体积，L。

2.1.2.3 SO_2 气体浓度的计算

采样时，使用吸收管化学采样法的采样系统和装置。用两支 10mL 玻板吸收管，一支吸收管中准确加入 1.00～10.00mL（视气体中二氧化硫浓度而定）0.010mol/L 碘标准溶液（吸收液），加蒸馏水至 10mL，随后加 5mL 淀粉指示剂，摇匀。另一支吸收管加入 10mL0.10mol/L 的硫代硫酸钠溶液，串联在第一支吸收管后。将吸收管放入大气采样器中，以 0.5L/min 的流量采样，采样至第一支吸收管中溶液变成无色。采样时间控制在 3～6min。

记录加入吸收液的量（V）。另取蒸馏水取代吸收液（碘标准溶液），加 5mL 淀粉指示剂，摇匀。用碘标准溶液进行空白滴定，记录消耗量（V_0）。

SO_2 气体浓度（c_{SO_2}，mg/m^3）的计算公式如下：

$$c_{SO_2}(mg/m^3)=\frac{(V-V_0)\times c_{1/2I_2}\times 32.0}{V_{nd}}\times 1000 \tag{2-3}$$

式中 V、V_0——分别为滴定样品溶液、空白溶液所消耗的碘标准溶液的体积，mL；

$c_{1/2I_2}$——碘标准溶液浓度，mol/L；

V_{nd}——标准状态下干气的采样体积，L；

32.0——1L 1mol/L 碘标准溶液（$1/2I_2$）相当于二氧化硫（$1/2SO_2$）的质量，g。

SO_2 吸收净化效率 μ 的计算公式如下：

$$\mu=\frac{c_0-c_s}{c_0}\times 100\% \tag{2-4}$$

式中 c_0——吸收管入口浓度，mg/m^3；

c_s——吸收管出口浓度，mg/m^3。

2.1.2.4 磷矿浆固液比的计算

磷矿浆固液比 SS 为含固体（矿粉）的质量分数，其计算方法为：

$$SS=\frac{m_s}{m_s+m_l}\times 100\% \tag{2-5}$$

式中 m_s——矿粉的质量，g；

m_l——蒸馏水的质量，g。

若已知磷矿浆密度 ρ（g/mL），则通过下式计算固液比 SS：

$$SS=\frac{2.94\times(\rho-1)}{1.94\times\rho}\times 100\% \tag{2-6}$$

2.1.2.5 磷矿浆吸收容量的计算

磷矿浆对 SO_2 的吸收容量 C_{SO_2} 是每克磷矿粉可吸收 SO_2 气体的质量。吸收容量 C_{SO_2} 使用实验结果绘图后，采用 Origin 软件积分计算得出，C_{SO_2} 的单位为 g SO_2/g 矿粉。

2.1.2.6 反应后矿浆中五氧化二磷含量的测定

反应后矿浆中五氧化二磷含量（质量分数）的测定通常采用磷钼酸喹啉容量法。

测定原理为：在酸性介质中，正磷酸根与钼酸钠和喹啉反应生成磷钼酸喹啉沉淀，将沉淀过滤洗净后，转移至烧杯中，用过量的氢氧化钠标准溶液溶解沉淀，过量的氢氧化钠再用盐酸标准溶液回滴，然后即可求出五氧化二磷的质量分数。

五氧化二磷的质量分数按下式计算：

$$w_{P_2O_5}=\frac{[c_1(V_1-V_3)-c_2(V_2-V_4)]\times 0.00273}{m\times\frac{25}{100}}\times 100\% \tag{2-7}$$

式中 c_1——氢氧化钠标准溶液的浓度，mol/L；

c_2——盐酸标准溶液的浓度，mol/L；

V_1——滴定时所用氢氧化钠标准溶液的体积，mL；

V_2——滴定时所用盐酸标准溶液的体积，mL；

V_3——空白试验时所用氢氧化钠标准溶液的体积，mL；

V_4——空白试验时所用盐酸标准溶液的体积，mL；

m——所称取试样的质量，g；

0.00273——与1.00mL [$c_{NaOH}=1.000$mol/L] 氢氧化钠标准溶液相当的以克表示的五氧化二磷的质量。

测定时取平行测定结果的算术平均值为测定结果。

2.2 实验结果与分析

2.2.1 正交实验

影响脱硫率的因素很多，比如：a. 磷矿粉的破碎程度，b. 吸收温度，c. 矿浆固液比，d. 气体流速，e. 过渡金属离子浓度，f. 气体中氧含量等。参阅相关文献后，在实验中，主要研究实际应用中容易控制且较为重要的 a、b、c 三个条件。

为寻求适宜操作条件，对吸收温度、气体流速、矿浆固液比这三因素进行了正交实验。参考相关文献的实验结果后，实验确定采用 $L_{16}(4^3)$ 正交表安排实验，选取的水平如表 2.2 所示。

表 2.2　正交实验因素和水平

水平	因素		
	A 吸收温度/℃	B 矿浆固液比/%	C 气体流速/(L/min)
1	30	43.2	0.3
2	45	45.7	0.4
3	55	48	0.5
4	65	50	0.6

正交实验中模拟烟气由钢瓶中 SO_2 气体和空气静态配制，SO_2 气体浓度为 1500mg/m^3 左右（平均浓度误差≤±50mg/m^3），氧含量为 21%。实验考察的结果为当 SO_2 出口浓度为 300mg/m^3 时反应进行的时间，即 SO_2 出口浓度≤300mg/m^3 的反应时间（简称为反应时间）。正交实验安排及结果见表 2.3。

表 2.3　正交实验安排及结果

试验号	A 吸收温度/℃	B 矿浆固液比/%	C 气体流速/(L/min)	SO_2 出口浓度≤300mg/m^3 的反应时间/min
1	45	43.2	0.3	346
2	45	45.7	0.6	194
3	45	48	0.5	349
4	45	50	0.4	439
5	55	43.2	0.4	344
6	55	45.7	0.3	501
7	55	48	0.6	162
8	55	50	0.5	293
9	65	43.2	0.5	165
10	65	45.7	0.4	341
11	65	48	0.3	591
12	65	50	0.6	191
13	30	43.2	0.6	435
14	30	45.7	0.5	371
15	30	48	0.4	553
16	30	50	0.3	568
K_1	1328	1290	2006	
K_2	1300	1407	1677	
K_3	1288	1655	1178	
K_4	1927	1491	982	
k_1	332	322.5	501.5	
k_2	325	351.75	419.25	
k_3	322	413.75	294.5	

续表

试验号	A 吸收温度/℃	B 矿浆固液比/%	C 气体流速/(L/min)	SO_2 出口浓度≤300mg/m^3 的反应时间/min
k_4	481.75	372.75	245.5	
R	159.75	91.25	256	

由正交实验结果得出：$R_C > R_A > R_B$，故这三个因素对反应时间影响的大小顺序为：气体流速>吸收温度>矿浆固液比。

各因素与反应时间的关系如图 2.2、图 2.3 和图 2.4 所示。

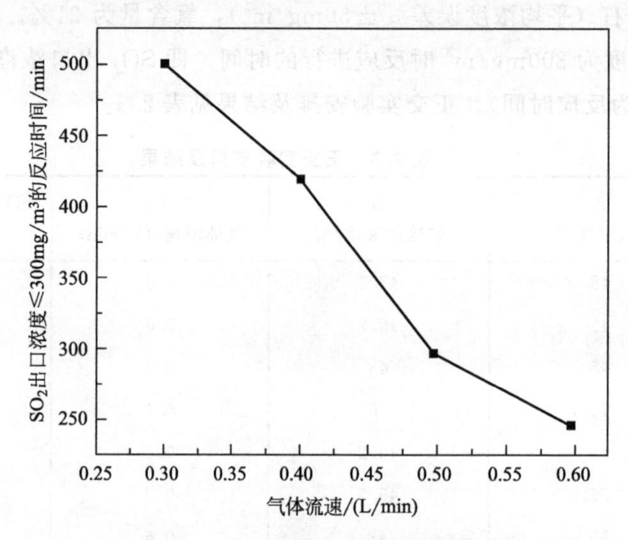

图 2.2　气体流速与反应时间关系

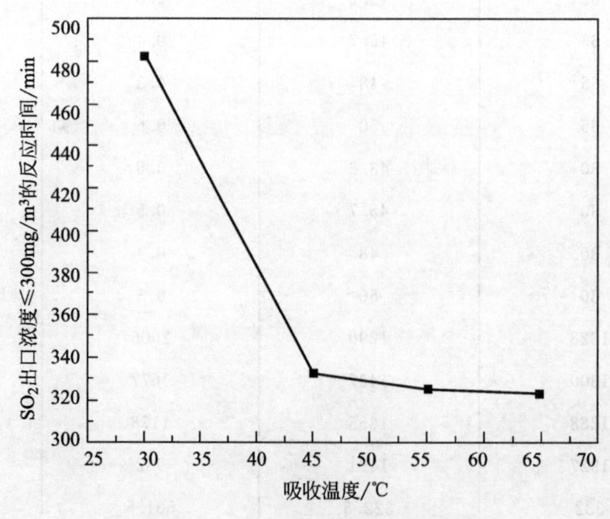

图 2.3　吸收温度与反应时间关系

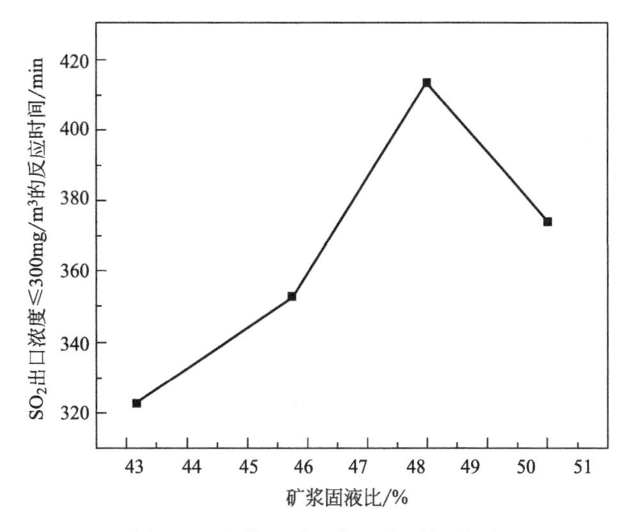

图 2.4　矿浆固液比与反应时间关系

由图 2.2～图 2.4 可得出：

a. 反应最适宜的矿浆固液比为 48%，增加或降低固液比均对反应不利。

b. 升高吸收温度对反应不利。45℃、55℃、65℃的反应时间依次降低，当把温度降低至 30℃时，反应时间显著提高。

c. 升高气体流速对反应不利。随着气体流速的提高，SO_2 出口浓度≤300mg/m^3 的反应时间逐步平稳减小。流速为 0.3L/min 时最好。

2.2.2 正交实验补充实验

正交实验中，吸收温度及气体流速的最佳值均在实验水平的边界，为寻求更好的反应条件，对两者进行了单因素补充实验。

2.2.2.1 确定适宜吸收温度

在固液比为 48%，气体流速为 0.3L/min，SO_2 气体入口浓度为 1500mg/m^3（平均浓度误差≤±50mg/m^3），氧含量为 21%的条件下，结合正交实验结果选择吸收温度 20℃、30℃、45℃作对比，实验结果如图 2.5 所示。

由图 2.5 可知，磷矿浆吸收 SO_2 的能力随着温度的降低而显著提高，选择较低温度对磷矿浆液相催化氧化脱硫有利，20℃常温为最适宜的吸收温度。

2.2.2.2 确定适宜气体流速

在矿浆固液比为 48%，吸收温度为 20℃，SO_2 气体入口浓度为 1500mg/m^3（平均浓度误差≤±50mg/m^3），氧含量为 21%的条件下，结合正交实验结果选择气体流速 0.2L/min 和 0.3L/min 作对比，实验结果如图 2.6 所示。

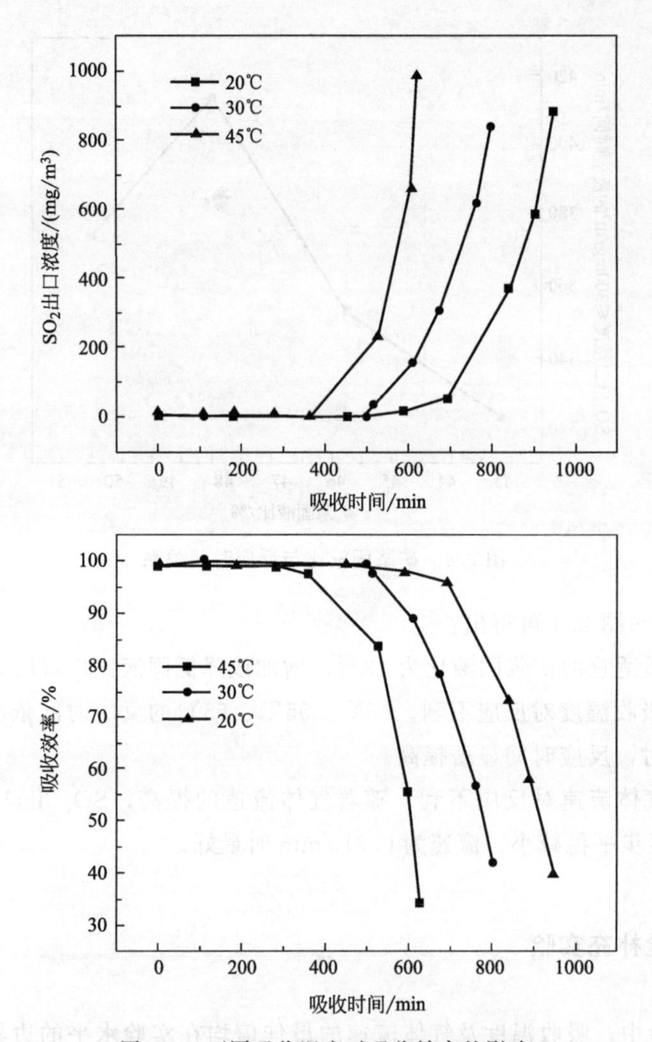

图 2.5　不同吸收温度对吸收效率的影响

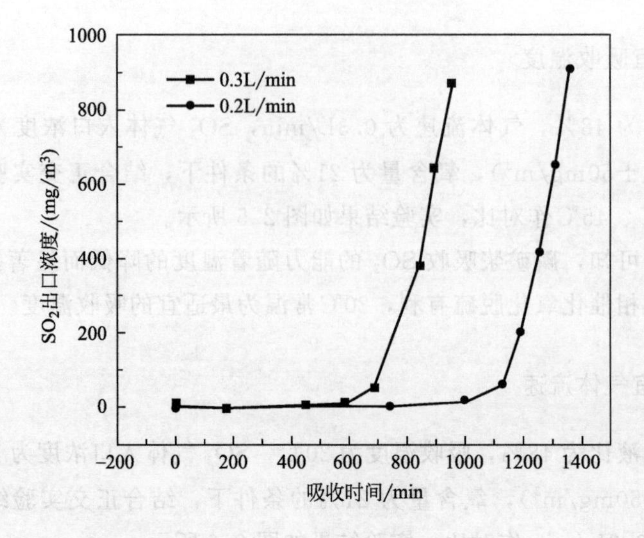

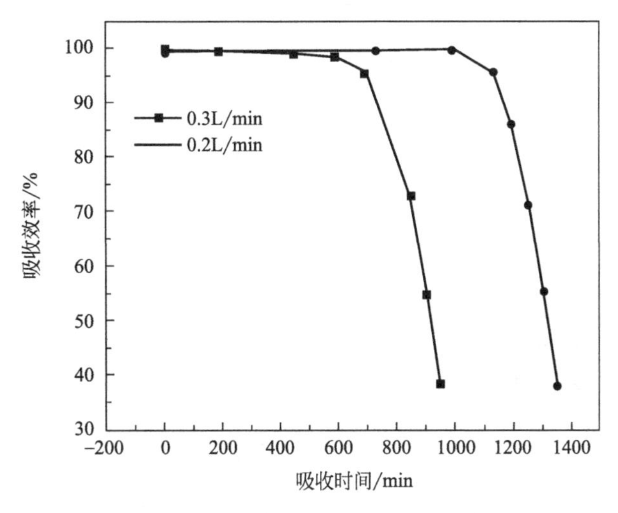

图 2.6 不同气体流速对吸收效率的影响

由图 2.6 可知，降低气体流速有利于磷矿浆和 SO_2 的反应，0.2L/min 的流速可保持较长时间的高脱硫率。但 0.2L/min 的流速无法保持气体和磷矿浆良好的接触沸腾状态，实验过程中多次出现矿浆堵塞吸收管的现象，这在实际应用中是不可行的。所以，适宜的气体流速应选为 0.3L/min。

由以上实验可得出，正交实验范围内最有利脱硫的条件为：a. 磷矿浆固液比为 48%；b. 气体流速为 0.3L/min；c. 吸收温度为 20℃。

2.2.3 矿浆固液比对反应时间的影响

正交实验确定的最适宜磷矿浆固液比为 48%，但实际湿法磷酸生产所用矿浆的固液比一般在 65%左右，故而增加磷矿浆固液比在 65%左右的实验范围，同时考察矿浆固液比对吸收效果的影响。

在吸收温度为 20℃，气体流速为 0.3L/min，SO_2 气体入口浓度恒定，氧含量为 21%的条件下，固液比分别为 43.2%、48%、55%、60%、65%、70%。实验考察的结果为当 SO_2 出口浓度为 $300mg/m^3$ 时反应进行的时间，即 SO_2 出口浓度 $\leqslant 300mg/m^3$ 的反应时间。实验结果如图 2.7 所示。

由图 2.7 可知，该反应最佳的磷矿浆固液比为 48%。

矿浆固液比 $<$ 48%时，随着固液比的增大，磷矿粉含量随之增加，过渡金属离子浓度也升高，有利于磷矿浆吸收 SO_2 反应的进行，从而脱硫率 $\geqslant$ 80%的反应时间随固液比数值的增大而增大。矿浆固液比 $>$ 48%时，随着固液比的增大，磷矿粉含量和过渡金属离子浓度继续增加，但水含量持续降低，导致 SO_2 溶解量下降，磷矿粉含量和过渡金属离子浓度增加产生的对反应的推动力小于因水含量降低 SO_2 溶解量下降产生的对反应的抑制力，从而反应时间随固液比数值的增大而减小。当矿浆固液比为 48%时，两者达到平衡，最有利于反应进行，反应时间达到最高值。

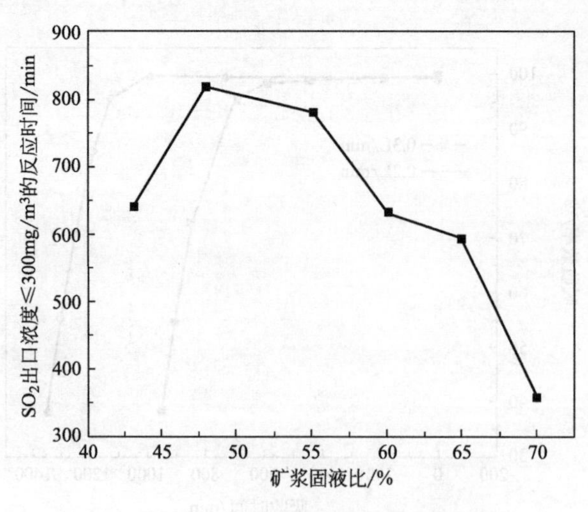

图 2.7 磷矿浆固液比对反应时间的影响

2.2.4 吸收温度对反应时间的影响

吸收温度会影响 SO_2 和 O_2 的液膜溶解过程、液相催化氧化 SO_2 反应的速度。升高温度降低 SO_2 和 O_2 的溶解量，但会增加液相催化反应的速度，所以在许多液相催化氧化的研究结果中吸收温度都存在极值。而本论文研究的磷矿浆液相催化氧化吸收低浓度 SO_2，除以上两个因素外，还存在稀硫酸与磷矿的反应，该反应为放热反应，降低温度对反应有利。本节就通过实验来考察吸收温度对吸收效果的影响。

在磷矿浆固液比为 48%，气体流速为 0.3L/min，SO_2 气体入口浓度恒定，氧含量为 21%的条件下，吸收温度分别为 20℃、30℃、45℃、55℃、65℃。实验考察的结果为当 SO_2 出口浓度为 300mg/m³ 时反应进行的时间，即 SO_2 出口浓度≤300mg/m³ 的反应时间。实验结果如图 2.8 所示。

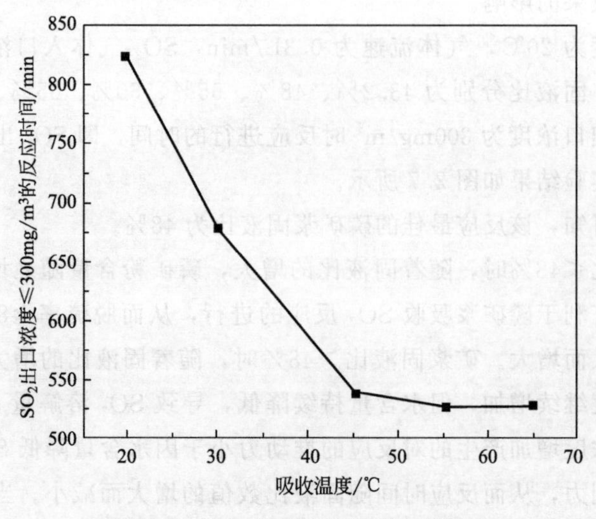

图 2.8 吸收温度对反应时间的影响

由图 2.8 可知，磷矿浆吸收 SO_2 的能力随着温度的降低而显著提高，吸收温度从 20℃升高到 45℃，反应时间降低幅度很大，为 280min；而 45℃、55℃、65℃的反应时间逐渐降低，但幅度不大，说明在这个温度范围，升高温度对降低 SO_2 和 O_2 的溶解量及抑制稀硫酸与磷矿的反应所带来的不利影响与升高温度对增加液相催化反应速度所带来的有利影响相当。这证明在实验研究范围内，该过程受液膜溶解控制，而 O_2 溶解度较低，其溶解过程成为主要控制步骤，温度降低其溶解度增加，因此在实际中应选用较低的吸收温度。反应中磷矿浆为水配制，为保持其反应活性，吸收温度又必须高于水的凝固点，即高于 0℃，若降温操作要增加制冷设备，这既加大了投资又使操作繁琐，所以在实际应用中，选择常温最适宜。本文为使研究准确、方便，以下实验中选择的最佳吸收温度为 20℃。

2.2.5 气体流速对反应时间的影响

本节考察气体流速对吸收效果的影响。

在吸收温度为 20℃，磷矿浆固液比为 48%，SO_2 气体入口浓度恒定，氧含量为 21%的条件下，选择气体流速分别为 0.2L/min、0.3L/min、0.4L/min、0.5L/min、0.6L/min。实验考察的结果为当 SO_2 出口浓度为 $300mg/m^3$ 时反应进行的时间，即 SO_2 出口浓度≤$300mg/m^3$ 的反应时间。实验结果如图 2.9 所示。

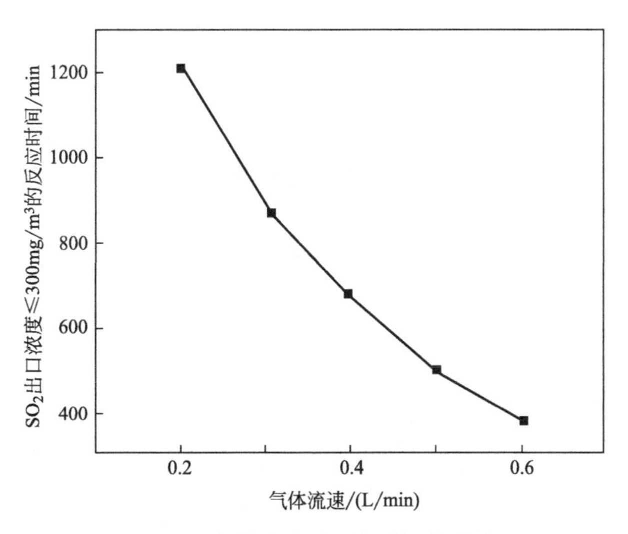

图 2.9 气体流速对反应时间的影响

由图 2.9 可知，增大气体流速不利于磷矿浆和 SO_2 的反应，气体流速从 0.2L/min 增加到 0.6L/min，反应时间逐步从 1223min 降至 402min，这主要因为气体流速加大使得气体在吸收管停留时间缩短，气液接触时间减少，SO_2 在矿浆中的溶解量降低，整体吸收率下降。但 0.2L/min 的流速无法保持气体和磷矿浆良好的接触沸腾状态，矿浆会堵塞吸收管，这在实际应用中是不可行的。所以，最佳的气体流速应选为 0.3L/min。

2.2.6 氧含量对吸收效率和反应时间的影响

工业上低浓度 SO_2 烟气成分在很大范围内变动，产生含硫尾气的主要行业其尾气中 SO_2、O_2 含量变化范围见表 2.4。

表 2.4 工业尾气 SO_2、O_2 含量范围

序号	烟气来源	SO_2 含量/%	O_2 含量/%
1	一转一吸工艺＋尾气回收	0.3～0.5	8.5～9.0
2	二转二吸工艺＋尾气回收	0.049	9.5
3	磷石膏制酸一转一吸工艺＋尾气回收	0.20	5.9
4	高浓度炉气制固体亚硫酸铵	8.0	10.5
5	燃烧含硫煤火力发电厂烟道气	0.25～0.5	10～12
6	有色冶金烟气(例如炼铅)	2.0～2.5	16～18

一般而言，硫酸工业处理的尾气中 O_2 含量为 5.5%～13%，相差大致 2.5 倍。对于催化氧化反应，SO_2 气体浓度一定的条件下，O_2 含量的变化必然引起吸收净化效率的改变。实际应用中，O_2 浓度最高为空气的氧含量 21%，因为不可能对尾气进行鼓纯氧操作，因为这既增加了尾气处理量，提高了处理成本，又繁化了设备和操作过程，没有现实意义，故本实验以上述 O_2 浓度变化范围为实验范围，考察氧含量对吸收效率的影响。

改变原料气中氧气含量，选取氧含量为 0%、5%、10%、15%与 21%进行对比研究，在气体流速为 0.3L/min，吸收温度为 20℃，磷矿浆固液比为 48%，SO_2 气体入口浓度一定的条件下，5 种氧含量下吸收效率随反应时间变化曲线如图 2.10 所示。

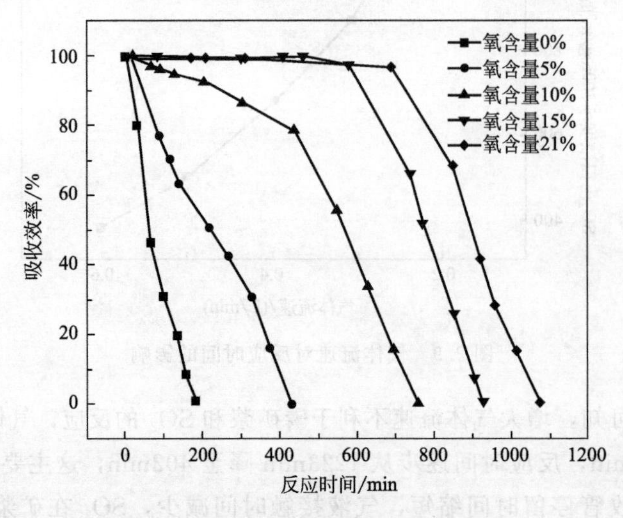

图 2.10 不同氧含量对吸收效率的影响

由图 2.10 可知，当 SO_2 气体入口浓度恒定，其他反应条件保持不变时，较高的氧含量有利于吸收反应的进行，提高氧含量可延长保持较高吸收效率的时间。

每种氧含量其相应 SO_2 出口浓度为 300mg/m^3 时反应进行的时间，即 SO_2 出口浓度≤300mg/m^3 的反应时间具体数值见表 2.5。

表 2.5 不同氧含量的反应时间

原料气氧气含量	SO_2 出口浓度≤300mg/m^3 的反应时间/min
氧含量 0%	44
氧含量 5%	143
氧含量 10%	465
氧含量 15%	728
氧含量 21%	822

相应地，不同氧含量对 SO_2 出口浓度≤300mg/m^3 反应时间的影响如图 2.11 所示。

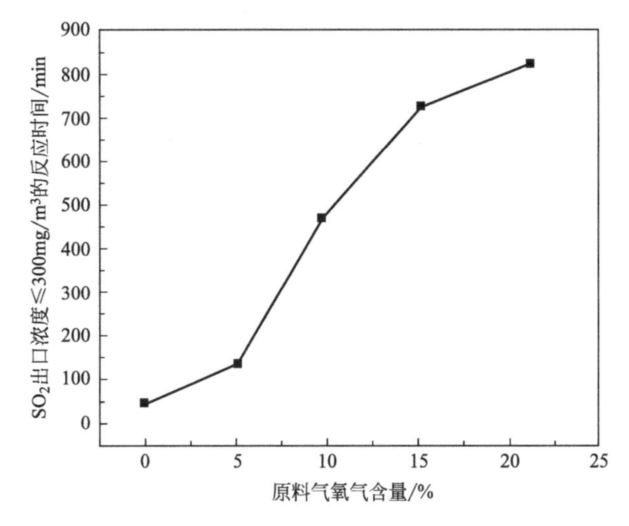

图 2.11 氧含量对反应时间的影响

由图 2.11 可知，反应时间随原料气氧气含量的增加而增加。因为磷矿浆吸收 SO_2 过程的主要控制步骤为 O_2 溶解过程，提高氧含量，即增加了氧浓度，有利于 O_2 溶解，增加了化学反应的推动力，有利于该反应的进行。该反应的最佳氧浓度为 21%。

观察、整理以上数据不难发现，SO_2 浓度与氧含量的比值 [mg/(m^3·%)] 与 SO_2 出口浓度≤300mg/m^3 的反应时间成线性关系，选择氧含量 5%、氧含量 10%、氧含量 15%、氧含量 21%时的四个数据点，用最小二乘法回归计算。结果如表 2.6 所示。

表 2.6 一元线性回归计算表

序号	x_i SO_2 氧气浓度比	y_i 反应时间	x_iy_i
1	283	143	40469
2	161.2	465	74958
3	107.67	728	78383.76
4	69.67	822	57268.74

续表

序号	x_i SO_2 氧气浓度比	y_i 反应时间	x_iy_i
n	4	4	4
$\sum x$	621.54	2158	251079.5
$(\overline{x})$	155.385	539.5	62769.88
$\sum (x)^2$	122521.1778	1442342	1.67×10^{10}
$b=\dfrac{\sum x_iy_i-n\overline{x}\overline{y}}{\sum x_i^2-n\overline{x}^2}$	−3.2471		
$a=\overline{y}-b\overline{x}$	1044.1		
$y=a+bx$	$y=-3.2471x+1044.1$		
相关系数 r	0.99176		
r^2	0.98358		

从而得到 SO_2 氧气浓度比与反应时间关系的经验线性回归方程：

$$Y=-3.2471X+1044.1 \tag{2-8}$$

式中　X——SO_2 浓度与氧含量（体积百分含量）的比值，$mg/(m^3\cdot\%)$；

Y——SO_2 出口浓度≤$300mg/m^3$ 的反应时间，min。

经验线性回归方程如图 2.12 所示。

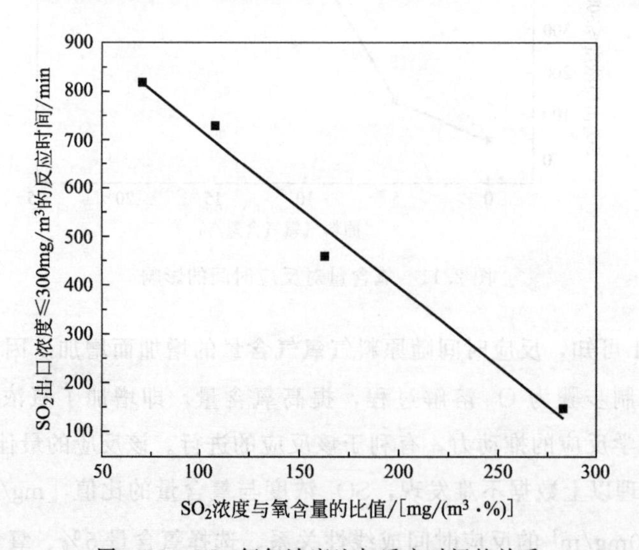

图 2.12　SO_2 氧气浓度比与反应时间的关系

为验证该经验线性回归方程的精确性，在第 5 章中将用现场试验数据验证该方程。

2.2.7　反应条件优化

综合以上实验，确定磷矿浆液相催化氧化吸收低浓度 SO_2 的最佳反应条件为：a. 磷矿浆固液比为 48%；b. 气体流速为 0.3L/min；c. 吸收温度为 20℃；d. 烟气中氧含量为 21%。

最佳反应条件下，磷矿浆吸收 SO_2 的最佳吸收曲线如图 2.13 所示。

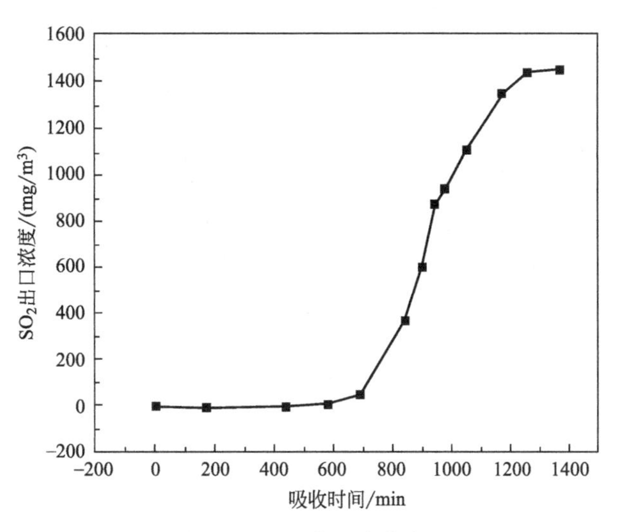

图 2.13　最佳吸收曲线

在此最佳反应条件下，100%脱除 SO_2 的时间可达 400min，SO_2 出口浓度≤300mg/m^3（脱硫率≥80%）的反应时间为 822min。磷矿粉对 SO_2 的吸收容量为 2.68×10^{-2}g SO_2/g 矿粉。

2.2.8 吸收剂对 SO_2 净化的影响

本节实验分别选用蒸馏水和自来水作吸收剂，与磷矿浆（最佳反应条件下，矿浆固液比为 48%）作吸收剂吸收 SO_2 作对比。

实验中三种吸收剂的体积均为 10mL，其他实验装置和方法也均相同。

用 pH 计测得，所用蒸馏水 pH 为 5.6，自来水 pH 为 7.4，新配好的磷矿浆过滤后澄清液的 pH 为 6.4。

在气体流速为 0.3L/min，吸收温度为常温 20℃，SO_2 气体入口浓度恒定，氧含量为 21%的条件下，三种吸收剂吸收净化 SO_2 的吸收曲线如图 2.14 所示。

由图 2.14 可知：磷矿浆吸收 SO_2 的能力非常好，远远高于自来水和蒸馏水。自来水和蒸馏水吸收 SO_2 的能力很差，两者吸收能力相近。自来水为吸收剂，SO_2 出口浓度≤300mg/m^3 的反应时间为 5.1min。蒸馏水为吸收剂，SO_2 出口浓度≤300mg/m^3 的反应时间为 4.0min。

气体通入这两种吸收剂，即在吸收管出口检测到大量 SO_2，在连续反应 5min 左右，SO_2 气体出口浓度已超过 300mg/m^3。吸收 40min 左右反应就均已到达终点。

若采用 NaOH 饱和溶液作为脱硫吸收液，NaOH 与 SO_2 气体在溶液中发生反应的化学式为：

$$2NaOH + SO_2 = Na_2SO_3 + H_2O$$

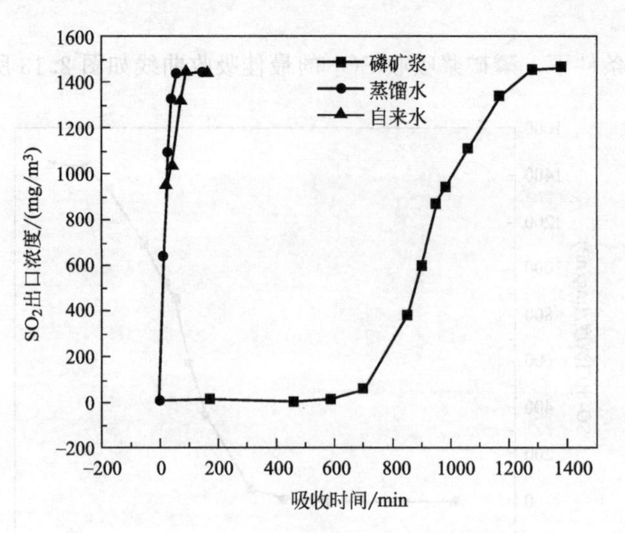

图 2.14　不同吸收剂净化 SO_2 吸收曲线

可知，NaOH 对 SO_2 的吸收容量为 0.8g SO_2/g NaOH。

20℃时，10mL NaOH 饱和溶液含有 NaOH 0.268mol，可吸收 SO_2 气体 0.134mol，即标准状态下 3L。

最佳反应条件下，固液比为 48%的磷矿浆 100%脱除 SO_2 的时间可达 400min，换算至标准状态下，10mL 磷矿浆可脱除 SO_2气体 103L。

20℃时，每 100g H_2O 溶解 3927cm³，即 10.55g SO_2 气体。即 10mL 水可溶解标准状态下 SO_2 气体 0.39L。

因此，在矿浆固液比为 48%，吸收温度为 20℃，气体流速为 0.3L/min，气体氧含量为 21%的条件下，单位体积固液比为 48%的磷矿浆吸收 SO_2 的量是单位体积 NaOH 饱和溶液的 42 倍。单位体积固液比为 48%的磷矿浆吸收 SO_2 的量是单位体积水的 264 倍。

2.2.9　pH 对 SO_2 出口浓度的影响

在气体流速为 0.3L/min，吸收温度为 20℃，矿浆固液比为 48%，气体中氧含量为 21%的最佳反应条件下，且 SO_2 气体入口浓度恒定时，磷矿浆的 pH 与二氧化硫出口浓度随反应时间的变化曲线如图 2.15 所示。

由图 2.15 可知，磷矿浆 pH 随反应的进行逐步降低，pH 从开始前的 5.3 降至反应结束时的 1.1，pH 变化幅度为 4.2。反应开始阶段，SO_2 出口浓度为 0mg/m³ 并一直保持不变，而 pH 不断下降且速度很快。反应继续进行，pH 下降速度逐渐变慢，当 pH 降至 1.1，磷矿浆饱和不再吸收 SO_2，反应结束。

随矿浆 pH 降低，SO_2 出口浓度逐步升高，吸收效率下降。可见，矿浆 pH 降低对反应不利，这主要因为低 pH 不利于 Fe^{3+} 催化链反应的发生。

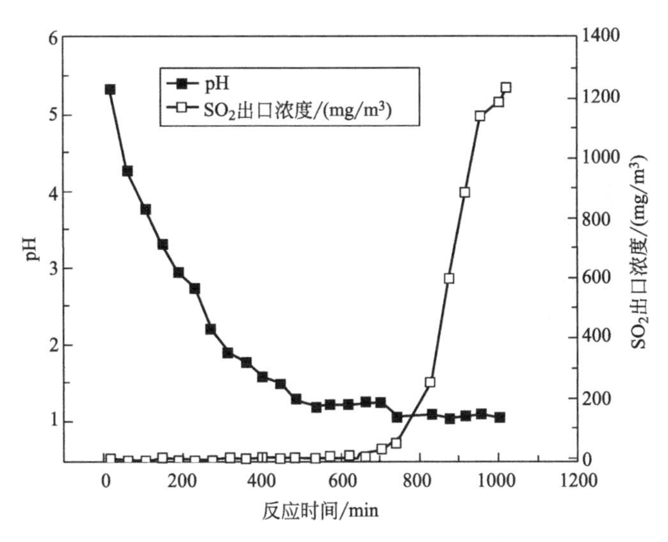

图 2.15　磷矿浆的 pH 与二氧化硫出口浓度随反应时间的变化曲线

2.2.10　进口 SO_2 气体浓度对吸收效率的影响

本节实验恒定氧含量，在最佳反应条件下，考察原料气中 SO_2 气体浓度的变化对吸收效率的影响，实验结果如图 2.16 所示。

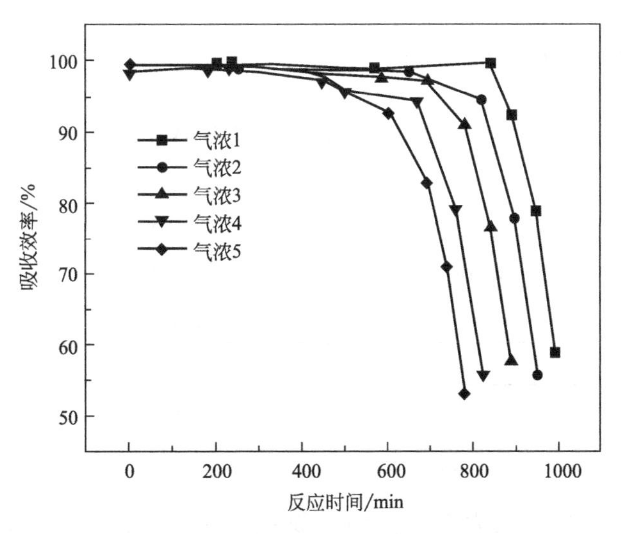

图 2.16　气体浓度对吸收效率的影响

实验条件为：气体流速为 0.3L/min，吸收温度为常温 20℃，磷矿浆固液比为 48%，氧含量为 21%。实验中气浓 1 为 975mg/m^3、气浓 2 为 1444.38mg/m^3、气浓 3 为 1463.07mg/m^3、气浓 4 为 1556.59mg/m^3，气浓 5 为 1756mg/m^3。

由图 2.16 可知，进口 SO_2 气体浓度的增加不利于吸收净化 SO_2 气体。气体浓度越大，随着反应时间的增加，吸收效率就越低。这是因为吸收温度一定，SO_2 溶解度

一定，对一定体积吸收剂而言，流速一定的情况下，SO_2 浓度增加则溶解图

分数就减小，吸收效率就降低了。

进口 SO_2 气体浓度与 SO_2 出口浓度≤300mg/m³ 的反应时间关系如图 2.17 所示。

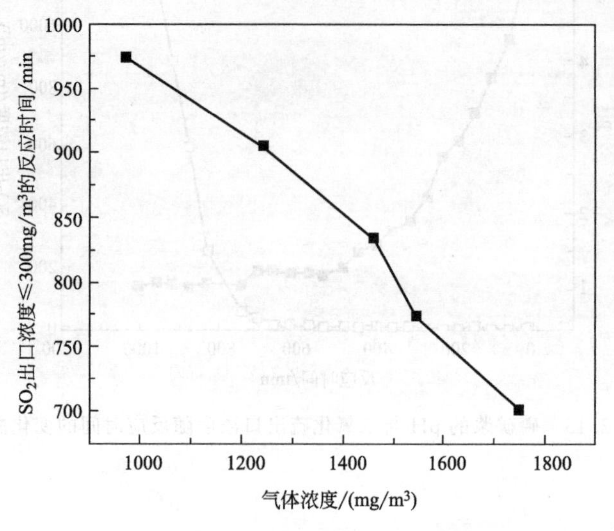

图 2.17　气体浓度对反应时间的影响

随着进气 SO_2 浓度的增加，SO_2 出口浓度≤300mg/m³ 的反应时间减小。因而气浓较小的原料气净化吸收的效果较好。

2.2.11　磷矿种类对吸收效率的影响

不同的磷矿成因类型不同，磷矿产品的化学组成也不同，其吸收净化 SO_2 气体的效果也不一样 。

本节实验选择昆阳磷矿与清水沟磷矿制成吸收剂作对比，考察不同磷矿浆的吸收情况，它们矿粉粒度均为 100 目，其化学成分见表 2.7。

表 2.7　矿粉化学成分

成分		P_2O_5	MgO	CaO	SiO_2	F	Fe_2O_3	Al_2O_3
含量/%	清水沟	31.54	0.13	43.5	14.92	3.41	1.22	2.05
	昆阳	27.87	1.31	39.8	16.66	2.65	1.59	2.22

实验条件：气体流速为 0.3L/min，吸收温度为常温 20℃，氧含量为 21%，SO_2 气体入口浓度恒定，两种磷矿浆固液比均为 48%。

在此条件下，这两种磷矿浆吸收净化 SO_2 的曲线如图 2.18 所示。

由图 2.18 可知，两种磷矿浆实验结果非常接近，几乎一致，这表明两种磷矿浆吸收净化 SO_2 的效果相近。清水沟磷矿浆为吸收剂，SO_2 出口浓度≤300mg/m³ 的反应时间为 822min；昆阳磷矿浆为吸收剂，SO_2 出口浓度≤300mg/m³ 的反应时间为 826min。这主要因为清水沟磷矿和昆阳磷矿成因及矿层相同，化学成分相近，磷矿中

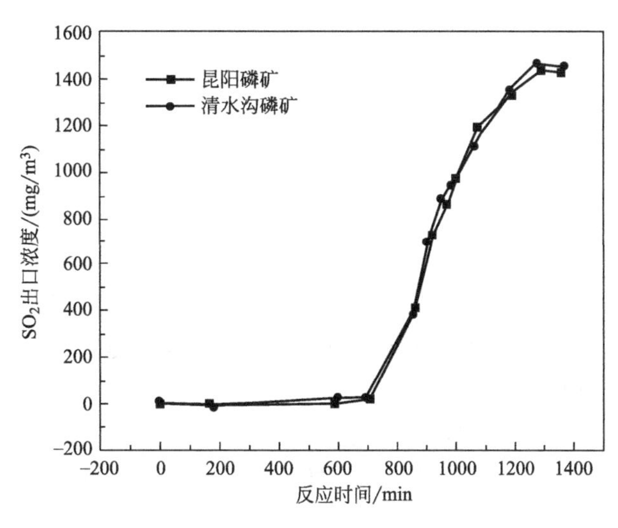

图 2.18　不同磷矿浆吸收曲线

Fe_2O_3 含量接近，因而催化氧化反应的催化剂 Fe^{3+} 浓度相近，且其他的反应条件也相同，吸收净化效果也就相似，所以两种磷矿浆吸收 SO_2 的能力也大体相同。

2.2.12　磷酸浓度分析

为考察稀硫酸分解磷矿生成稀磷酸的情况，实验分析了矿浆过滤后，澄清液中 P_2O_5 的质量分数。因实验中矿浆量较少且分析很困难，所以只选了几个上面实验中具有代表性的矿浆来分析。

矿浆 P_2O_5 质量分数分析结果如表 2.8 所示。

表 2.8　矿浆 P_2O_5 质量分数分析结果

样品反应条件					澄清液中 P_2O_5 的质量分数/%
吸收温度/℃	气体流速/(L/min)	氧含量/%	固液比/%	磷矿名称	
20	0.3	5	48	清水沟磷矿	0.93
20	0.3	21	55	清水沟磷矿	2.88
20	0.3	21	48	清水沟磷矿	3.20
20	0.3	21	48	昆阳磷矿	3.20

由表 2.8 可知，降低氧含量，升高固液比对反应均不利，磷酸的生成量都较低，与前面实验结果一致，即 SO_2 吸收效率越高，吸收时间越长，稀磷酸生成越多。

在最佳反应条件下，清水沟磷矿澄清液中的 P_2O_5 可达 3.20%。在此反应条件下，昆阳磷矿矿浆反应后其 P_2O_5 的质量分数也为 3.20%，与实验结果一致。

2.3 现场试验

2.3.1 概述

现场试验在江川某化工厂进行，该工厂具有两套硫酸生产设备，一套为年产 8 万吨硫酸生产设备，另一套为年产 30 万吨硫酸生产设备。这两套设备生产的硫酸主要用于该厂磷酸及磷肥的生产。

两套设备均采用两转两吸生产工艺。

80kt/a 硫酸生产设备生产不稳定，转化率和吸收率不理想，尾气浓度较高，是早期硫酸生产设备的代表。现该设备已处于半停产状态，拆除后将被另一套生产转化吸收工艺及与 300kt/a 硫酸生产设备相同的 350kt/a 硫酸生产设备取代。

300kt/a 硫酸生产设备生产很稳定，转化率和吸收率理想，尾气浓度较低，可直接排放，是具有代表性的现代硫酸生产设备。

两套设备所产生的硫酸尾气性质差别很大，试验中分别用这两种尾气作为原料气。在实际生产中，各设备产生的尾气自身性质波动也较大，典型平均数据见表 2.9。

表 2.9 硫酸尾气相关数据

设备	流速/(m/s)	标干流量/(Ndm^3/h)	SO_2 浓度/(mg/m^3)	SO_2 排放/(kg/h)	氧含量/%
80kt/a	21.8	49095	1872	91.9	10
300kt/a	14.2	71678	720	51.6	5

2.3.2 试验装置及方法

磷矿浆吸收 SO_2 现场试验装置与实验装置基本相同。SO_2 气体直接采用硫酸尾气，省去了气袋。试验时室外常温近 20℃，为了便于室外操作，没设水浴恒温箱，吸收管暴露于空气中直接试验。

工厂小试中，SO_2 气体直接采用硫酸生产产生的硫酸尾气，其来自两套生产装置的二吸塔出口尾气，从工厂已设好用于监测的取样口抽出。

其他试验材料及分析方法与实验相同，详见 2.1 节，此处不再赘述。

磷矿浆液相催化氧化吸收低浓度 SO_2 现场试验研究装置如图 2.19 所示。试验装置实物图如图 2.20、图 2.21 所示。

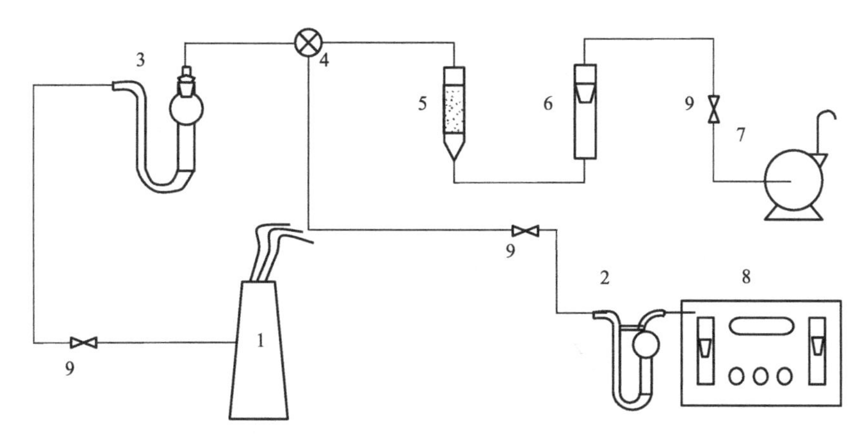

图 2.19 磷矿浆液相催化氧化脱硫试验装置

1—烟囱；2—多孔玻板吸收管；3—吸收管；4—玻璃三通；

5—干燥管；6—气体流量计；7—空气泵；8—大气采样器；9—截止阀

图 2.20 80kt/a 硫酸设备试验装置

图 2.21 300kt/a 硫酸设备试验装置

2.3.3 试验结果及分析

2.3.3.1 80kt/a 硫酸尾气试验

试验中，选定试验条件为最佳反应条件：气体流速为 0.3L/min，吸收温度为常温 20℃，矿浆固液比为 48%。SO_2 气体直接取用 80kt/a 硫酸生产设备产生的硫酸尾气，气体中氧含量为 10%，实测 SO_2 气体平均浓度为 1865.92mg/m^3。

试验中检测吸收管出口浓度，得出磷矿浆吸收 SO_2 的吸收曲线如图 2.22 所示。

由图可知，本试验中磷矿浆吸收 SO_2 的效果较差，达到 100%吸收效率的时间仅为 30min，保持 SO_2 出口浓度≤300mg/m^3 的反应时间为 74min。

由 2.2.3 中实验可知，磷矿浆固液比为 55%与固液比为 48%实验结果相差最小。在实际磷酸生产中，矿浆固液比一般为 65%左右，若可选取较大矿浆固液比，则在失

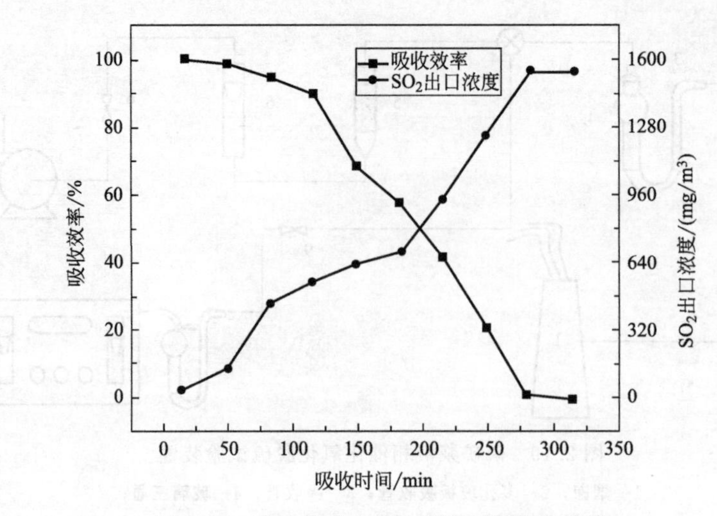

图 2.22 磷矿浆对 80kt/a 硫酸尾气吸收曲线

效矿浆制磷酸的过程中将更为方便。

试验选取矿浆固液比为 48%及 55%，通过现场试验考察 SO_2 浓度高氧气浓度低时，矿浆固液比的变化对吸收效率的影响，其他试验条件为：气体流速为 0.3L/min，吸收温度为常温 20℃，SO_2 气体直接取用 80kt/a 硫酸设备产生的硫酸尾气，气体中氧含量为 10%，实测 SO_2 气体平均浓度为 1865.92mg/m^3。试验结果如图 2.23 所示。

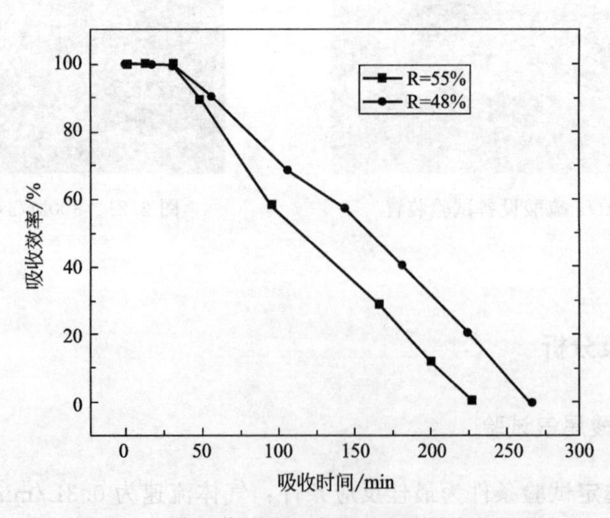

图 2.23 磷矿浆固液比变化对吸收效率的影响

由图 2.23 可知：固液比为 48%的磷矿浆吸收 SO_2 的能力较好，吸收效率仍远高于固液比为 55%的磷矿浆。矿浆固液比为 48%时，SO_2 出口浓度≤300mg/m^3（即吸收效率为 80%）的反应时间为 74min；矿浆固液比为 55%时，SO_2 出口浓度≤300mg/m^3（即吸收效率为 80%）的反应时间为 58min。

因而再次证实，此吸收反应最佳固液比仍要选 48%。

2.3.3.2 300kt/a 硫酸尾气试验

试验中，选定试验条件为最佳反应条件：气体流速为 0.3L/min，吸收温度为常温 20℃，矿浆固液比为 48%。SO_2 气体直接取用 300kt/a 硫酸生产设备产生的硫酸尾气，气体中氧含量为 5%，实测 SO_2 气体平均浓度为 580.63mg/m^3。

试验中检测吸收管出口浓度，得出磷矿浆吸收 SO_2 的吸收曲线如图 2.24 所示。

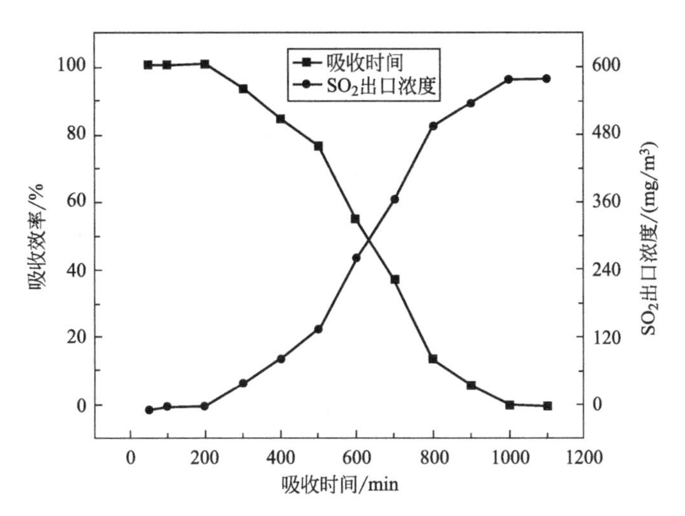

图 2.24 磷矿浆对 300kt/a 硫酸设备的硫酸尾气吸收曲线

本试验中，磷矿浆吸收 SO_2 的效果很好，SO_2 出口浓度≤300mg/m^3 的反应时间为 653min。

2.3.3.3 试验结果分析

如图 2.22 所示，80kt/a 硫酸生产设备产生的硫酸尾气，采用磷矿浆吸收法净化，SO_2 出口浓度≤300mg/m^3 的反应时间仅为 74min，并测得反应后矿浆中 P_2O_5 的含量为 0.85%。

如图 2.24 所示，300kt/a 硫酸生产设备产生的硫酸尾气，采用磷矿浆吸收法净化，SO_2 出口浓度≤300mg/m^3 的反应时间为 653min，并测得反应后矿浆中 P_2O_5 的含量可达 1.20%。

从而可得出，80kt/a 硫酸生产设备产生的硫酸尾气，采用磷矿浆吸收法净化，SO_2 出口浓度≤300mg/m^3 的反应时间较短，不适宜于实际应用。300kt/a 硫酸生产设备产生的硫酸尾气，采用磷矿浆吸收法净化，净化效率较高，SO_2 出口浓度≤300mg/m^3 的反应时间为 653min，矿浆吸收时间较长，反应后矿浆中 P_2O_5 的含量较高，该方法净化吸收 SO_2 尾气可行且可操作性强。

现在工厂生产用的大多数硫酸生产设备都采用与 300kt/a 硫酸生产设备相同的转化吸收工艺。这样的生产工艺在现在和将来都是主流，其产生尾气的性质也大致相同，具有相当的普遍性，故磷矿浆吸收法净化硫酸尾气应用范围广，吸收净化效果好，有较好的应用前景。

2.4 微波辐照矿粉吸收低浓度 SO_2 研究

2.4.1 微波及磷矿概述

2.4.1.1 微波及其加热特性

微波是频率在300MHz～300GHz，即波长在1mm～100cm范围内的电磁波。它位于电磁波谱的红外辐射（光波）和无线电波之间。

微波作为电磁波，会被物质反射和吸收，但与其他电磁波相比，微波的波长较长，被物质吸收的深度深得多。

从加热角度来说，物质吸收微波，意味着微波能量传递给物质并转变为热能。微波加热表现为物体深层范围的加热，组成物料的极性分子随微波电磁场交变方向变更而交变（来回振动）转向，众多极性分子相互摩擦转成热能加热物料。故微波加热与传统加热不同，它无须由表及里的热传导，而是通过微波在物料内部的能量消耗来直接加热物料。根据物料性质（电导率、磁导率、介电常数）的不同，微波可以及时而有效地在整个物料内部产生热量。

因而，微波加热具有传统加热无法比拟的优点：

a. 根据物料性质不同，可选择性加热物料，升温速率快，加热效率高；

b. 微波能可以使原子和分子发生高速振动，从而为化学反应创造出更为有利的热力学条件；

c. 微波能够同时促进吸热反应和放热反应，对化学反应具有催化作用。

2.4.1.2 磷矿性质、成因及分布简介

磷矿是制造一切磷化合物的初始原料。磷是地球上所有生物体细胞核的重要组分，对于生命过程中的光合和代谢过程有着重要作用。人和其他动物间接地从食用植物获得所需要的磷，而植物是直接从土壤中摄取磷，虽然一部分磷通过动物的排泄物和植物的残体返回土壤，但是很大一部分磷经过各种途径流失到环境中，并最终流入大海。海洋在特定条件下沉积出磷矿物，并经过地质运动形成陆地磷矿床，这种循环要经过千百万年。

自然界的含磷矿物多达百余种，但具有工业价值的主要是磷灰石及磷块岩。

磷灰石是在内生成矿作用下形成的矿床。它常与霞石、霓辉石、磁铁矿或钛磁铁矿等共生，而产于碱性或酸性的深成火成岩中。磷灰石矿是一种晶质磷矿，结晶完整，晶体为六方柱形。其含磷矿物的通式为 $Ca_3(PO_4)_2 \cdot CaR_2$（式中R代表—F、—Cl、—OH），$3Ca_3(PO_4)_2 \cdot CaF_2$ 称为氟磷灰石或氟磷酸钙，在自然界中存在最多，

通常简写为 $Ca_5(PO_4)_3F$。$3Ca_3(PO_4)_2 \cdot CaCl_2$ 称作氯磷灰石。$3Ca_3(PO_4)_2 \cdot Ca(OH)_2$ 叫作羟基磷灰石。

磷块岩又称纤核磷灰石或胶磷矿。磷块岩矿床主要是在外生作用和变质作用下形成的。磷块岩一般为细小的结晶体，或呈隐晶质状态，其主要成分也是氟磷酸钙。

MgO 是磷矿中一种常见的有害组分，它多以 $MgCO_3$ 形式存在于磷矿中。磷矿中常伴生有少量的高岭土、磁铁矿、钛磁铁矿、褐铁矿或黄铜矿等杂质。这些杂质中的有害组分为 R_2O_3(Fe_2O_3 及 Al_2O_3)。硅酸盐是磷矿中另一种常见的杂质，其主要成分为 SiO_2。

世界磷矿资源分布很广，但目前磷矿生产主要集中在少数国家的少数大型产地。中国是磷矿资源富有的国家，磷矿储量居世界第四，居于前三位的磷矿生产国按产量分别为美国、俄罗斯、摩洛哥。中国现在还是世界第三磷肥生产国，所需磷矿全部由国内自给，国内磷矿资源比较集中在云南、贵州、四川、湖北和湖南五省。

中国磷矿类型比较齐全，内生磷矿、沉积磷矿、变质磷矿、鸟粪堆积磷矿、次生淋滤磷矿都有。其中沉积磷矿占绝大多数，变质磷矿和内生磷矿占少数，次生淋滤磷矿和鸟粪堆积磷矿规模小，储量少，对全国来说意义不大。

卡查科夫提出沉积磷矿化学成因说：生物遗骸沉入海底分解出 CO_2，且深度愈大，CO_2 含量愈高，压力愈大，其溶磷能力也愈大（但深度超过 1000m，生物遗骸到达不了，故 P_2O_5 含量降低）。当深部海水运移至大陆架浅海时，由于温度上升、压力减少，大量 CO_2 逸出，P_2O_5 溶解度降低，导致磷酸钙沉淀，从而形成磷块岩矿床。

中国磷块岩矿床主要分布在扬子准地台，其主要成矿时期是震旦纪和寒武纪，其次是泥盆纪。上震旦统陡山沱组是中国南方磷块岩主要赋存层位。主要分布于贵州、湖北、湖南三省。矿区 P_2O_5 含量最高 34%～36%，最低 15%，一般 21%～25%。Fe_2O_3 含量为 0.42%～2.33%，大多在 1.4%左右。中泥盆统沙窝子组含磷岩系主要分布在四川什邡、绵竹一带，矿区 P_2O_5 含量为 27%～29%，Fe_2O_3 含量为 2%～4.6%。

下寒武纪梅树村组含磷岩系主要以靠近康滇古陆的滇东至川南一带为主。矿区平均 P_2O_5 含量 21%～25%；Fe_2O_3 含量为 1.06%～3.25%，大多在 1.5%左右。矿石结构有粒屑、砂屑、鲕状、球粒等，矿石构造以致密块状、条带状为主。

其中以云南昆阳磷矿为例，其是典型的海相沉积型磷块岩矿床。其矿床成因为：具有三面古路包围的海湾状沉积盆地，盆地内发育有南向北、北东向、北西向多条深大断裂，使盆地水下地形复杂化，拗陷部位则构成次级盆地，昆明拗陷即次级沉积盆地之一，水下隆起在沉积中起障壁作用，在由温暖转为炎热干燥的气候条件下，水动力状况是由动荡转为宁静，弱氧化-还原条件下，弱碱性介质中，含磷质的上翻洋流在电解质等因素作用下，磷酸盐以化学方式沉积。尔后，部分经流水作用再次改造沉积而成。

滇池地区因其独特的矿体赋存条件和自然地理环境，广泛发育成风化磷块岩，因受风化作用较强烈，矿石化学组分中 MgO 含量普遍较震旦纪磷矿低。且矿区地形较缓，矿体顺坡产出，加之地下水潜水位较低，加强了对碳酸盐矿物的淋滤，从而提高了矿石品位，并使硅酸盐矿物泥化解离，故可通过简单擦洗脱除泥质，获得低镁擦洗精矿。

2.4.2 实验机理、结果及分析

2.4.2.1 微波加热处理矿石机理及研究结果

近年来，随着微波技术的发展，微波加热在冶金中得到广泛应用，如矿石破碎、难选金矿预处理、从低品位矿石和尾矿中回收金、从矿石中提取稀有金属和重金属等。

矿石中通常含有多种矿物（包括有用矿物和脉石矿物），当用传统方法加热时，矿石中各种矿物的升温速率基本相同，它们被加热的温度也大致相同，在矿物之间就不会产生明显的温度差，如果在加热过程中没有晶形转变、相变或化学反应发生，则矿石的显微结构通常不会因加热而发生明显的变化。

当用微波加热时，情况则大不相同，由于组成矿石的各种矿物会被微波加热到不同的温度。且微波能够加热大多数有用矿物，而不加热脉石矿物，因而在有用矿物和脉石矿物之间会形成明显的局部温差，从而使它们之间产生热应力，当这种热应力大到一定的程度时，就会在矿物之间的界面上产生裂缝。裂缝的产生可以有效地促进有用矿物的单体解离和增加有用矿物的有效反应面积，对于降低磨矿成本、提高选矿回收率和加快冶金反应速率，具有重要的实际意义。

用扫描电子显微镜（SEM）对各种金属氧化矿和硫化矿的应力断裂研究表明，矿石的显微组织在微波辐照前后明显不同，经过微波辐照以后，人们可以观察到矿石发生了热应力断裂。由此说明，微波加热可以改变矿石的显微结构，进而影响矿石的化学反应性质。

而且，用微波辐照对矿石进行预处理时，微波对矿物的选择性加热，会使矿石中的某些矿物发生化学反应或物相转变，而不直接影响其他矿物。因此，用常规方法难以加工的矿石，经微波辐照后，有可能变得容易处理。

2.4.2.2 磷矿微波加热分析

磷矿中含有多种金属氧化物，在本试验中起催化剂作用的 Fe^{3+} 也是以氧化物的形态存在。几种磷矿中常见化合物微波加热升温速率如表 2.10 所示：

表 2.10 物质微波加热升温速率

矿物或化合物	化学组成	温度/K	时间/s	$\Delta T/\Delta t$/(K/s)
氧化铝	Al_2O_3	430	150	0.88
氧化铁	Fe_2O_3	407	270	0.4
氧化镁	MgO	362	150	0.43
石英	SiO_2	346	150	0.32

由表 2.11 可见，各种化合物升温速率相差较大，有利于热应力的产生。基于以上理论及研究结果，微波辐照矿粉后，应有利于该反应的进行。而且采用微波辐照矿粉

的办法，不改变磷矿的化学性质，不会引入下一步磷化工生产中的杂质，是较为理想的强化反应条件的方法。

2.4.2.3 实验磷矿粉微波加热条件

实验中采用安宝路牌 W750S 型家用烹调箱型微波炉作为矿粉的微波加热器，该微波炉用磁控管来产生微波，产生的微波频率为 2450MHz，波长为 12.25cm。

微波炉产生微波及加热矿粉过程的基本流程如图 2.25 所示。

实验中，将 50g 矿粉平铺于微波炉内加热旋转的玻璃食物托盘中，矿粉厚度约为 0.5cm，在微波频率为 2450MHz，输出功率为 750W 时，将矿粉辐照加热 8min。微波炉加热矿粉如图 2.26 所示。

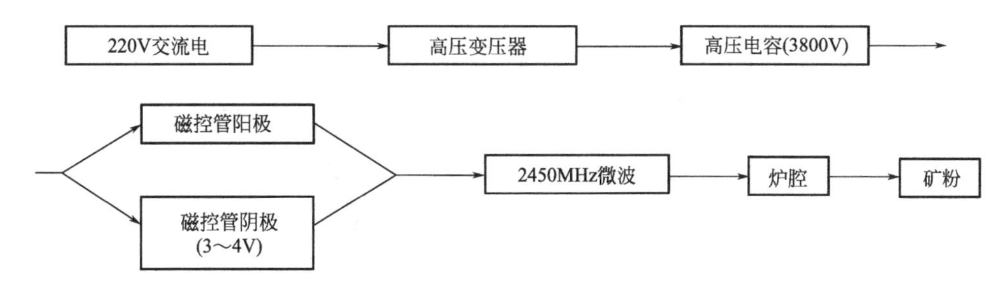

图 2.25 微波产生及加热过程的基本流程

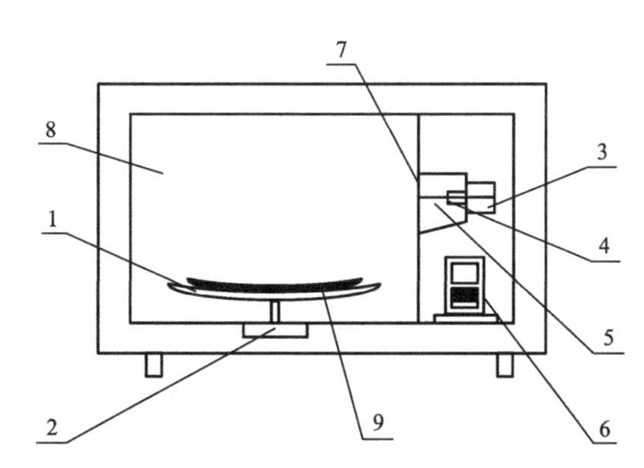

图 2.26 微波炉加热矿粉示意图

1—食物托盘；2—旋转电机；3—磁控管；4—微波天线；
5—波导盒；6—高压变压器；7—微波馈能口；8—炉腔；9—矿粉

2.4.2.4 小试实验结果

用微波辐照后磷矿吸收低浓度 SO_2，最佳反应条件下（气体流速为 0.3L/min，吸收温度为常温 20℃，磷矿浆固液比为 48%，氧含量为 21%，SO_2 气体入口浓度恒定）的吸收曲线如图 2.27 所示。与原磷矿同步实验结果对比如图 2.28 所示。

由图 2.28 可知，矿粉用微波辐照后，矿浆反应前期对低浓度 SO_2 的吸收效率有较

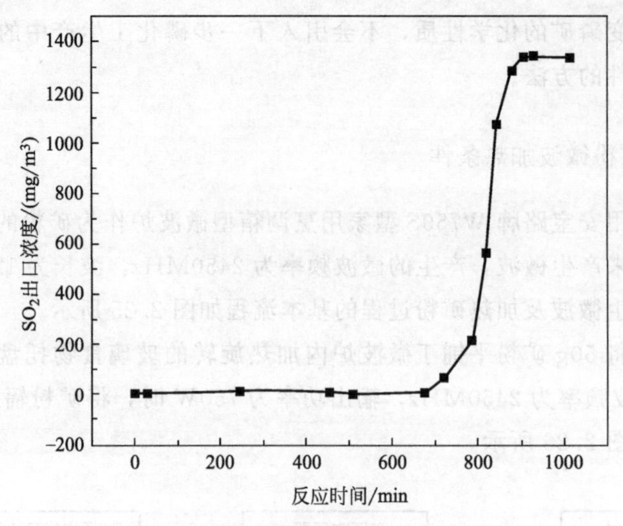

图 2.27　微波辐照后矿粉吸收曲线

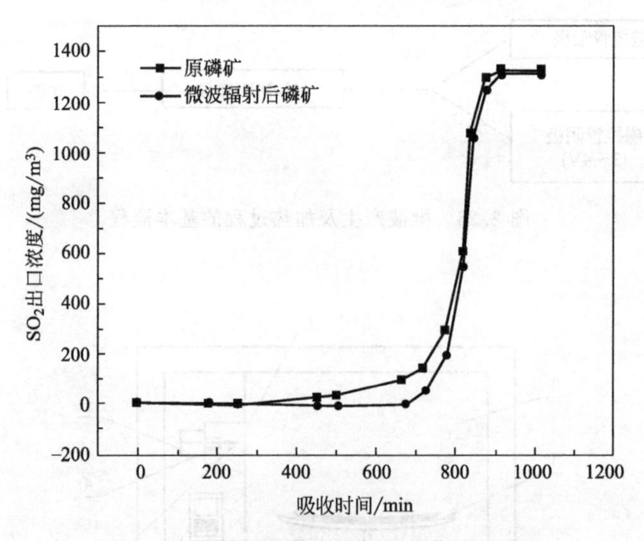

图 2.28　微波辐照前后矿粉吸收曲线对比图

大的提高，反应后期对低浓度 SO_2 的吸收效率与原矿粉相近，总体反应吸收效率提高。实验条件下，微波辐照后矿粉 SO_2 出口浓度≤300mg/m^3 反应时间为 800min，反应后矿浆中 P_2O_5 含量达到 3.40%，磷矿粉对 SO_2 的吸收容量为 2.15×10^{-2}g SO_2/g 矿粉，而同步对比原矿粉 SO_2 出口浓度≤300mg/m^3 反应时间为 762min，反应后矿浆中 P_2O_5 含量为 3.20%，磷矿粉对 SO_2 的吸收容量为 2.10×10^{-2}g SO_2/g 矿粉。磷矿粉对 SO_2 的吸收容量和矿浆中 P_2O_5 含量都在微波辐照后得到提高。

2.4.3　微波辐照前后矿粉分析结果

2.4.3.1　矿粉 X 射线衍射分析结果

辐照前后矿粉的 X 射线（XRD）衍射分析如图 2.29 所示。

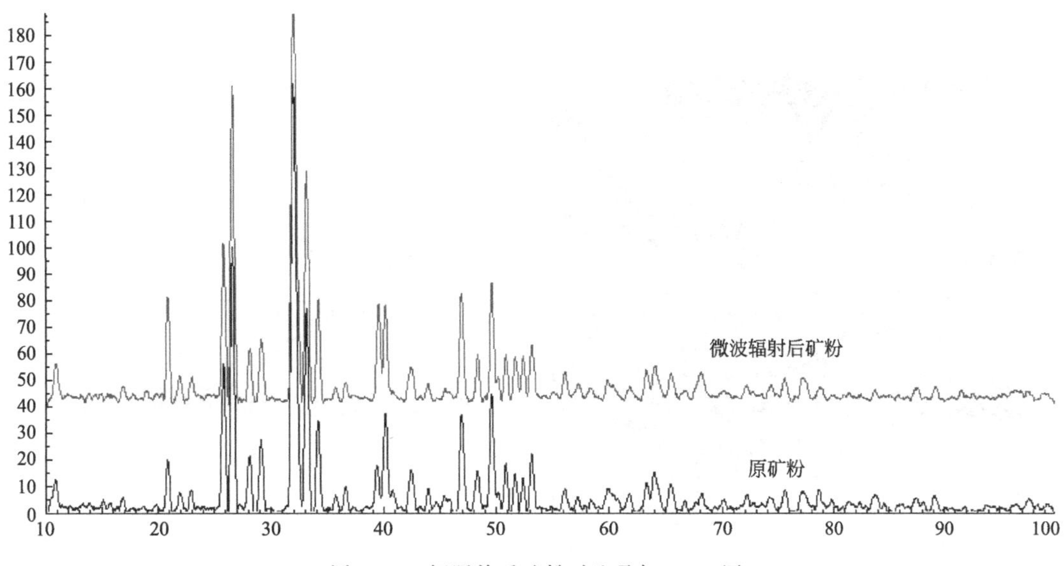

图 2.29　辐照前后矿粉对比叠加 XRD 图

微波辐照前后，矿粉中 SiO_2 和 $Ca_5(PO_4)_3OH$ 物像基本没有变化，其他物质则因含量较小在 XRD 中未被检出。

2.4.3.2　矿粉环境扫描电镜分析结果

为观测矿粉被微波辐照前后显微结构的变化，对微波辐照前后矿粉进行 XL30 型环境扫描电镜（ESEM）分析，如图 2.30～图 2.33 所示。

图 2.30　原矿粉 ESEM 图

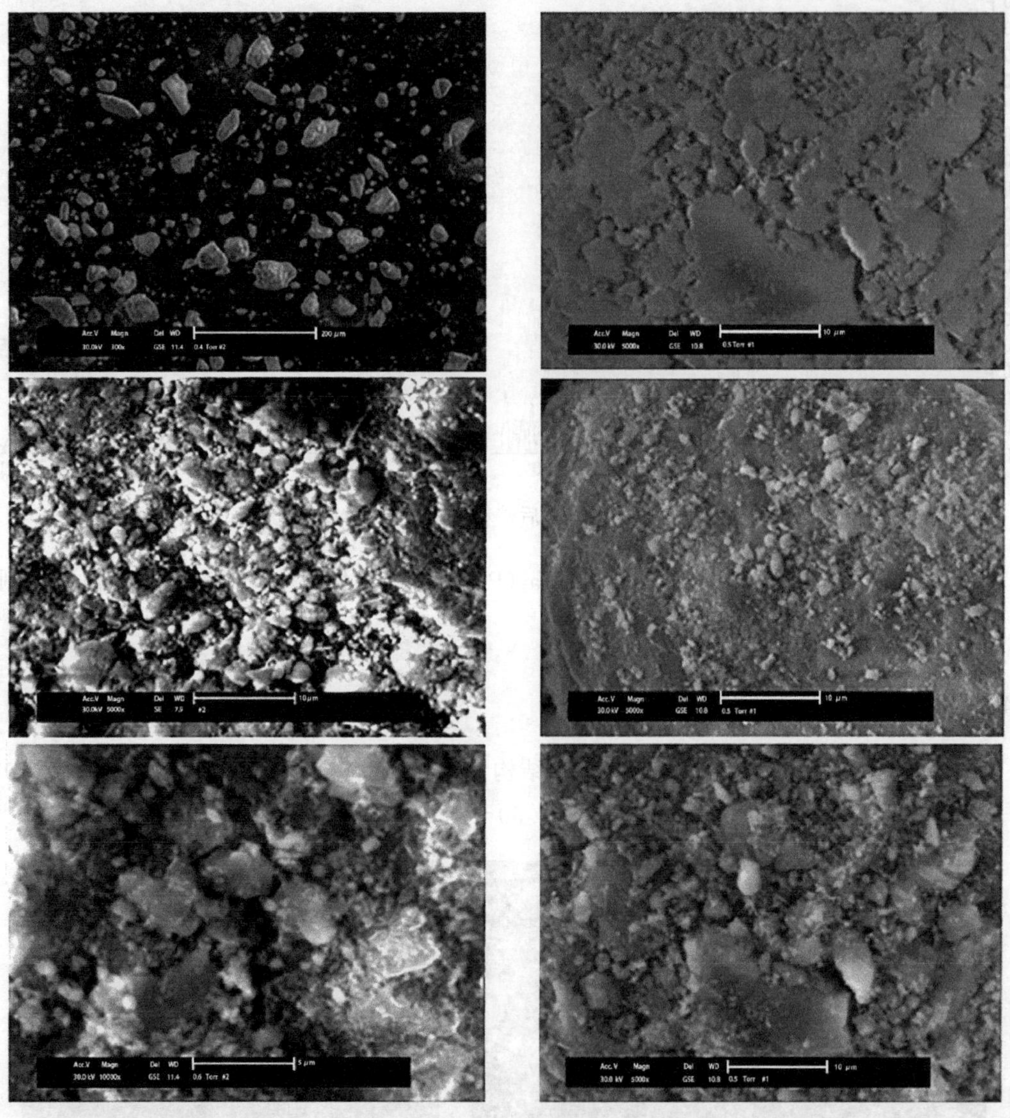

图 2.31 微波辐照后矿粉 ESEM 图　　　　图 2.32 原矿粉 ESEM 图

环境扫描电镜（ESEM）可看出作为海相沉积岩，磷矿物和脉石矿物各自的自然颗粒很细，胶结和相互嵌布很密。

对辐照前后矿粉研究表明，微波辐照后的矿粉，显微结构有一定程度的改变，矿粉上有新增的裂缝，从而增加了矿物的有效反应面积，促进了反应的进行。

2.4.3.3 矿粉 EDAX 型能谱分析仪分析结果

为进一步检测矿粉中催化剂 Fe_2O_3 在微波辐照前后的变化，采用 EDAX 型能谱分析仪（电子探针）对辐照前后矿粉进行分析，结果见图 2.34 及图 2.35。

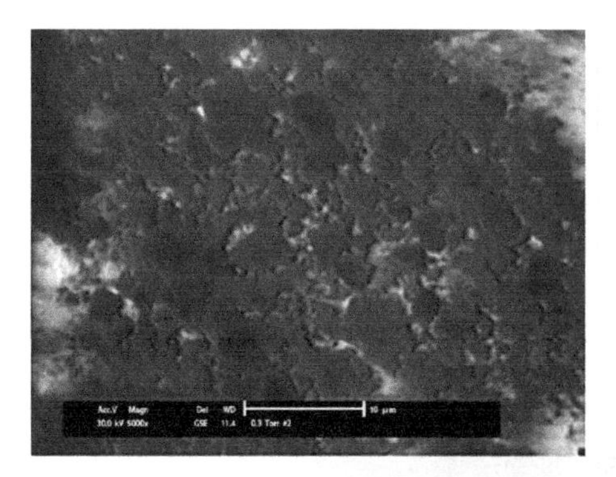

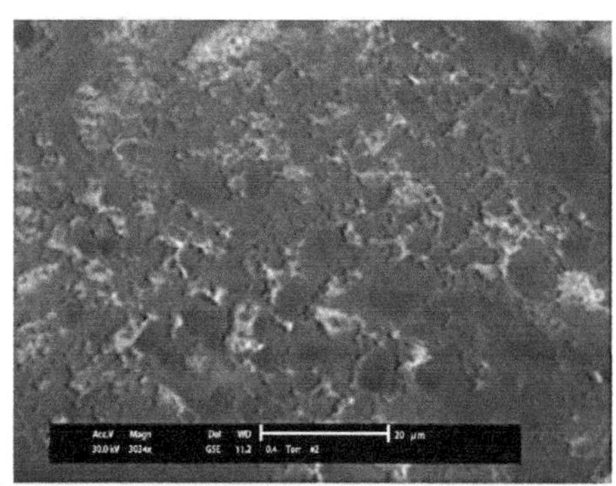

图 2.33　微波辐照后矿粉 ESEM 图

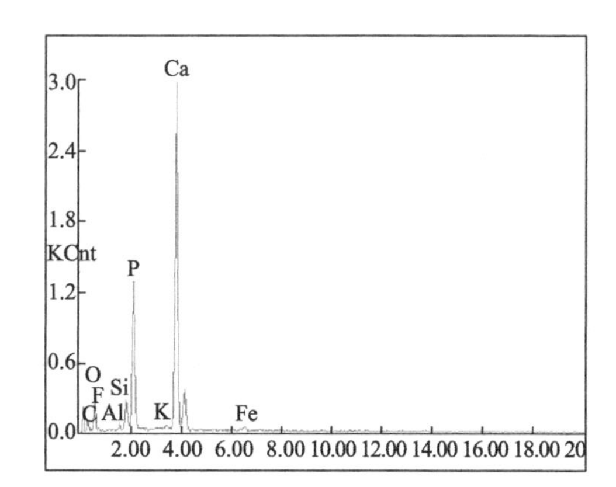

原矿粉EDAX型能谱分析1

元素	质量分数/%	原子分数/%
AlK	01.01	00.86
CaK	29.88	17.14
FeK	00.80	00.33

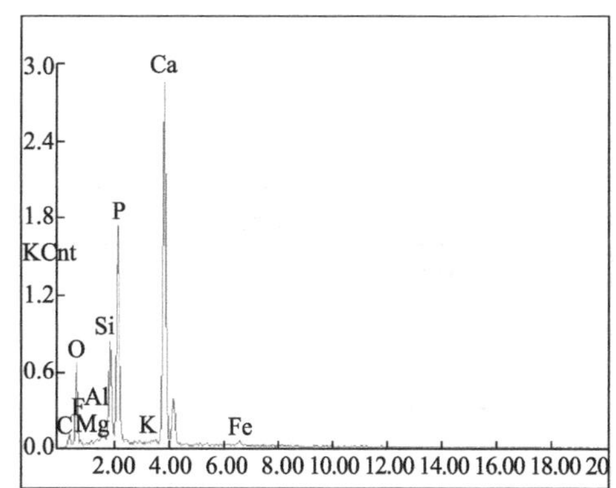

原矿粉EDAX型能谱分析2

元素	质量分数/%	原子分数/%
AlK	00.70	00.67
CaK	44.86	28.90
FeK	01.33	00.61

图 2.34

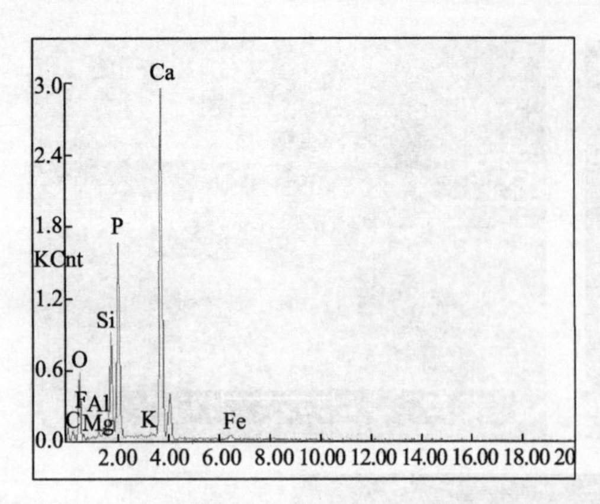

原矿粉EDAX型能谱分析3

元素	质量分数/%	原子分数/%
AlK	01.10	00.96
CaK	31.61	18.57
FeK	00.72	00.30

图 2.34　原矿粉 EDAX 型能谱分析结果

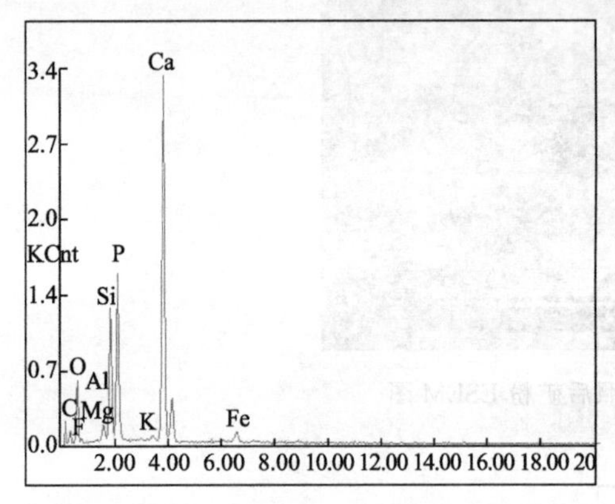

微波辐照后矿粉EDAX型能谱分析1

元素	质量分数/%	原子分数/%
AlK	01.58	01.42
CaK	32.07	19.41
FeK	02.06	00.89

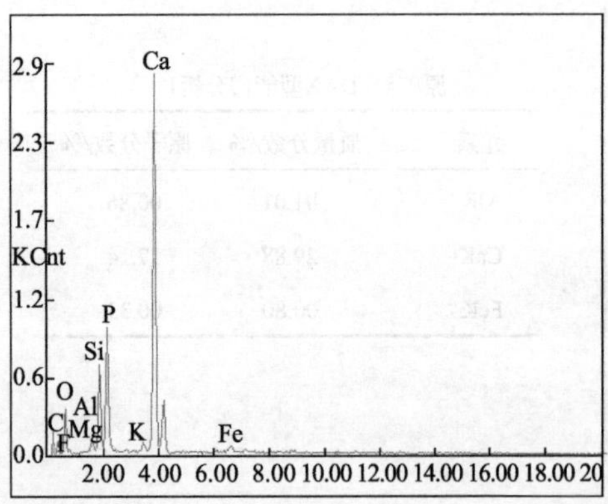

微波辐照后矿粉EDAX型能谱分析2

元素	质量分数/%	原子分数/%
AlK	01.83	01.65
CaK	34.25	20.77
FeK	01.51	00.66

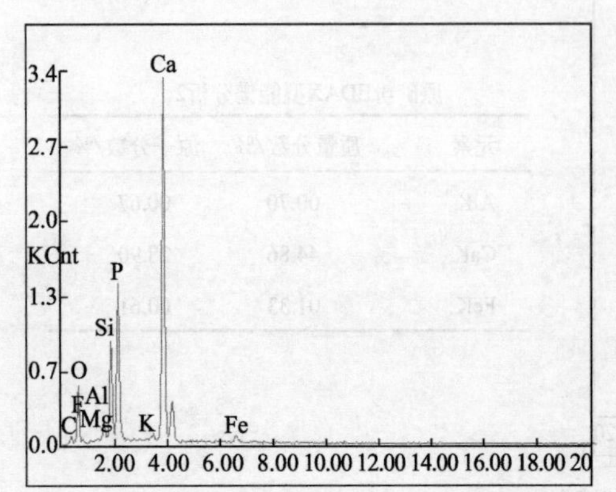

微波辐照后矿粉EDAX型能谱分析3

元素	质量分数/%	原子分数/%
AlK	01.51	01.41
CaK	40.37	25.40
FeK	01.84	00.83

图 2.35　微波辐照后矿粉 EDAX 型能谱分析结果

EDAX 型能谱分析采用电子探针，只能深入矿粉表层几微米，测得的是矿粉表层的成分，具有一定随机性，故每个样品探测 3 次。微波辐照前后，矿粉 EDAX 型能谱分析结果平均值见表 2.11

表 2.11　微波辐照前后矿粉 EDAX 型能谱分析结果平均值

微波辐照前矿粉		微波辐照后矿粉	
元素	质量分数/%	元素	质量分数/%
CaK	35.45	CaK	35.56
AlK	0.94	AlK	1.64
FeK	0.95	FeK	1.80

由表 2.11 可见，被微波辐照后矿粉中 Fe_2O_3 的质量分数是辐照前矿粉中 Fe_2O_3 质量分数的 1.89 倍。

同样以氧化物形式存在于磷矿中的 Al_2O_3，相比于辐照前，其质量分数在微波辐照后也同样有增加。

而以 $Ca_5(PO_4)_3OH$ 化合物形式存在于磷矿中的 Ca^{2+}，其质量分数在微波辐照前后却几乎不变。

仪器分析结果说明，微波辐照矿粉后，矿粉中 Fe_2O_3 更多地分布于矿粉表面，增加了催化剂的浓度，增加了反应动力，进一步促进了磷矿浆吸收二氧化硫反应的进行。

2.4.4 现场试验结果

为考察微波辐照后矿粉吸收硫酸尾气能力的改变，在 300kt/a 硫酸生产设备上进行了现场试验。

试验中，选定试验条件同样为最佳反应条件：气体流速为 0.3L/min，吸收温度为常温 20℃，矿浆固液比为 48%。SO_2 气体直接取用 300kt/a 硫酸生产设备产生的硫酸尾气，气体中氧含量为 5%，实测 SO_2 气体平均浓度为 580.63mg/m^3。磷矿浆吸收 SO_2 的吸收曲线如图 2.24 所示。微波辐照后磷矿粉吸收低浓度 SO_2 与原矿粉同步试验，试验中检测吸收管出口浓度，试验结果如图 2.36 所示。

同实验结果相似，矿粉用微波辐照后，配制好的矿浆反应前期对低浓度 SO_2 的吸收效率有较大的提高，反应后期对低浓度 SO_2 的吸收效率与原矿粉相近，总体吸收效率提高。在试验条件下，微波辐照后矿粉 SO_2 出口浓度≤300mg/m^3 的反应时间为 685min，反应后矿浆中 P_2O_5 含量达到 1.30%，磷矿粉对 SO_2 的吸收容量为 6.67×10^{-3}g SO_2/g 矿粉，而同步对比原矿粉，SO_2 出口浓度≤300mg/m^3 的反应时间为 643min，反应后矿浆中 P_2O_5 含量为 1.20%，磷矿粉对 SO_2 的吸收容量为 6.40×10^{-3}g SO_2/g 矿粉。磷矿粉对 SO_2 的吸收容量和矿浆中 P_2O_5 含量都在微波辐照后得到提高。

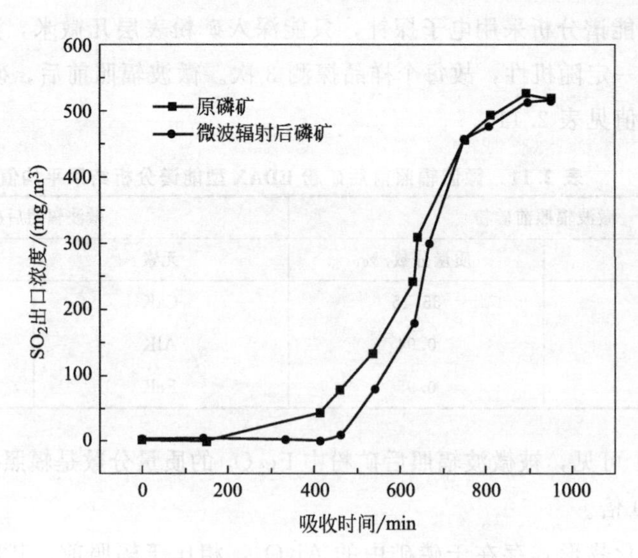

图 2.36 微波辐照前后小试矿粉吸收曲线对比图

2.4.5 反应过程分析

基于相关理论，实验、现场试验结果和矿粉分析结果，微波辐照后矿粉吸收效率提高的机理为：微波辐照后矿粉表面因热应力产生的缝隙导致矿粉表面 Fe_2O_3 的浓度提高，从而在反应前期催化剂浓度的提高，增加了反应动力，吸收效率得到有效提高。反应后期，从微波辐照前后矿浆中催化剂浓度相同时开始，微波辐照前后矿粉反应条件相同，因而吸收效率相同，反应进程一致。

微波辐照前后矿粉反应过程如图 2.37 所示。

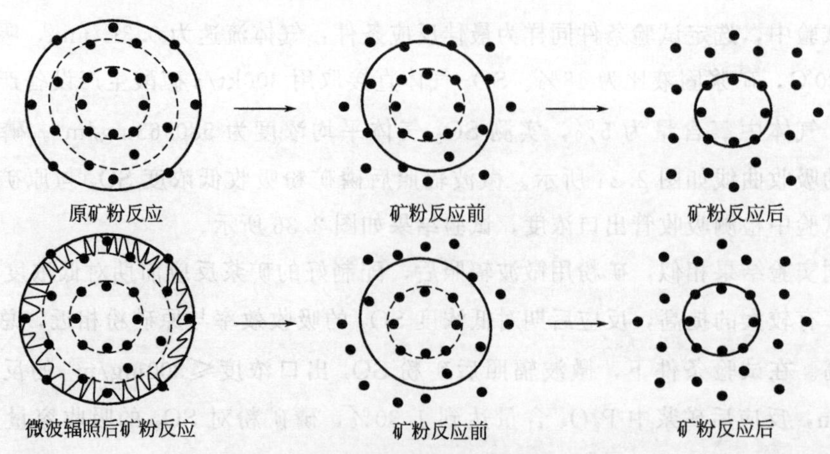

图 2.37 微波辐照前后矿粉反应过程

—— 矿粉颗粒表面 ---- 矿粉颗粒内部人为划定的界面 ● Fe_2O_3 颗粒

微波辐照矿粉时，在金属氧化物（Al_2O_3和 Fe_2O_3）和脉石矿物之间会形成明显的局部温差，从而使它们之间产生热应力，当这种热应力大到一定的程度时，在矿粉表面上产生了裂缝。微波辐照后，热应力产生的裂缝可有效地促进金属氧化物单体的解离，使矿粉中 Fe_2O_3 更多地分布于矿粉表面，即微波辐照后矿粉表面 Fe_2O_3 的浓度得到了提高，从而在反应前期，催化剂的浓度与原矿粉相比有较大提高，增加了反应动力，进一步促进了磷矿浆吸收二氧化硫反应的进行，表现为吸收效率的有效提高。

但随着反应的进行，磷矿粉的表层逐渐被反应掉，矿粉的颗粒也随之减小。反应进一步进行，当颗粒缩小到微波辐照前后结构成分未发生变化的界面时，原矿粉也同时反应到这种大小。因矿粉的物质总量不变，矿浆中催化剂浓度与原矿粉中催化剂浓度相同，吸收效率与原矿粉相同。故接下来的反应进程中微波辐照前后的矿粉反应条件相同，因而吸收效率相同，反应进程一致。

因此，矿粉用微波辐照后，吸收 SO_2 能力提高，有利于矿浆液相催化氧化吸收 SO_2 的进行。总体吸收效率高于原矿粉，对 SO_2 的吸收容量有较大提高，矿浆中 P_2O_5 含量也增加了。

2.5 反应机理分析

磷矿浆液相催化氧化脱硫过程涉及气、液、固三相间传质，液相中的化学反应和液固表面化学反应。从反应类型来看，它既包含了氧化还原反应，又包含了催化氧化过程，因而是一个影响因素很多的复杂过程，其总反应速度与各反应物浓度，反应条件（pH、停留时间、温度等），气、液、固三相间的传质等均有密切关系，但在不同的条件下，各种因素影响程度不同，存在着敏感性因素或者控制步骤。

磷矿是脱硫过程的主要物质，磷矿粉的比表面积较大，但在此过程中却非吸附 SO_2 气体而实现脱硫。

磷矿的比表面积是外比表面积和内比表面积之和。由气体吸附法按 BET 方程式计算的 BET 值为颗粒的总比表面积，外比表面积由空气透气法测定，两者之差为内比表面积。杰尼可夫斯基用实验方法证实了磷矿湿法磷酸转化率只与它的外比表面积有关，这主要是因为在湿法磷酸的特点条件下，反应一旦开始，形成的硫酸钙固体就很快把颗粒的内比表面积堵塞了，颗粒很大的内比表面积实际上并没有作用。

一般，水成岩磷矿 BET 值比火成岩磷矿 BET 值大很多，但两者外比表面积却差不多，均 $<1m^2/g$。因而水成岩磷矿的内比表面积很大，为 $7.5\sim20.1m^2/g$。

上海化工研究院在评价磷矿反应性时，测定水成岩昆阳磷矿的外比表面积为 $0.0843m^2/g$，该矿的反应活性（磷矿颗粒能被酸渗透的程度）非常好，但抗阻缓性（抵抗“钝化膜”包裹的特点）很差，其反应中很容易被硫酸钙包裹。本实验所用清水沟磷矿与昆阳磷矿因成因及矿层相同，故性质非常接近，其反应中也很容易被硫酸钙包裹，此时内比表面积就失去了作用，反应中有效比表面积就只是它的外比表面。它的外比表面积较小，在 $0.0843m^2/g$ 左右，而一般气体吸附剂的比表面积（包括外比表面积和内比表面积）为 $500\sim3000m^2/g$，因此，可排除整个脱硫过程磷矿粉颗粒液相

中吸附 SO_2 脱硫的可能性，磷矿的作用主要是提供催化剂及与稀硫酸发生化学反应。

总体来说，整个脱硫过程分为两步：二氧化硫气体液相催化氧化为稀硫酸和稀硫酸分解磷矿浆发生化学反应产生稀磷酸。现分别就其反应机理进行分析。

2.5.1 二氧化硫气体液相催化氧化机理

SO_2 随气体与浆液接触后，立即发生溶解，进入液相。在 SO_2 水溶液中，主要物质为各种水合物 $SO_2 \cdot nH_2O$，不同的浓度、温度和 pH 下，存在不同的离子，有 H_3O^+、HSO_3^-、$S_2O_5^{2-}$，还有痕量的 SO_3^{2-}。在亚硫酸的水溶液中存在下列平衡：

$$SO_2+nH_2O \rightleftharpoons SO_2 \cdot nH_2O \rightleftharpoons H^+ + HSO_3^- + (n-1)H_2O$$

$$K_1=1.3\times10^{-2}(298K) \tag{2-9}$$

$$HSO_3^- \rightleftharpoons H^+ + SO_3^{2-} \quad K_2=6.3\times10^{-8}(298K) \tag{2-10}$$

根据溶液化学理论，利用 pH 与 pK_a 值的关系，可计算出溶液中每种组分的浓度。由式（2-9）和式（2-10）可推出：

$$pH=1.89+\lg[c(HSO_3^-)/c(SO_2 \cdot H_2O)] \tag{2-11}$$

$$pH=7.20+\lg[c(SO_3^{2-})/c(HSO_3^-)] \tag{2-12}$$

根据式（2-11）和式（2-12），溶液中各组分浓度与溶液 pH 的关系见图 2.38。

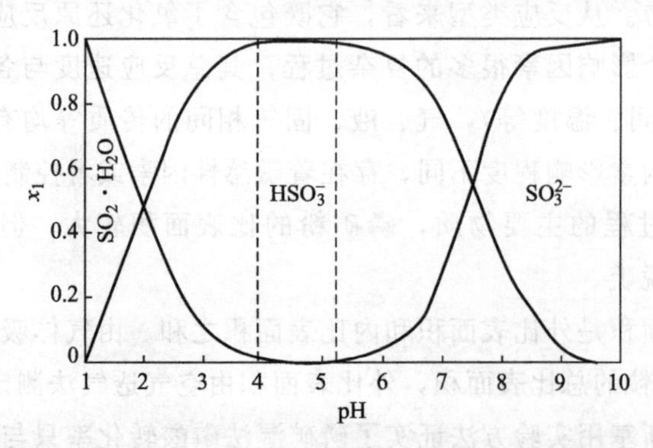

图 2.38　不同 pH 对水溶液中 S^{4+} 存在形态的影响

其中，x_1 表示 SO_2 在水溶液中存在的各种形式的摩尔分数。由图 2.36 可以看出：当 pH<1.89 时，SO_2 在溶液中以 $SO_2 \cdot H_2O$ 为主要存在形式；当 pH=1.89 时，SO_2 在溶液中的存在形式是 $SO_2 \cdot H_2O$ 和 HSO_3^- 各占一半；当 pH>1.89 时，SO_2 在溶液中的存在形式是以 HSO_3^- 为主；当 pH=3.98 时 $c(HSO_3^-)/c(SO_2 \cdot H_2O)=100$，即 $c(HSO_3^-)$ 为 $c(SO_2 \cdot H_2O)$ 的 100 倍；当 pH>7.20 时，SO_2 在溶液中以 SO_3^{2-} 为主要存在形式；当 pH=7.20 时，SO_2 在溶液中的存在形式是 SO_3^{2-} 和 HSO_3^- 各占一半；当 pH<7.20 时，SO_2 在溶液中以 HSO_3^- 为主要存在形式；当 pH=5.20 时，$c(HSO_3^-)/c(SO_3^{2-})=100$。因此，当吸收液 pH 为 4～6 时，$SO_2$ 主要以 HSO_3^- 的形式存在。

二氧化硫在液相中被过渡金属离子催化氧化为硫酸的总反应式为：

$$SO_2(g)+\frac{1}{2}O_2(g)+H_2O(l)\xlongequal{催化剂}H_2SO_4(aq)$$

在 298K 时，该反应的 $\Delta G=-150.02kJ/mol$，$K_{PT}=1.58\times10^{26}Pa^{-2}$，这说明反应不但可以自发进行，而且可以进行得较完全。但在实际过程中，反应进行的相当缓慢，必须添加催化剂才能加速反应的进行。

1981 年，S. E. Schwartz 等人提出：在 SO_2 液相催化氧化中，气液传质经历了 7 个过程，如图 2.39 所示。

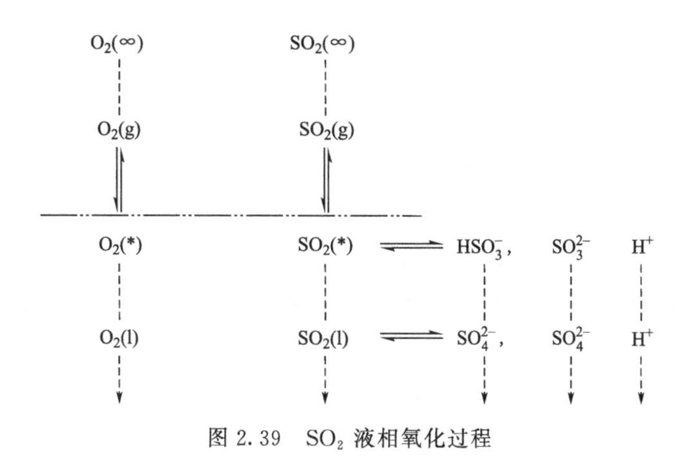

图 2.39　SO_2 液相氧化过程

如图 2.37 所示，SO_2 液相氧化过程可分解为以下过程：

① 气相中 SO_2 和 O_2 扩散到气液界面；

② SO_2 和 O_2 在气液界面上溶解并建立溶解平衡，溶解平衡服从亨利定律；

③ SO_2 水化及部分电离成 HSO_3^- 及 SO_3^{2-}；

④ S(Ⅳ) 及 H^-、O_2 在液相中迁移扩散；

⑤ S(Ⅳ) 在过渡金属离子的催化下，被液相中 O_2 的氧化成 S(Ⅵ)；

⑥ 生成的 H_2SO_4 向液相主体扩散，电离平衡被打破，形成传质浓度梯度；

⑦ 由⑤、⑥两步引起的浓度梯度导致进一步的气-液传质。

在 SO_2 液相氧化的 7 个步骤中，每一个均可能成为控制步骤。在有催化剂存在的情况下，步骤⑤能较快进行。④和⑥步也较易进行。在水溶液中，SO_2 的水化及电离也较容易，因此整个传质过程主要受吸收控制。根据 SO_2 及 O_2 在稀硫酸中的溶解度及亨利系数可判断，SO_2 在稀硫酸中的溶解度远大于 O_2 在稀硫酸中的溶解度，因而 SO_2 的吸收按双膜理论属于气-液膜控制过程，而 O_2 的吸收属于液膜控制过程，在 SO_2 液相氧化的整个过程中，气液传质过程主要受 O_2 在吸收液中的溶解步骤，即液膜吸收步骤的控制。

对于硫酸尾气，O_2 的分压远远高于 SO_2 气体分压，液膜控制问题可以得到一定的缓和，因此液相催化氧化法对于硫酸尾气脱硫是完全适用的。

反应刚开始时，扩散至磷矿粉固体外表面或进一步扩散至微粒内表面的 HSO_3^-，与矿体中的 Fe_2O_3 发生氧化还原反应，生成 H_2SO_4，磷矿中 Fe_2O_3 在酸性条件下会迅速进入液相中转化为 Fe^{3+}，过渡金属 Fe^{3+} 对 S^{4+} 的催化氧化作用已被很多学者证实，它的反应机理为氧化还原和催化氧化，包括自由基机理和半导体催化机理，而铁的液相反应符合半导体催化或过渡态催化机理。Brandt 等人对 Fe^{3+} 使 S^{4+} 在水溶液中自动催化的作用作了详细的研究，提出如下方案。

还原反应：

$$\begin{cases} Fe^{3+} + nHSO_3^- \xrightleftharpoons{\text{可逆}} Fe^{3+}\ (HSO_3^-)_n \quad (n=1,2,3) \\ Fe^{3+} + (HSO_3^-)_n \xrightleftharpoons{\text{慢}} Fe^{2+} + (n-1)HSO_3^- + H^+ + SO_3^{\cdot -} \\ Fe^{3+} + SO_3^{\cdot -} + H_2O \xrightleftharpoons{\text{快}} Fe^{2+} + HSO_4^- + H^+ \end{cases}$$

$$SO_3^{\cdot -} + O_2 = SO_5^{\cdot -}$$

氧化反应：

$$\begin{cases} Fe^{2+} + SO_5^{\cdot -} + H^+ = Fe^{3+} + HSO_5^- \\ Fe^{2+} + HSO_5^- = Fe^{3+} + SO_4^{\cdot -} + OH^- \\ Fe^{2+} + SO_4^{\cdot -} + H^+ = Fe^{3+} + HSO_4^- \end{cases}$$

在前面的反应中，联系和维持 Fe^{3+} 氧化还原反应的纽带是自由基 $SO_3^{\cdot -}$ 的传递与终止，$SO_3^{\cdot -}$ 的产生可以诱发大量 Fe^{2+} 的生成，在有氧参与的情况下，$SO_3^{\cdot -}$ 很快与氧结合成 $SO_5^{\cdot -}$，$SO_5^{\cdot -}$ 是很强的氧化剂，迅速将 Fe^{2+} 氧化成 Fe^{3+}，当氧耗尽时，氧化还原反应终止。

整个过程是 Fe^{3+} 通过与 HSO_3^- 形成中间络合物来诱发反应的，溶液中大量 HSO_3^- 的存在，对于产生自由基 $SO_3^{\cdot -}$ 至关重要。因此保持吸收液 pH 为 4～6，对反应最有利，此时 SO_2 主要以 HSO_3^- 的形式存在于溶液中，容易诱发反应；此外，pH 较低时，也不利于 SO_2 液相溶解，故矿浆的 pH 是液相催化氧化反应的关键。

另外，必须在有 O_2 参与的情况下，$SO_3^{\cdot -}$ 才能很快与氧结合成 $SO_5^{\cdot -}$，促使反应循环进行下去，保证 O_2 在矿浆中有一定溶解量，是液相催化氧化反应的另一关键。因此，气体中 O_2 分压对脱硫效果的影响很大，增加 O_2 分压就会促进 O_2 在吸收剂中的溶解，对反应有利。

随着反应进行，矿浆的 pH 降低，当 pH$<$1.89 持续了一段时间后，矿浆中因 SO_2 在溶液中以 $SO_2 \cdot H_2O$ 为主要存在形式，与 Fe^{3+} 无法形成中间络合物来诱发催化氧化反应，反应结束，磷矿浆对 SO_2 丧失了吸收能力。

综上所述，二氧化硫气体液相催化氧化为稀硫酸的过程，主要受矿浆的 pH 和 O_2 液膜吸收步骤的控制。保持吸收液 pH 为 4～6，增大气液传质对反应有利。

2.5.2 稀硫酸分解磷矿浆反应机理

湿法磷酸，主要指用酸性强的无机酸分解磷矿制磷酸的方法，生产中普遍采用的无机酸为硫酸，也就是 2.5.1 中催化氧化生成的稀硫酸，与磷矿发生化学反应生成稀磷酸。

磷矿的通式为 $Ca_3(PO_4)_2 \cdot CaR_2$（R 代表 F、Cl、OH 基团），其中氟磷灰石

$Ca_3(PO_4)_2 \cdot CaF_2$ 在自然界中存在最多，其化学式可写为 $Ca_5(PO_4)_3F$。在 H_2SO_4 与磷矿浆的反应中，最先生成 $CaSO_4$ 和 H_3PO_4，反应式为：

$$Ca_5(PO_4)_3F + 5H_2SO_4 = 3H_3PO_4 + HF + 5CaSO_4 + 溶液$$

反应分两步进行，即：

磷矿首先被磷酸分解，生成磷酸一钙：

$$Ca_5F(PO_4)_3 + 7H_3PO_4 = HF + 5Ca(H_2PO_4)_2$$

$Ca(H_2PO_4)_2$ 继续被硫酸分解生成磷酸：

$$5Ca(H_2PO_4)_2 + 5H_2SO_4 = 10H_3PO_4 + 5CaSO_4$$

磷矿分解后生成的氢氟酸与石英或硅酸作用生成氟硅酸：

$$6HF + SiO_2 = H_2SiF_6 + 2H_2O$$

在磷酸溶液中，氟硅酸的蒸气分压随磷酸浓度和温度的升高而增大，部分将以 SiF_4 气体逸出：

$$H_2SiF_6 = SiF_4 + 2HF$$

当有 SiO_2 存在时，上述反应将加剧：

$$2H_2SiF_6 + SiO_2 = 3SiF_4 + 2H_2O$$

反应槽气相逸出的四氟化硅，被引入吸收装置中用水吸收，并又水解为氟硅酸，同时析出硅胶 $SiO_2 \cdot n\ H_2O$。

$$3SiF_4 + (n+2)H_2O = 2H_2SiF_6 + SiO_2 \cdot nH_2O$$

磷矿中伴生的碳酸盐矿物及倍半氧化物发生如下副反应。

$$(Ca,Mg)CO_3 + 2H_2SO_4 = MgSO_4 + CaSO_4 \cdot nH_2O + 2CO_2\uparrow + 2H_2O$$

$$(Fe,Al)_2O_3 + H_2SO_4 + Ca(H_2PO_4)_2 = 2(Fe,Al)PO_4 + 3CaSO_4 + 3H_2O$$

$$6HF + SiO_2 = H_2SiF_6 + 2H_2O$$

稀硫酸与磷矿发生化学反应生成稀磷酸的过程可将 S 元素以 $CaSO_4$ 的形式沉淀下来，并且消耗催化氧化反应的产物 H_2SO_4，也可进一步促进催化氧化反应的进行。

磷矿与酸的反应，实质上为一个表面反应，它的反应速率主要由反应温度、溶液中的 H^+ 浓度、表面液膜的扩散以及磷矿颗粒的有效表面积等所控制。

稀硫酸与磷矿发生化学反应时会放出大量的热，降低反应温度对反应有利。

溶液中的 H^+ 浓度及表面液膜的扩散，在实验中体现为矿浆的 pH 和液相传质过程，这是 2.5.1 中二氧化硫气体液相催化氧化为稀硫酸过程的关键性因素，因此应保持与 2.5.1 中的反应条件一致，即保持吸收液 pH 为 4～6，加强传质。

磷矿颗粒的有效表面积即它的外比表面积，这是磷矿的固有性质无法改变，粒度相同时，不同磷矿其外比表面积不同。

2.6 中试工艺流程设计

2.6.1 矿浆回收利用的考虑

磷矿浆吸收 SO_2 气体失效后，矿粉表层反应后进入液体中，矿粉颗粒会变小，矿浆变得黏稠，矿浆中磷酸、硫酸和亚硫酸并存，pH 较低，溶液中存在较多硫酸盐（如 $CaSO_4$）和少量磷酸盐及氟硅化物。但因矿浆中大多数的矿粉还未参加反应吸收净化就已结束，因而矿浆整体的性质并无本质改变，仍可作为原料矿浆参与生产。

矿浆在磷化工厂主要用于湿法磷酸和磷肥的生产，可将失效矿浆调节至相应固液比后直接用于生产，以下简单介绍它们的生产工艺。

根据稀硫酸分解磷矿浆的反应机理，磷酸法的特点是分解后的产物中除磷酸以液相存在外，余下的磷酸钙是一个溶解度很小的固相，两者的分离是简单的液、固相分离，当前工业上普遍采用真空过滤机，使生产过程大为简化。

按照生成碳酸钙水合结晶的不同，湿法磷酸生产可分为：a. 二水物流程；b. 半水物流程；c. 无水物流程；d. 二水-半水再结晶流程；e. 半水-二水再结晶流程。

二水物流程是使用最为成熟的流程，反应式如下：

$$Ca_5F(PO_4)_3+5H_2SO_4+2H_2O \longrightarrow 3H_3PO_4+5CaSO_4\cdot 2H_2O+HF\uparrow$$

二水物流程有许多优点，如生产稳定，利于晶体过滤和洗涤等。其中普莱昂二水物流程又是世界范围使用最广的，其工艺流程简图见图 2.40。

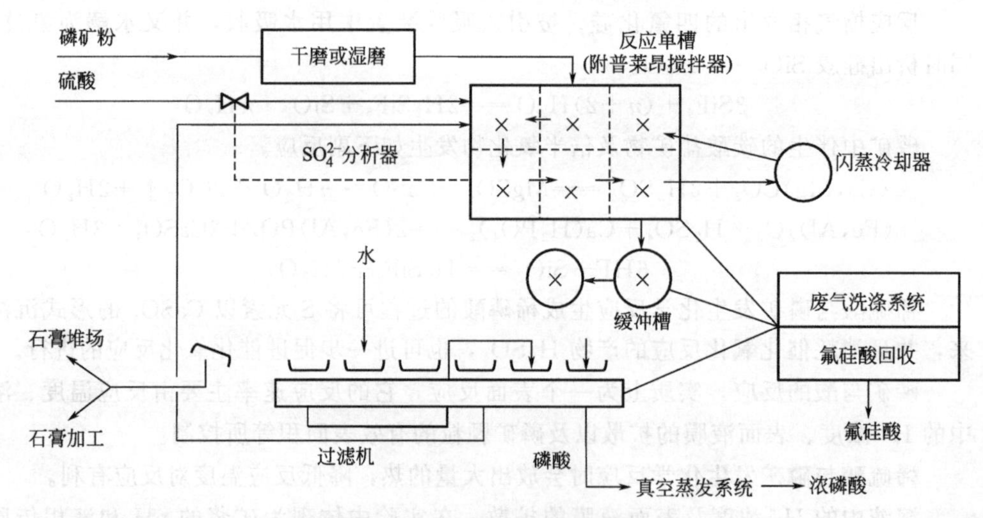

图 2.40 普莱昂二水物流程简图

在普莱昂二水物流程中，磷矿粉和硫酸在反应槽内充分混合并发生反应，为控制反应槽温度，料浆要采用真空闪蒸冷却系统降温。反应槽分成六个单室，并附有普莱昂搅拌器，帮助引进物料及消除泡沫。

反应进行大量料浆的循环，回浆的目的是充分分散加入的磷矿粉和硫酸，降低反应槽液相的过饱和度，为获得粗大结晶提供有利条件。

从反应槽出来的料浆，经过两个缓冲槽来进行陈化，同时消除过饱和。然后料浆由伯德-普莱昂（Bird-Pragon）倾覆盘式过滤机过滤，一部分稀磷酸被输送至反应槽作原料，其余得浓度为 $30\%P_2O_5$-磷酸，磷酸再经真空蒸发系统浓缩后，得到成品磷酸。

反应单槽、缓冲槽和过滤机中产生的 SiF_4 废气，采用洗涤塔进行脱除回收，制得氟硅酸。

在操作控制上，采用料浆SO_4^{2-}自动取样分析装置，可连续测定、控制分解槽液相的SO_4^{2-}浓度。

实际生产中，湿法磷酸采用固液比为65%的磷矿浆。

因湿法磷酸装置适应性较强，且分布广泛，故中试考虑将失效矿浆回收用于湿法磷酸。因作为吸收剂时矿浆固液比为48%，矿浆在送往湿法磷酸生产车间前要将固液比调节至65%，所以在中试试验装置中要设有调节槽。

2.6.2 反应器的选择

磷矿浆吸收净化硫酸尾气的反应，是有气、固、液三相传质的混合操作，且需要良好的气-液接触和均匀液固相，固选用气-液搅拌反应釜（槽）作为反应器。

气-液搅拌反应釜（槽），采用带通气装置的径向流涡轮搅拌器，利用机械搅拌来分散气体可造成良好的气-液接触，适用于有固体颗粒的气-液混合操作，能满足要求。

在气-液搅拌反应釜中，桨叶对气相和液相所产生的剪切力，使气相被破碎成大量气泡，并在搅动的液体中分散。此处形成气泡的直径要比自由鼓泡通气的气泡直径小得多，而且表面更新得到加强，相际传递也得到加强。

因而中试的反应器选用气-液搅拌反应釜，考虑到矿浆易堵塞气孔，釜内气相环形分布器上的气体分布器采用底缝泡罩的形式，通气式反应釜结构如图2.41所示。

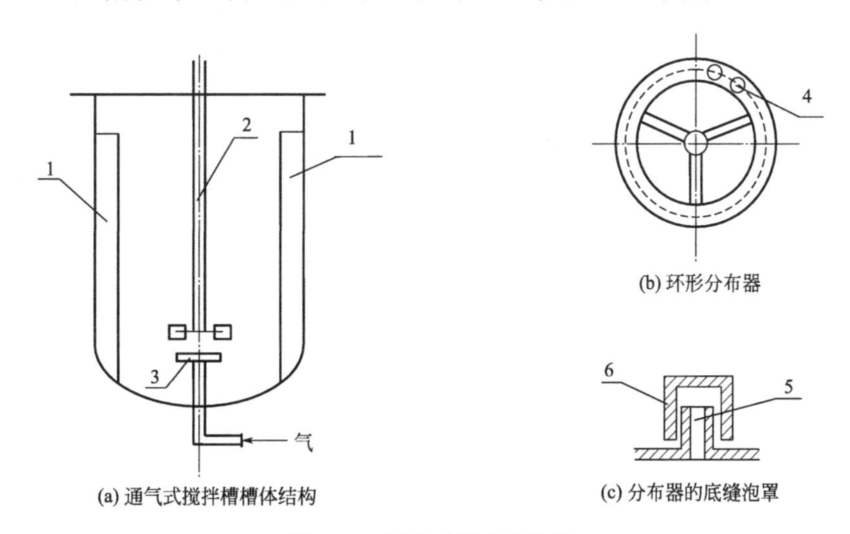

图2.41　通气式反应釜结构

1—挡板；2—搅拌器；3—环形分布器；4—气体分布器；5—气孔；6—泡罩

2.6.3 中试工艺流程设计及说明

综合各种因素，设计中试工艺流程，如图2.42所示。

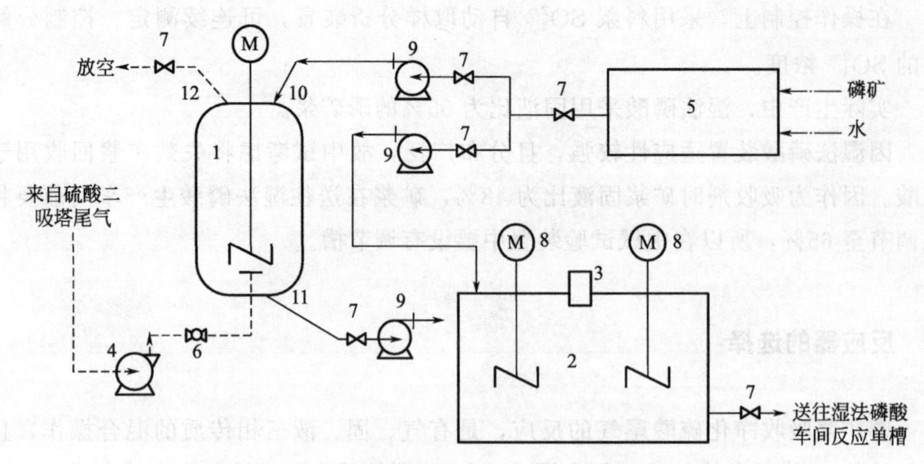

图 2.42　磷矿浆吸收低浓度二氧化硫中试流程简图

1—通气式反应釜；2—储存调节槽；3—取样口；4—压缩机；5—小型球磨机；
6—流量控制阀；7—截止阀；8—电动搅拌机；9—离心泵；10—入料口；11—出料口；12—排气口

本流程中，反应釜为间歇式操作，矿浆失效后停止工作，清空并输入新鲜矿浆后重新开始工作。

硫酸尾气由压缩机抽引至反应釜底部，通过气体环形分布器进入釜内，与磷矿浆充分反应后，经反应釜上方排气管直接放空，在出口处检测其浓度来监测净化进程。

小型球磨机用来磨矿并输出相应固液比的磷矿浆。

固液比为 48%的磷矿浆由釜顶入料口打入反应釜内吸收尾气，当 SO_2 出口浓度为 300mg/m^3 时停止通入尾气，由釜下部出料口经离心泵将失效的矿浆输送至储存调节槽，当槽中液位近一半时，将相应固液比较高（如矿浆同比质量，固液比为 82%）的磷矿浆通入调节槽内，用电动搅拌机将矿浆混合均匀（可由取样口测矿浆固液比），调节矿浆固液比为 65%左右，槽满后送往湿法磷酸车间，将其打入反应槽作为原料用于磷酸生产。

3 矿浆法催化氧化脱硝技术

3.1 磷矿液相脱硝实验装置及分析检测方法

3.1.1 实验装置

3.1.1.1 模拟烟气浓度的选择

NO_x 主要来自于工业排放，工业排放的 NO_x 来源于大型电站锅炉，主要是燃煤所产生的尾气，燃煤烟气中 NO_x 的含量一般为 0.03%～0.07%，而燃煤烟气中 95% 的 NO_x 为 NO，为模拟实际的烟气情况选取 NO 浓度为 670mg/m^3 进行脱硝实验，采用市售 0.08%的 NO 和空气进行配制（%表示体积分数，N_2 为平衡气）。

3.1.1.2 实验装置及流程

（1）实验装置

磷矿浆液相催化氧化吸收低 NO_x 的实验装置如图 3.1 所示：

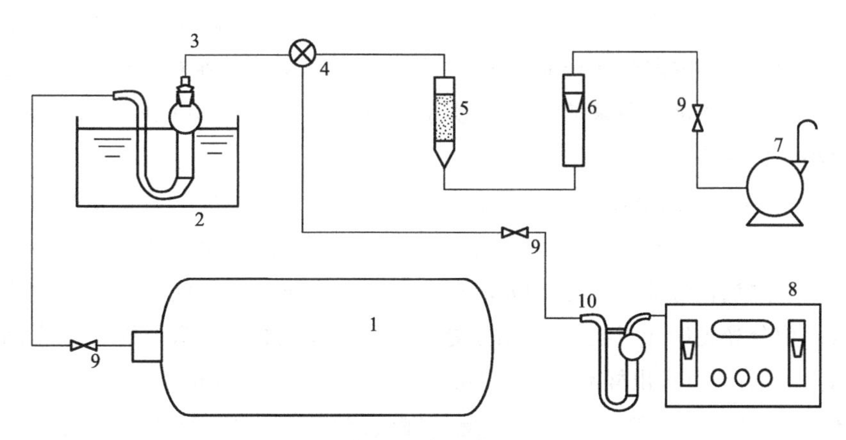

图 3.1 实验装置

1—气袋；2—恒温水浴锅；3—多孔玻砂吸收管；4—玻璃三通；5—干燥管；6—质量流量计；7—空气泵；8—大气采样器；9—截止阀；10—U 型吸收管

实验采用静态配气法模拟配制工业烟气，来自钢瓶的NO气体（体积分数0.08%，N_2作平衡气）和干空气按一定的比例充入气袋，混合均匀。配制实验所需浓度的NO和含氧量的模拟烟气，气袋为铝塑复合膜材质的，配制好的模拟烟气中NO和O_2会缓慢地发生反应，因此配制好的模拟烟气不宜放置太久，应及时使用。

实验用的磷矿来源于云南省某磷肥厂，矿粉粒度为200目，磷矿的成分包括P_2O_5、MgO、CaO、SiO_2、Fe_2O_3、Al_2O_3等。

根据实验需要，磷矿粉与蒸馏水配制成不同的固液比，吸收液的体积均为40mL。

(2) 实验流程

a. 按照实验装置图连接好气路，检查气密性；

b. 开机预热仪器，调节水浴锅的温度参数，根据实验所需配制相应浓度的模拟烟气，待用；

c. 吸收液的配制：准确称取磷矿，用蒸馏水配制成实验所需固液比的磷矿浆吸收液，将吸收液置于水浴锅中；

d. 至温度到预设温度，通气反应开始，并开始计时；

e. 待吸收结束后，停气，测定吸收液的pH；

f. 分析吸收液中NO_3^-、NO_2^-的含量；

g. 计算吸收液的脱硝效率，绘制表格或曲线并加以分析。

3.1.2 分析检测方法

本实验选用国家标准中的盐酸萘乙二胺分光光度法，该方法适用于低浓度氮氧化物的测定，当采样体积为1L时，本方法的定性检出浓度为0.7mg/m^3，定量的浓度范围为2.4～280mg/m^3。本实验中的氮氧化物浓度远远超出该范围，因此，本实验将容积为0.5L的光滑铝箔气袋中的采样气体稀释后再进行测量。

实验过程中，首先在气袋中充满氮气，待用，当吸收塔在给定的操作条件下稳定运行时，用注射器抽取气体样品10mL，迅速注入气袋中，采样气体被氮气稀释后，氮氧化物和氧气的浓度为原来的1/50，实验结束即对其中的NO和NO_2含量进行测定，误差很小，可忽略不计。

NO_x浓度检测系统如图3.2所示，气袋内采样气体中的二氧化氮与串联的吸收瓶1中的吸收液反应生成粉红色偶氮染料。采样气体中的NO不与吸收瓶1中的吸收液反应，而是通过氧化管被氧化为NO_2，与串联的吸收瓶2中的吸收液反应生成粉红色偶氮染料。用分光光度计于波长540nm处分别测定吸收瓶1和吸收瓶2中样品的吸光度A_1、A_2，然后便可求出样品中NO_2和NO的含量，进而求出NO_x的浓度。

还需要测定NO_x的总浓度。因此，在气袋中充入空气待用。当吸收塔稳定运行时，用注射器抽取气体样品10mL，注入气袋中，对其中的NO_x总含量进行测量，即吸收后废气中的NO_x。

本实验中吸光度A的数值均由WFJ7200型分光光度计测得，取6支10mL具塞比

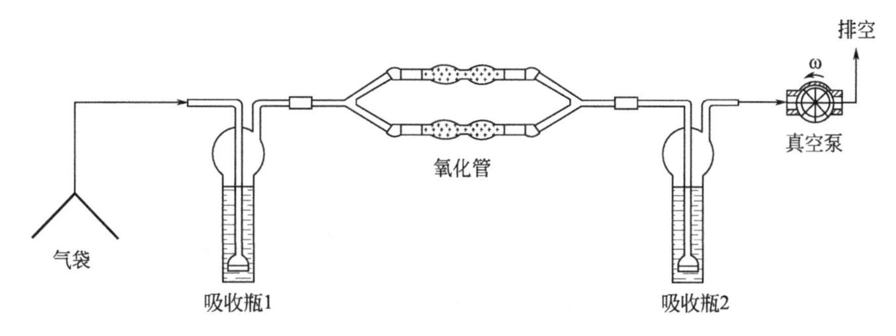

图 3.2 NO_x 浓度检测系统

色管，按表 3.5 制备亚硝酸盐标准溶液系列。根据表 3.1 分别移取相应体积的亚硝酸钠标准工作液，加水至 2.00mL，加入显色液 8.00mL。

表 3.1 标准溶液系列

管号	0	1	2	3	4	5
标准工作液/mL	0.00	0.40	0.80	1.20	1.60	2.00
水/mL	2.00	1.60	1.20	0.80	0.40	0.00
显色液/mL	8.00	8.00	8.00	8.00	8.00	8.00
NO_2^- 质量浓度/(μg/mL)	0.00	0.10	0.20	0.30	0.40	0.50

将各管中溶液混匀，于暗处放置 20min（室温低于 20℃时，显色 40min 以上），用 10mm 比色皿，在波长 540nm 处，以水为参比测量吸光度。以吸光度对应 NO_2^- 的含量（μg/mL），其标准曲线的绘制如图 3.3 所示，从图 3.3 中可以看出曲线的线性非常好。

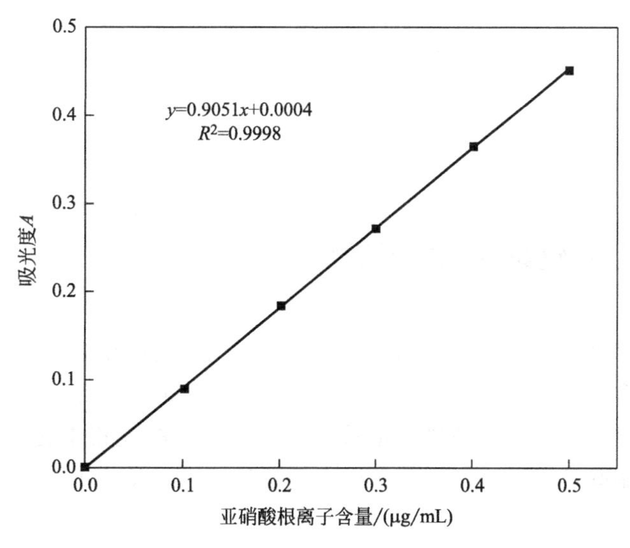

图 3.3 亚硝酸根离子标准曲线

氮氧化物浓度的计算：

本文中 NO_x 的浓度均为标准状态下的值，mg/m^3。

采样点1处：

$$\rho_{NO}=\frac{(A_2-A_0-a)\times V\times D}{b\times f\times V_0\times K} \tag{3-1}$$

$$\rho_{NO_2}=\frac{(A_1-A_0-a)\times V\times D}{b\times f\times V_0} \tag{3-2}$$

$$\rho_{NO_x}=\rho_{NO_2}+\rho_{NO} \tag{3-3}$$

式中　A_1、A_2——串联的第一支和第二支吸收瓶中样品的吸光度；

A_0——实验室空白的吸光度；

b——标准曲线的斜率，mL/μg；

a——标准曲线的截距；

V——采样用吸收液体积，mL；

V_0——换算为标准状态（101.325kPa，273K）下的采样体积，L；

K——NO变为NO_2的氧化系数，0.68；

D——样品的稀释倍数；

f——Saltzman实验系数，0.88（当空气中二氧化氮质量浓度高于0.72mg/m^{3}时，f取值0.77）。

3.1.3 脱硝效率的计算

本文的研究目的在于考察磷矿浆脱硝的效果，因此采用脱硝率表征脱硝效率，根据3.1.2.3分析方法，分别检测吸收前后NO_x的含量，脱硝效率的计算公式如下：

$$\eta=\frac{c_1-c_2}{c_1}\times 100\%$$

式中　η——脱除效率；

c_1——进口浓度，mg/m^3；

c_2——出口浓度，mg/m^3。

3.2 磷矿液相催化氧化脱硝实验研究

磷矿浆液相催化氧化脱硝是利用磷矿浆与烟气反应氧化吸收NO，从而达到脱硝的目的。磷矿中含有Fe_2O_3、MnO，以及稀土元素（La、Ce等）。利用磷矿浆吸收NO_x过程中，过渡金属离子会不断进入溶液中，成为廉价的液相催化氧化脱硫反应的金属离子催化剂，硝酸可进一步分解磷矿生成磷酸和$CaNO_3$，从而达到脱硝的目的。

3.2.1 液相脱硝原理

常温下，NO难溶于水，100mL的水中只可溶解4.7mL NO气体，溶解度极低，而且 NO 的性质稳定，不与稀碱作用。故烟气中的 NO 脱除比较困难，而 NO_2 易溶于水和碱溶液。因此烟气中氮氧化物脱除效果不理想，通常指的是 NO 的脱除效果不好。

3.2.2 磷矿液相脱硝正交实验

根据液相脱硝的文献和实验设计可知，影响脱硝效率的因素很多，比如磷矿粉的破碎程度、吸收温度、固液比、气体流速、氧含量、过渡金属离子浓度等。此外主要研究较为主要的因素，即吸收温度、气体流速、固液比、氧含量。为了得到最佳的吸收条件，正交实验选取吸收温度、固液比、气体流速、氧含量 4 个因素作为实验因子，进行正交实验，最高脱硝效率作为正交实验评价的综合指标。采用 $L_9(3^4)$ 正交表安排实验，见表 3.2。直观分析见表 3.3。

表 3.2 正交实验设计表

实验号	吸收温度/℃	固液比	氧含量/%	气体流速/(L/min)
1	25	10g/40mL	10	0.15
2	25	20g/40mL	20	0.2
3	25	30g/40mL	30	0.3
4	40	10g/40mL	30	0.2
5	40	20g/40mL	10	0.3
6	40	30g/40mL	20	0.15
7	60	10g/40mL	20	0.3
8	60	20g/40mL	30	0.15
9	60	30g/40mL	10	0.2

表 3.3 直观分析

实验结果分析表					
实验号	因素				脱硝率/%
	A	B	C	D	
1	25	10/40	10	0.15	93.8
2	25	20/40	20	0.2	86.94
3	25	30/40	30	0.3	90.2
4	40	10/40	30	0.2	92.07
5	40	20/40	10	0.3	90.73
6	40	30/40	20	0.15	99.37
7	60	10/40	20	0.3	88.8
8	60	20/40	30	0.15	92.06
9	60	30/40	10	0.2	94.17

续表

实验结果分析表					
实验号	因素				脱硝率/%
	A	B	C	D	
K_1	270.94	274.67	278.7	285.23	
K_2	282.17	269.73	275.11	273.18	
K_3	275.03	283.74	274.33	269.73	
k_1	90.3	91.5	92.9	95.0	
k_2	94.0	89.91	91.7	91.06	
k_3	91.6	94.58	91.4	89.91	
R	3.7	4.67	1.4	5.2	
因素重要性	D>B>A>C				

试验结果的直观分析：

a. 从正交实验结果发现第 6 号脱硝效率最高，反应条件为：吸收温度为 40℃，固液比为 30g/40mL，氧含量为 20%，气体流速为 0.15L/min。在该条件下脱硝效率为 99.37%，第 1 号、第 4 号脱硝效率也相对较高。

b. 确定各因素对于脱硝效果的重要顺序，根据极差大小各因素的重要顺序为：

D（气体流速）>B（固液比）>A（吸收温度）>C（氧含量）

c. 根据直观分析结果得到对应的最佳条件为：吸收温度为 40℃，固液比为 30g/40mL，氧含量为 10%，气体流速为 0.15L/min，故在此条件下进行脱硝实验，其脱硝效率为 88.6%，其脱硝效率明显低于正交试验 6 号，而且固液比太高实验过程中玻砂吸收管容易堵塞，实验得出氧含量对脱硝效率的影响不太大，本文实验用空气对 NO 进行稀释且曝氧，氧含量容易控制在 20%，因此选择氧含量为 20%，故得出最佳脱硝效率的实验条件为：吸收温度为 40℃，固液比为 20g/40mL，含氧量为 20%，气体流速为 0.15L/min。

3.2.3 磷矿液相脱硝单因素实验

为得到更佳的反应吸收条件，进行单因素补充实验。

3.2.3.1 气体流速

实验过程为气、固、液三相接触反应，因此气体流速会影响气体在溶液中的停留时间，对脱硝效率会产生影响，同时气体流速还会影响生产过程中吸收液实际处理能力。在吸收温度为 25℃，氧含量为 20%，固液比为 20g/40mL，NO 浓度为 670mg/m^3 条件下，选择气体流速为 0.1L/min、0.15L/min、0.2L/min、0.3L/min 进行脱硝对比实验，结果如图 3.4 和图 3.5 所示。

由于磷矿浆吸收 NO 为气、固、液三相接触反应，气体流速的增大，会使气停留在液相中的时间变短，气液接触反应过程不彻底，导致大部分 NO 未被氧化吸收而直

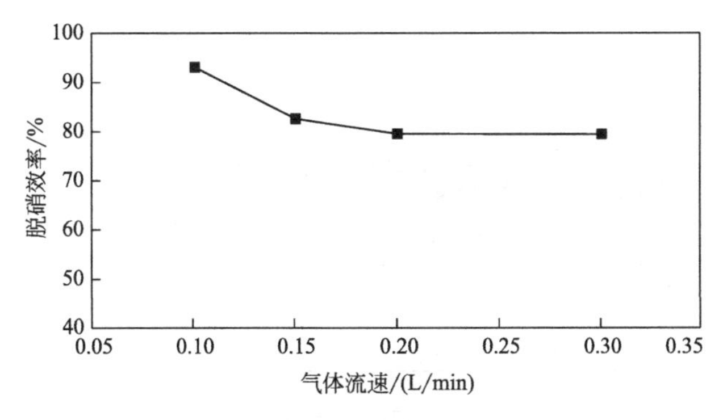

图 3.4　气体流速对脱硝效率的影响

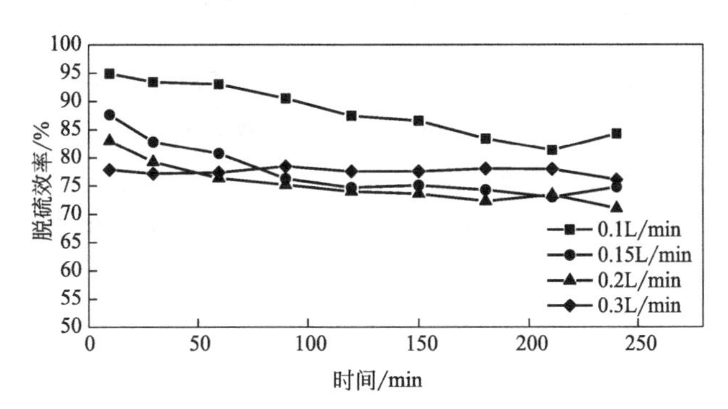

图 3.5　不同气体流速下脱硝效率随时间的变化

接排空，气体流速的增大不利于磷矿浆吸收 NO，在低气体流速的时候磷矿浆脱硝效率较好，但是烟气的气体流速降低会使体系处理烟气量降低，限制磷矿浆体系的实用性，由图 3.5 可以看出，0.3L/min 时可以长时间保持较高的吸收效率，波动不大，故采用 0.3L/min 的气体流速。

3.2.3.2　吸收温度

在固液比为 20g/40mL，氧含量为 20%，气体流速为 0.3L/min，NO 浓度为 670mg/m^3 时，结合正交试验选择吸收温度为 25℃、30℃、40℃、50℃、60℃作对比，实验结果如图 3.6 所示。

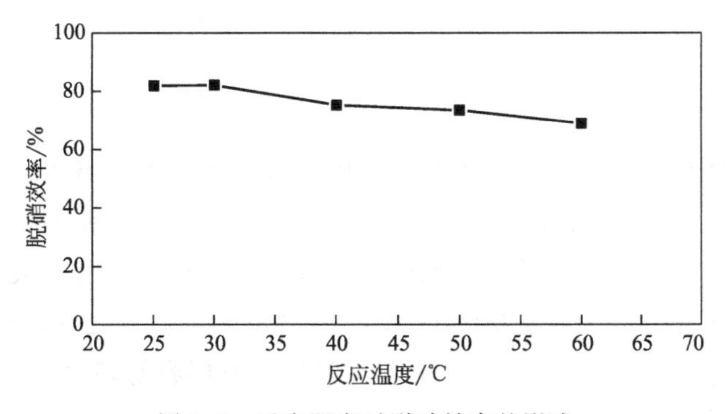

图 3.6　反应温度对脱硝效率的影响

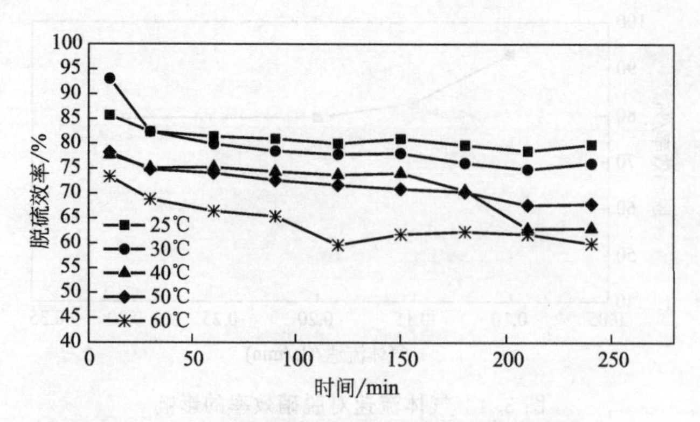

图 3.7 不同反应温度下脱硝效率随时间的变化

温度对磷矿浆脱硝有两方面的影响：一方面升高温度，NO 在液相的溶解度降低，进入液相的 NO 量减少；另一方面升高温度，固液表面反应速率增加，有利于 NO 向液相传递。由图 3.7 可知：磷矿浆吸收 NO 的能力随着温度的升高而降低，这是由于温度升高，降低了 NO 在液相的溶解度，选择较低温度对磷矿浆液相催化氧化脱硫有利，常温 25℃为最适宜的吸收温度。

3.2.3.3 磷矿浆固液比

固液比是指磷矿粉制矿浆时，矿粉与自来水的质量比。在吸收温度为 25℃，氧含量为 20%，气体流速为 0.3L/min，NO 浓度为 670mg/m^3 条件下，实验考察了固液比为 5g/40mL、10g/40mL、20g/40mL、30g/40mL、40g/40mL 时对脱硝效率的影响，其结果见图 3.8 和图 3.9。

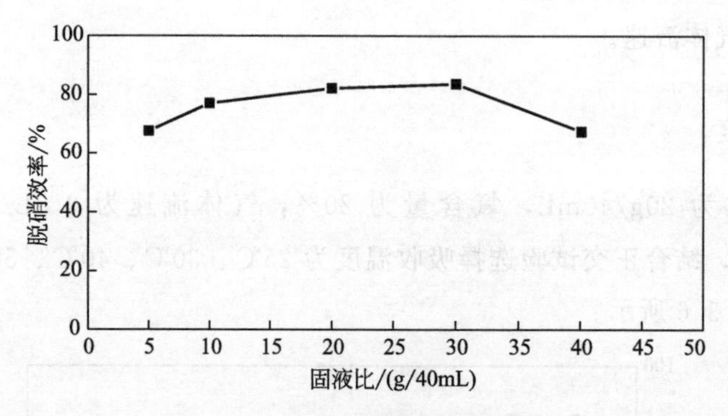

图 3.8 固液比对脱硝效率的影响

实验结果表明，随着固液比的增加，脱硝效率先增加后减少，在低的固液比条件下，NO 脱硝率相对较低，随着固液比的增加，单位体积液相中矿粉量较多，同时增加液相中金属离子的含量，增大接触机会及气化氧化概率；另外液相中悬浮固体颗粒增多也能较好阻止气泡间的凝并作用，增加气液接触界面，更有利于传质，有利于 NO 的吸收。当固液比增加到一定浓度时，磷矿浆太浓稠容易堵塞玻砂管使反应不完全，故最佳固液比为 20g/40mL。

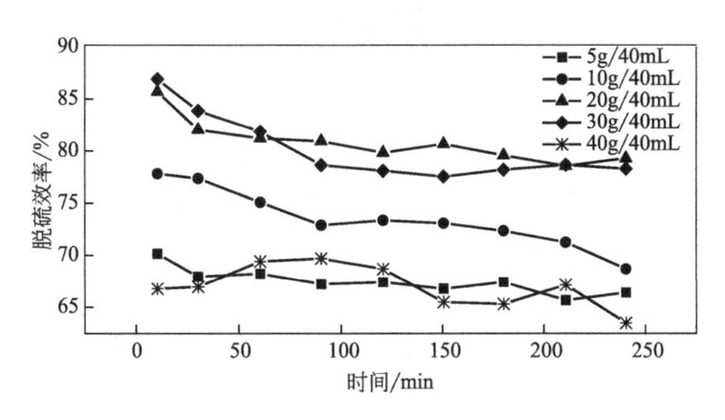

图 3.9　不同固液比下脱硝效率随时间的变化

3.2.3.4　氧含量

磷矿浆液相脱硝中，NO 的催化氧化需要氧气（O_2）的参与，因此氧气的浓度会影响脱硝效率，在吸收温度为 25℃，固液比为 20g/40mL，气体流速为 0.3L/min，NO 浓度为 670mg/m^3 条件下，考察氧气浓度 0%、5%、10%、20%、30%对磷矿浆脱硝效率的影响，结果如图 3.10 所示。

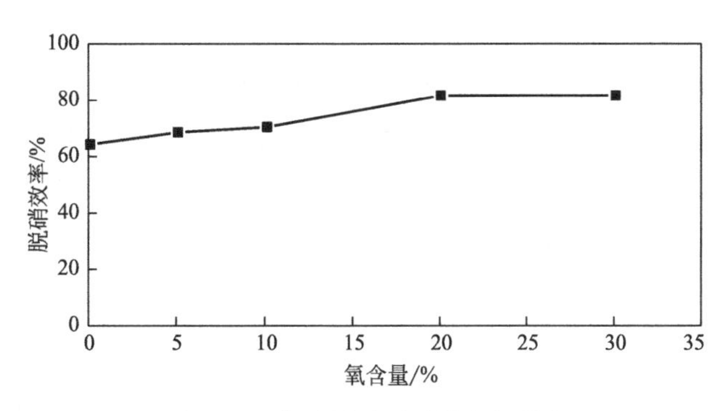

图 3.10　氧含量对脱硝效率的影响

由图 3.10 可知，进口 NO 浓度保持恒定，其他反应条件保持一致，较高的氧含量有利于磷矿浆吸收 NO_x，随着氧含量的增大，脱硝效率也升高，提高氧含量也可提高保持较高吸收效率的时间。实际工艺应用中，反应中鼓空气是最经济简便的，因为对尾气进行鼓纯氧操作既增加了尾气处理量，提高了处理成本，又繁化了设备和操作过程，没有现实意义，空气的氧含量 21%，故选择最佳氧含量为 21%。

3.2.3.5　磷矿颗粒大小

磷矿颗粒大小不一样，磷矿中含有的 Fe、Mn 等过渡金属离子及稀土元素（La、Ce 等）在吸收液中的溶解量不一样，影响低浓度 NO 的催化氧化效果，故影响磷矿浆的脱硝效率。因此控制反应条件为：吸收温度为 25℃，固液比为 20g/40mL，气体流速为 0.3L/min，氧含量为 21%，NO 浓度为 670mg/m^3，考察磷矿颗粒大小为 80 目、

100 目、150 目、200 目时，磷矿的脱硝效率，如图 3.11 所示。

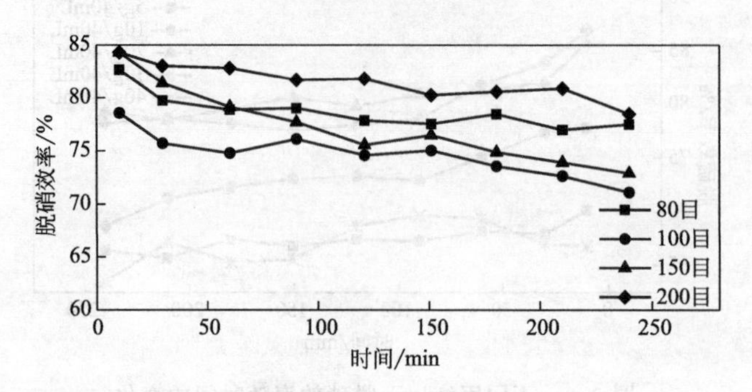

图 3.11　磷矿颗粒大小对脱硝效率的影响

磷矿颗粒大小对脱硝效率的影响规律不规则，从图 3.12 中看出，吸收效率最好且较长时间保持较高吸收效率的磷矿为 200 目，此磷矿取自同一地区但是磷矿的品位不一样，磷矿中含有的过渡金属元素含量不一样，故颗粒度的影响规律不规则，但还是有影响，综合考虑工业使用性，选用 200 目的磷矿颗粒。

3.2.4　磷矿液相脱硝过程

通过上述的单因素实验分析可得，脱除 NO 浓度为 670mg/m³ 的模拟烟气，磷矿浆吸收烟气中 NO_x 的最适宜条件为：吸收温度为 25℃，固液比为 20g/40mL，气体流速为 0.3L/min，氧含量为 21%，NO 浓度为 670mg/m³，磷矿目数为 200 目。在这个条件下进行磷矿浆液相催化氧化脱硝试验，脱硝效率可达 80%，结果如图 3.12 所示。

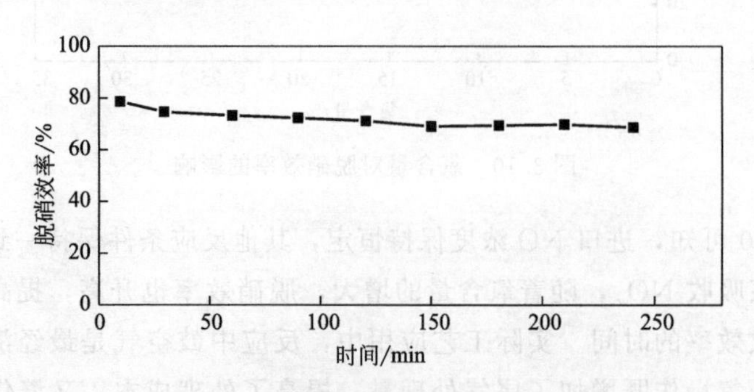

图 3.12　磷矿浆脱硝效率随时间的变化

3.3　泥磷乳浊液联合磷矿浆液相脱硝

从以上研究可知磷矿浆液相催化氧化脱硝技术的可行性，但是其脱硝效率有提升的空间，改进技术力求做到零排放。

含有碱的黄磷乳浊液能够去除 NO_x，这是由美国劳伦斯伯克利国家实验室（Lawrence Berkeley National Laboratory）开发提出的，命名为 $PhoSNO_X$ 法，其主要原理是黄磷与烟气中的氧气产生臭氧（O_3）和氧原子（O），臭氧和氧原子将 NO 氧化成 NO_2，NO_2 溶解在溶液中形成中间产物，中间产物和石膏净化烟气中的 NO_x，并且反应产物是有价值的商业产品——磷酸，1990 年英国自然杂志社报道了这项新技术［Nature，343（6254）151，1990.］。副产物为一种有用的化肥，无须二次废物的处理，因而其是同时从烟道气中去除 NO_x 和 SO_2 的具有潜在性经济效益的方法。但是黄磷是剧毒物质，在实际操作中比较危险，因此要采取适当的预防措施加以避免。而且我国缺乏高品位的磷矿，该法难以在我国得到广泛应用。

采用黄磷乳浊液脱硝，其核心是以黄磷乳浊液与氧气接触时产生的臭氧作为氧化剂，氧化吸收烟气中的 NO。实验过程中，臭氧的产生和脱硝过程是在同一反应器中进行的。

3.3.1 泥磷磷矿联合脱硝反应

采用泥磷乳浊液联合磷矿浆进行脱硝，其主要是利用泥磷诱发产生的臭氧（作为氧化剂），协同磷矿浆催化氧化，将 NO 氧化为易溶于水的 NO_2 和少量的 N_2O_5，并由吸收液进行吸收。反应过程主要发生以下反应：

$$P_4 + mO_2 \longrightarrow P_4O_{10} + nO_3$$

$$NO + O_3 \xlongequal{} NO_2 + O_2$$

$$O_3 + NO_2 \xlongequal{} NO_3 + O_2$$

$$NO_3 + NO_2 \longrightarrow N_2O_5$$

$$NO_3 + NO \xlongequal{} 2NO_2$$

$$2NO_2 + H_2O \xlongequal{} HNO_3 + HNO_2$$

$$N_2O_5 + H_2O \xlongequal{} 2HNO_3$$

3.3.2 不同吸收剂对 NO_X 的脱除效果

不同的吸收剂对 NO_x 的净化脱除效果也不一样，基于以上的原理，确定其他实验条件不变，气体流速 0.3L/min、NO 浓度为 670mg/m^3、吸收温度为 60℃、固液比为 5g/40mL、氧含量为 20%，选择磷矿浆、泥磷乳浊液、磷矿浆与泥磷乳浊液混合液为吸收剂进行脱除反应，考察其吸收效果，实验结果如图 3.13 所示。

从图 3.13 可知，磷矿浆、泥磷乳浊液对 NO_x 都有一定的脱除效率，联合使用其脱硝效率可达 87%，在原有磷矿浆脱硝效率的基础上有较大的提高，因此，本节考察磷矿浆联合泥磷乳浊液脱硝的影响因素。

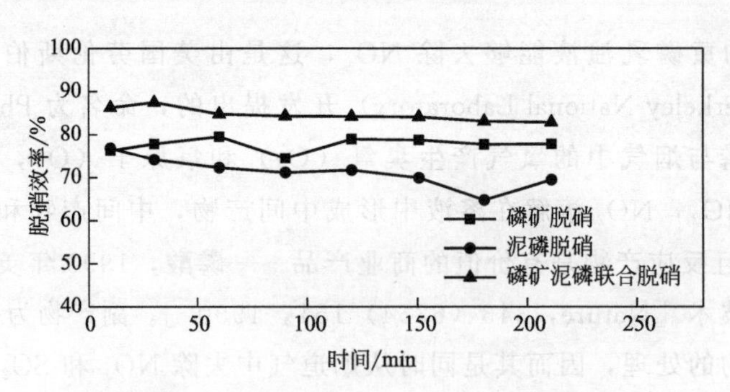

图 3.13　不同吸收剂对 NO_x 的脱除效率

3.3.3　泥磷浓度对脱硝效率的影响

泥磷加入量也就是磷矿与泥磷的质量比，在 NO 浓度为 670mg/m³，固液比为 5g/40mL，氧含量为 20%，气体流速为 0.3L/min，反应温度为 60℃条件下，考察泥磷加入量为 0g、1g、2g、3g、4g 对脱硝效率的影响，实验结果如图 3.14 所示。

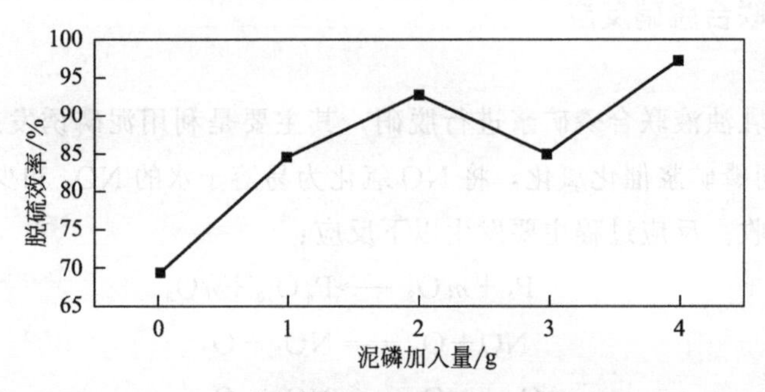

图 3.14　泥磷加入量对脱硝效率的影响

从图 3.14 可以看出，在相同的操作条件下，不加泥磷时磷矿浆脱硝效率仅为 65%，随着体系泥磷量的增加，脱硝效率随之增加，当泥磷加入量为 3g 时脱硝效率稍有下降，可能是由于 P_4 与 O_2 反应可以生成臭氧和 P_4O_{10}，P_4 的增加消耗了大部分的 O_2 使之生成 P_4O_{10} 进而生成磷酸，导致 O_3 生成量相对减小，进而导致脱硝效率有所下降。但继续增加泥磷的量，体系生成的 O_3 数量增加，O_3 也可以催化 NO 氧化为易溶的 NO_2 等物质，进而提高了脱硝速率。因此，总体来说，适当增加泥磷的量，能够促进 NO 的催化氧化过程，提高脱硝效率。

3.3.4　反应温度对脱硝效率的影响

由于泥磷的熔点一般在 60～70℃之间，吸收温度不但会影响反应速率，还会对泥磷的熔化过程产生影响，因此在 NO 浓度为 670mg/m³，固液比为 5g/40mL，氧含量为 20%，气体流速为 0.3L/min，泥磷与磷矿的质量比为 2∶5 的条件下，考察吸收温度为 25℃、30℃、50℃、60℃、80℃时对脱硝效率的影响，实验结果如图 3.15 所示。

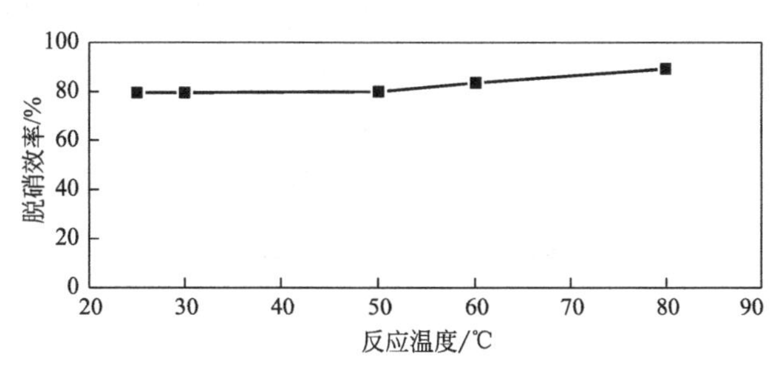

图 3.15　温度对脱硝效率的影响

由图 3.15 可知，温度在 20～50℃范围内变化，体系的脱硝效率基本保持不变，体系温度低于泥磷的熔点时，泥磷处于固态，氧气与泥磷为气固反应，泥磷协同磷矿产生的催化作用较少，故在 20～50℃范围内是磷矿浆催化脱硝，温度升高到 60℃时，泥磷熔化为液态，在吸收液中均匀分散，增大了与氧气的接触面，产生的臭氧及活性氧原子量增大，与废气有较好的接触，使脱硝效率提高。

3.3.5　氧含量对脱硝效率的影响

臭氧生成需要氧气的存在，磷矿浆液相脱硝中 NO 的催化氧化需要氧气（O_2）的参与，因此氧气的浓度对泥磷乳浊液联合磷矿浆液相脱硝效率产生影响，在吸收温度为 60℃，固液比为 5g/40mL，泥磷与磷矿的质量比为 2∶5，气体流速为 0.3L/min，NO 浓度为 670mg/m^3 条件下，考察氧气浓度 0%、5%、10%、20%、30%对磷矿浆脱硝效率的影响，实验结果如图 3.16 所示。

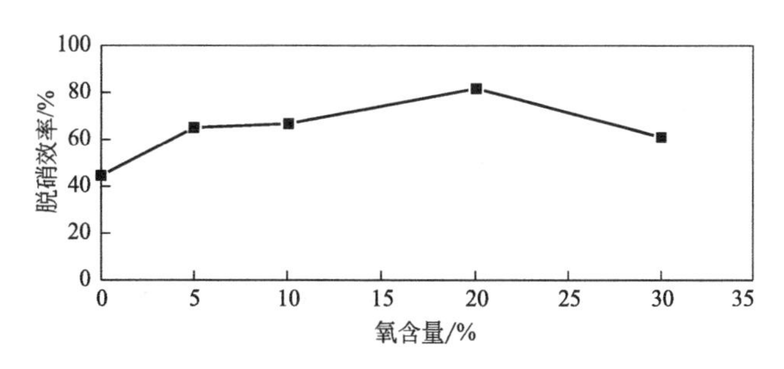

图 3.16　氧含量对脱硝效率的影响

由图 3.16 可以发现，体系脱硝效率随着氧气含量的增加，先增加后下降。氧含量增加，增大了 NO 的氧化，增大了体系脱硝效率，但是氧含量为 30%时，体系脱硝效率下降，因此实验条件下，较为适宜的氧含量为 20%。

3.3.6　气体流速对脱硝效率的影响

实验过程为气液接触反应，气体流速会影响气体在溶液中的停留时间，对体系脱硝效率产生影响，同时气体流速还会影响生产过程中吸收液实际处理能力，在NO浓度为670mg/m³，吸收温度为60℃，氧含量为20%，固液比为5g/40mL，泥磷与磷矿的质量比为2∶5条件下，选择气体流速为0.1L/min、0.2L/min、0.3L/min、0.4L/min、0.5L/min进行实验，体系脱硝效率随气体流速的变化如图3.17所示。

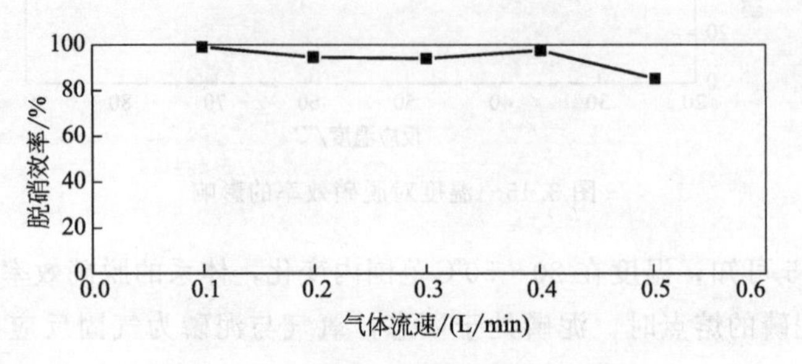

图3.17　气体流速对脱硝效率的影响

由于泥磷乳浊液联合磷矿浆液相脱硝为气液接触反应过程，气流量增大会使气体在溶液中的停留时间变短，气液接触不完全，导致大部分NO未被氧化而直接排空，因此气体流速越低，体系脱硝效率越好，从图3.17可以看出，气体流速在0.1L/min到0.5L/min范围内，体系脱硝效率由99%降到85%，气体流速降低，NO在液相中停留时间变长，可以使较多的NO在液相中氧化，同时也有利于NO_2的吸收，但是气体流速降低使体系处理烟气量降低，限制体系的实用性，综合考虑体系的脱硝效率及实用性，实验条件下较为适宜的气体流速为0.3L/min。

3.3.7 固液比对脱硝效率的影响

磷矿在体系中的含量代表催化剂在液相的含量，在NO浓度为670mg/m³，吸收温度为60℃，氧含量为20%，泥磷加入量为2g，气体流速为0.3L/min时，选择固液比为1g/40mL、3g/40mL、5g/40mL、10g/40mL、20g/40mL进行体系脱硝实验，结果如图3.18所示。

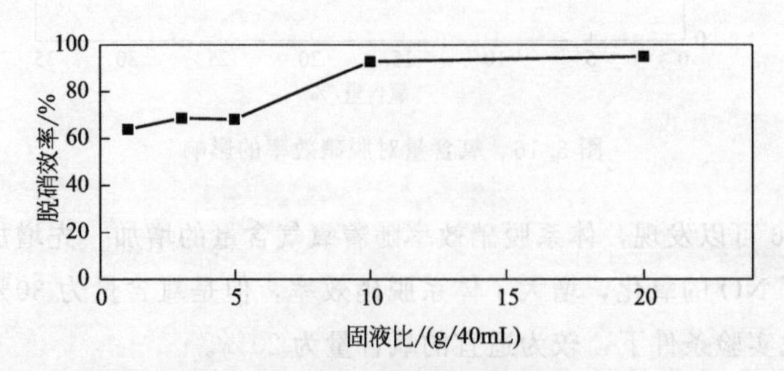

图3.18　固液比对脱硝效率的影响

实验结果表明：随着固液比的增加，体系脱硝效率增大，固液比低时，液相中的过渡金属离子含量少，NO的催化效率低，随着固液比的增加，液相中的过渡金属离子含量增高，NO的氧化效率增大，提高了体系的脱硝效率，同时液相中悬浮颗粒多，较好的破碎起泡，并抑制泡间凝并，增加气液接触面，有利于 NO_2 的吸收。但是磷矿量增多的同时吸收液浓度增加，矿浆浓度增大，玻板吸收管容易堵塞，使反应过程的进行受到限制。在实验条件下，最适宜的固液比为 10g/40mL。

3.3.8 泥磷磷矿联合脱硝研究

通过前述的单因素实验研究可知，净化 NO 浓度为 670mg/m^3 的模拟烟气时，最佳脱硝效率下的实验条件为：泥磷与磷矿的质量比为 2∶5，反应温度为 60℃，氧含量为 20%，气体流速为 0.3L/min。在最佳条件下考察体系脱硝效率随时间的变化，如图 3.19 所示。

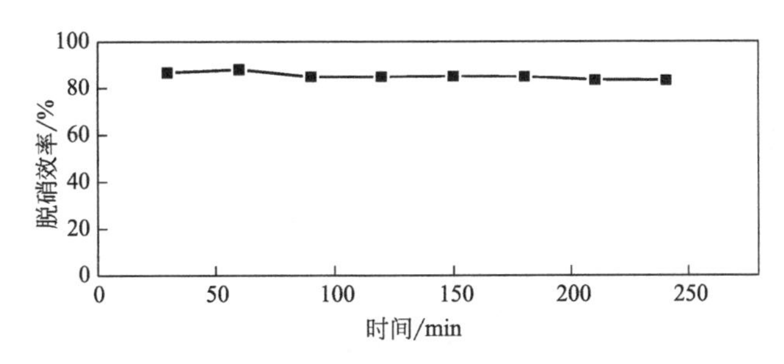

图 3.19 泥磷磷矿联合脱硝效率随时间的变化

由图 3.19 可知，反应进行 240min 内，体系脱硝效率均可维持在 80%以上，可以维持较好的脱硝效率，但随着时间的延长脱硝效率有所下降，这主要是因为反应过程中磷矿中的过渡金属离子催化效率降低，泥磷不断被消耗，其催化作用降低，使 NO 未被氧化而直接排空。

3.3.9 脱硝效果评价

根据 2012 年 1 月 1 日开始实施的《火电厂大气污染物排放标准》（GB 13223—2011）规定，燃煤锅炉中现有锅炉 SO_2 排放限值为 200mg/m^3，新建锅炉 SO_2 排放限值为 100mg/m^3，氮氧化物排放限值为 100mg/m^3，而重点地区 SO_2 排放限值为 50mg/m^3，氮氧化物排放限值为 100mg/m^3。为了评估该体系脱硝后尾气是否可以达标排放，通过设计实验对脱硝效果进行评价。

脱除效果评估见表 3.4。

表 3.4 脱除效果评估表

烟气 NO 含量		脱硝效率/%	尾气 NO/(mg/m^3)
%	mg/m^3		
0.05	669	87	84
0.05	669	93	46

续表

烟气 NO 含量		脱硝效率/%	尾气 NO/(mg/m^3)
%	mg/m^3		
0.027	303	82	54
0.067	677	94	39
0.03	306	68	96

由表 3.4 可以看出：在 NO 浓度为 670mg/m^3，泥磷与磷矿的质量比为 2∶5，反应温度为 60℃，氧含量为 20%，气体流速为 0.3L/min 的条件下，应用泥磷乳浊液联合磷矿浆液相脱硝体系处理 NO，尾气中 NO 含量均低于 100mg/m^3，满足重点地区的排放标准。

3.4 磷矿浆液相同时脱硫脱硝实验

刘卉卉等研究了低浓度 SO_2 磷矿浆液相催化氧化净化，提出磷矿浆也许是催化氧化脱硫的新方法，确定反应中主要因素对脱硫效率的影响，结合在本章研究的磷矿浆液相催化氧化脱硝技术的可行性，烟气中多半是 SO_2 和 NO_x 同时存在，因此本文采用磷矿浆液相吸收剂进行同时脱硫脱硝实验研究，在已确定的较适宜的脱硝参数条件下，进行磷矿浆液相同时脱硫脱硝的实验研究。

3.4.1 实验装置及流程

实验装置及流程同 3.1.2。

3.4.2 磷矿浆液相脱硫实验

磷矿浆液相催化氧化脱硫的机理是：脱硫过程中，排除磷矿粉吸附 SO_2 气体脱硫的可能性，整个脱硫过程分为两步，二氧化硫气体液相催化氧化为稀硫酸和稀硫酸分解磷矿浆发生化学反应产生稀磷酸。

二氧化硫气体液相催化氧化为稀硫酸的总反应式为：

$$SO_2+1/2O_2(g)+H_2O \xlongequal{\text{催化剂}} H_2SO_4(aq)$$

主要受到矿浆的 pH 和 O_2 液膜吸收步骤的控制，保持吸收液 pH 为 4～6，增大气液传质对反应有利。

稀硫酸与磷矿发生化学反应生成稀磷酸的过程可控制，且主要的反应条件为反应温度，降低温度对反应有利。其反应式为：

$$2Ca_5(PO_4)_3F+10H_2SO_4+3.5H_2O = 3CaSO_4+7CaSO_4\cdot 0.5H_2O+2HF+6H_3PO_4$$

3.4.3 磷矿浆液相催化氧化脱硫脱硝

3.4.3.1 磷矿浆脱硫脱硝

根据本文的实验研究及查阅相关文献，影响磷矿浆脱硫脱硝效果的因素包括：矿浆固液比、反应温度、氧含量、气体流速，为了更加快速、直观地掌握各影响因素对磷矿浆同时脱硫脱硝效果的影响，首先进行正交实验。模拟烟气中NO的浓度为0.07%，SO_2的浓度为0.08%，选取反应温度（25℃、40℃、60℃）、固液比（10g/40mL、20g/40mL、30g/40mL）、氧含量（10%、20%、0%）和气体流速（0.15L/min、0.2L/min、0.3L/min）为影响因子，正交状态表如表3.5所示，正交实验的直观分析如表3.6所示。

表3.5 正交状态表

A 反应温度/℃	B 固液比/(g/mL)	C 氧含量/%	D 气体流速/(L/min)
25	10/40	10	0.15
40	20/40	20	0.2
60	30/40	30	0.3

表3.6 直观分析表

实验序号	反应温度/℃	固液比/(g/mL)	氧含量/%	气体流速/(L/min)	脱硝效率/%	脱硫效率/%
1	25	10/40	10	0.15	67	100
2	25	20/40	20	0.2	65	100
3	25	30/40	30	0.3	66	100
4	40	10/40	30	0.2	60	100
5	40	20/40	10	0.3	60	100
6	40	30/40	20	0.15	70	100
7	60	10/40	20	0.3	50	100
8	60	20/40	30	0.15	62	100
9	60	30/40	10	0.2	50	100
K_1	198	177	177	199		
K_2	190	187	185	185		
K_3	162	186	188	176		
k_1	66	59	59	66.3		
k_2	63.3	62.3	62.6	58.3		
k_3	54	62	62.6	58.6		
R	12	3.3	3.6	8		
因素重要性	反应温度>气体流速>氧含量>固液比					

注：在测定的时间内脱硫效率为100%，故用脱硝效率进行各因素的比较。

从实验结果的直观分析可知：

a. 由正交实验的结果可以看出，第 6 组实验的脱硝效率最高，其反应条件为：反应温度为 40℃，固液比为 30g/40mL，氧含量为 20%，气体流速为 0.15L/min，在这个条件下脱硝效率为 70%，脱硫效率为 100%。

b. 确定各因素对脱硝效率影响因素的重要性顺序为：反应温度＞气体流速＞氧含量＞固液比。

c. 直观分析得到的最佳条件为：反应温度为 25℃，固液比为 20g/40mL，氧含量为 30%，气体流速为 0.15L/min。

3.4.3.2　反应温度对磷矿浆同时脱硫脱硝效率的影响

由正交试验可知，反应温度、气体流速、固液比、氧含量对磷矿浆体系同时脱硫脱硝效率的影响程度不同，因此进行反应温度对脱硫脱硝效率影响的单因素实验研究。实验中固定磷矿浆的固液比为 20g/40mL，氧含量为 20%，气体流速为 0.15L/min，反应吸收时间为 30min，改变反应吸收温度，所得的实验结果如图 3.20 所示。

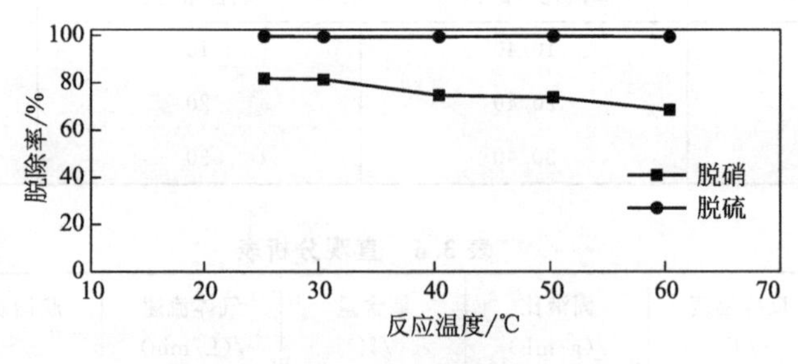

图 3.20　反应温度对脱除率的影响

在该实验条件下，温度对 SO_2 吸收率无明显影响。在 25～60℃之间时，NO 的脱除率随温度的升高而降低，吸收温度会影响 NO_x 和 O_2 的液膜溶解过程、液相催化氧化 NO_x 反应的速度，升高温度会降低 NO_x 和 O_2 的溶解量，但会增加液相催化反应的速度，所以在许多液相催化氧化的研究结果中吸收温度都存在极值。本章研究的磷矿浆液相催化氧化脱硫脱硝中还存在稀酸与磷矿的反应，该反应为放热反应，降低温度对反应有利。选择常温最适宜，为了研究准确方便，实验选择最佳吸收温度为 25℃。

3.4.3.3　气体流速对磷矿浆同时脱硫脱硝效率的影响

在实验过程中，气体流速的变化会对脱除效率产生影响，为了找出其影响规律，进行了气体流速对脱除效率的影响实验。实验过程中固定磷矿浆的固液比为 20g/40mL，氧含量为 20%，反应温度为 25℃，反应吸收时间为 30min，改变气体流速，所得的实验结果如图 3.21 所示。

从图 3.21 可以看出，在本实验条件下，气体流速对 SO_2 吸收率无明显影响。NO 的脱除率随气体流速的增大略有下降。这是由于，气体流速的增大使气体在吸收剂中的停留时间缩短，使 NO 与吸收剂中活性组分的接触反应时间缩短，降低了化学吸收

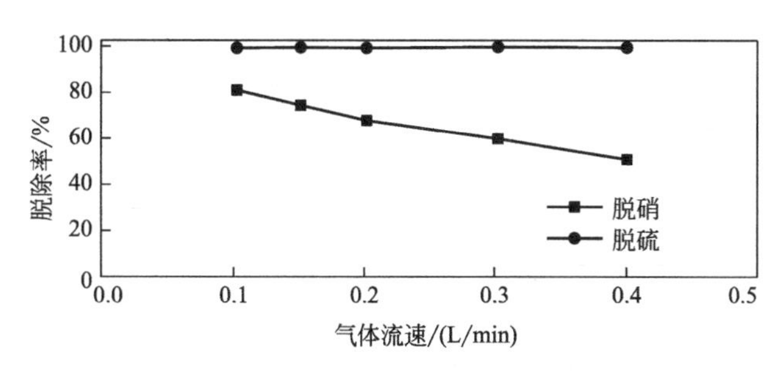

图 3.21 气体流速对脱除率的影响

的效率。综合考虑，气体流速以 0.15L/min 为宜。

3.4.3.4 氧含量对磷矿浆同时脱硫脱硝效率的影响

在实际烟气中，氧含量一般为 10%，但由于燃烧条件的不同，烟气中的氧含量也会有所不同。为了验证烟气氧含量对脱除效率的影响进行了以下实验，实验过程中固定磷矿浆的固液比为 20g/40mL，气体流速为 0.15L/min，反应温度为 25℃，反应吸收时间为 30min，改变氧含量，所得的实验结果如图 3.22 所示。

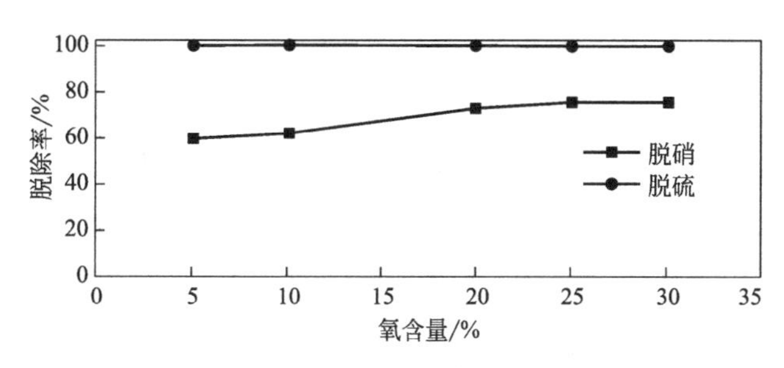

图 3.22 氧含量对脱除率的影响

从图 3.22 可以看出：模拟烟气中氧含量的大小对脱硫效率的影响不大，氧含量在 5%～30%范围内变动时，脱硫效率一直保持在 100%；而烟气中 90%的氮氧化物（NO_x）为一氧化氮，脱除氮氧化物的关键是如何使 NO 转化为水溶物，从而提高氮氧化物的脱除效率。保持其他反应条件不变，较高的氧含量有利于脱硝反应的进行，提高氧含量可提高脱硝效率。实际工艺应用中，O_2 浓度最高为空气的氧含量 21%，不可能对尾气进行鼓纯氧操作，因为这既增加了尾气处理量，提高了处理成本，又繁化了设备和操作过程，没有现实意义，空气的氧含量 21%，故选择最佳含氧量为 21%。

3.4.3.5 固液比对磷矿浆同时脱硫脱硝效率的影响

在实验过程中固定气体流速为 0.15L/min，反应温度为 25℃，氧含量为 21%，反应吸收时间为 30min，保持一定的 SO_2 和 NO_x 浓度，进行磷矿浆的固液比对脱除率的影响实验，结果如图 3.23 所示。

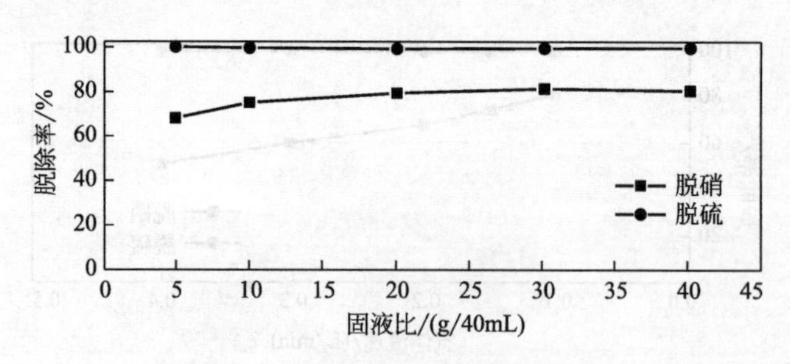

图 3.23　固液比对脱除率的影响

由图 3.23 可知：磷矿浆固液比较低时，SO_2 的脱除率在一定时间内保持 100%，可见磷矿浆是一种高效的 SO_2 脱除剂；NO_x 的脱除率随着固液比的增大而不断提高，随着固液比的增大，单位体积液相中矿粉量增多，同时液相中金属离子的含量增加，增大了接触机会及气化氧化概率；另外液相中悬浮固体颗粒增多也能较好阻止气泡间的凝并作用，增加气液接触界面，更有利于传质。在实验过程中磷矿浆太浓稠容易堵塞玻砂管使反应不完全，故最佳固液比为 20g/40mL。

3.4.3.6　磷矿浆脱除率随时间的变化

为了综合考察该体系的脱硫脱硝性能，通过上述单因素实验研究确定实验控制反应条件。处理 NO 的浓度为 0.19%、SO_2 的浓度为 0.16% 的模拟烟气时，实验所得最高脱除率的条件为：矿浆固液比为 20g/40mL，反应温度为 25℃，气体流速为 0.15L/min，氧含量为 21%。体系脱除率随时间的变化如图 3.24 所示。

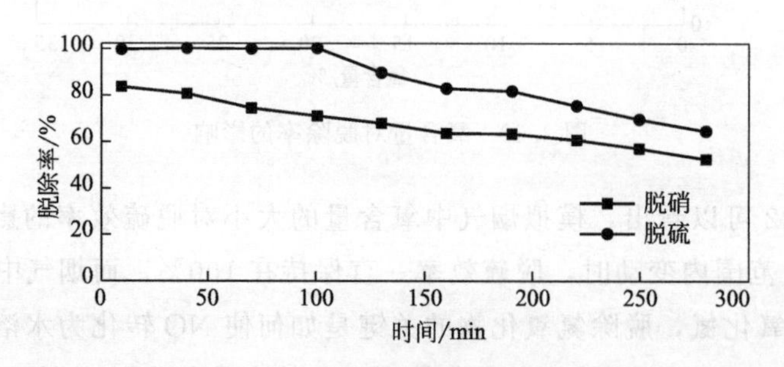

图 3.24　脱除率随时间的变化

由图 3.24 可知，在同时脱硫脱硝实验中，反应进行前 100min 内，体系 SO_2 的脱除率一直保持在 100%，在前 40min 之内，脱硝效率较高，在 70% 以上，随着时间的延长，脱除率不断降低，反应进行 130min 后，脱除率均在 70% 以下。这是因为在反应过程中，磷矿不断地被消耗，SO_2 和 NO_x 气体被液相催化氧化为稀酸，稀酸分解磷矿发生化学反应产生磷酸，吸收剂中起催化作用的过渡金属离子催化活性降低，导致部分 SO_2 和 NO 未被氧化而直接排空。在该确定的实验条件下，反应时间在 100min 内时，体系可以维持较高的脱硫效率，脱硫效率在 100%。

4

泥磷浆液脱硫脱硝技术

4.1 实验装置及方法

4.1.1 实验装置及流程

实验装置如图 4.1 所示。

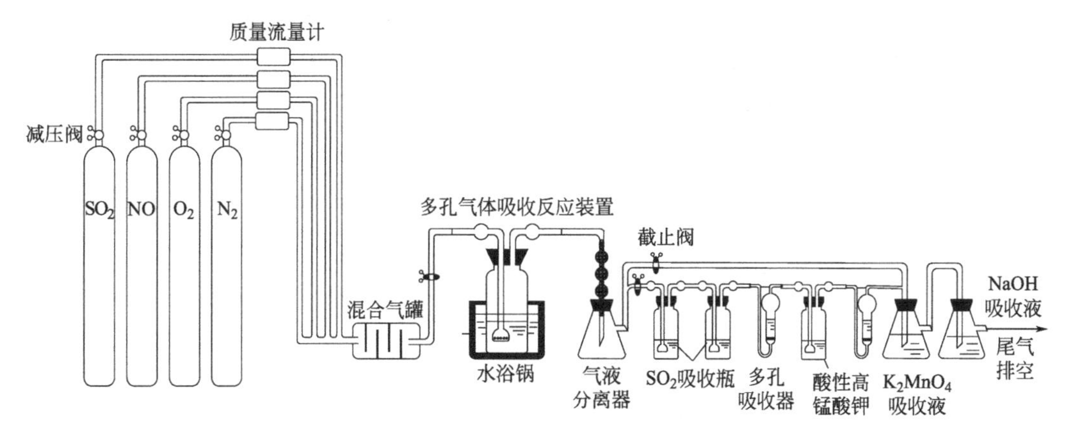

图 4.1　实验装置

其中，多孔气体吸收反应装置结构如图 4.2 所示。

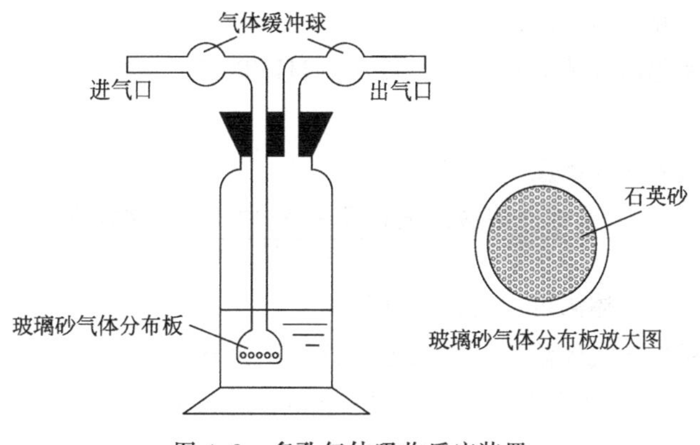

图 4.2　多孔气体吸收反应装置

多孔气体吸收反应装置由 $\varphi10mm\times100mm$ 的透明玻璃制成，进、出气口内直径均为 $\varphi6mm\times2mm$；玻璃砂气体分布板由玻璃砂（主要成分为惰性二氧化硅）制成，厚度为 2mm，其作用是使气体鼓泡均匀；烟气通过进气管下端的玻璃砂气体分布板鼓泡与吸收液进行反应，充分反应过后从出气口排出。

本章采用动态配气法配制模拟工业烟气。配气比例按照工业尾气的比例。采用来自钢瓶的 SO_2、NO 和 O_2，由质量流量计来控制气体流量，使其按一定的比例进入混合罐混合均匀，然后通过多孔气体吸收装置的进气口进入吸收液中进行充分反应，反应后的气体经出气口排出进入气液分离器（内装硅胶）干燥，在出口处连接 SO_2 吸收瓶、NO_x 吸收装置，最后用 K_2MnO_4 溶液、NaOH 溶液对尾气进行深度净化后排空。其中，气液分离器不仅把气体和液体分离开来，还对气体起缓冲作用，使气体更能充分被吸收。

4.1.2 实验研究方法及分析方法

4.1.2.1 模拟烟气配比方法

实验采用高纯氮气、二氧化硫标准气、一氧化氮标准气和氧气来模拟实验废气，实验条件下二氧化硫浓度为 c_{SO_2}，一氧化氮浓度为 c_{NO}，氧含量为 ψ_{O_2}，根据以下算式可计算出每种气体的气体流量：

$$Q_{SO_2}=Q_{总}\times\frac{c_{SO_2}}{9993.3} \tag{4-1}$$

$$Q_{NO}=Q_{总}\times\frac{c_{NO}}{13400} \tag{4-2}$$

$$Q_{O_2}=Q_{总}\times\frac{\varphi_{O_2}}{99.5\%} \tag{4-3}$$

$$Q_{N_2}=Q_{总}-Q_{O_2}-Q_{SO_2}-Q_{NO} \tag{4-4}$$

4.1.2.2 二氧化硫气体、氮氧化物气体浓度的检测及计算

(1) 二氧化硫气体浓度的检测及计算

本实验二氧化硫检测方法采用碘量法（HJ/T 56—2000）。本实验中吸收液体积均为 40mL，连续吸收气体 15min。

采样点处二氧化硫浓度的计算：

$$SO_2\ 浓度=\frac{(碘标准溶液用的体积-空白值)\times 碘标准液浓度\times 32.0}{标况下采样体积} \tag{4-5}$$

(2) 氮氧化物气体浓度的检测及计算

本实验氮氧化物气体浓度的检测方法选用国家环境保护标准环境空气 氮氧化物的测定 盐酸萘乙二胺分光光度法（HJ 479—2009）。本实验中吸收液体积均为 40mL，连续吸收气体 15min。

标准曲线如图 4.3 所示。

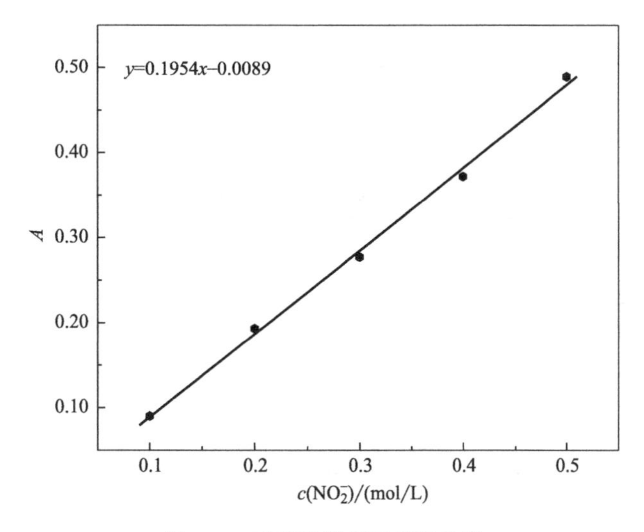

图 4.3 亚硝酸根离子标准曲线

采样点处氮氧化物浓度的计算：

$$\rho_{NO_2}=\frac{(串联第一支吸收液吸光度-空白吸光度-标准曲线截距)\times 40}{标准曲线斜率\times a\times 采样体积} \tag{4-6}$$

$$\rho_{NO}=\frac{(串联第二支吸收液吸光度-空白吸光度-标准曲线截距)\times 40}{标准曲线斜率\times a\times 采样体积\times 0.68} \tag{4-7}$$

$$\rho_{NO_x}=\rho_{NO_2}+\rho_{NO} \tag{4-8}$$

注：样品若需要稀释，结果需乘以稀释倍数；当空气中 NO_2 质量浓度高于 0.72mg/m^3 时，a 取值 0.77，否则取 0.88。

4.1.2.3 二氧化硫气体、氮氧化物气体脱除率的计算

本文采用脱硫脱硝率来考量泥磷浆液同时脱硫脱硝的效果，气体脱除率计算公式如下：

$$脱除率=\frac{进口气体浓度-出口气体浓度}{进口气体浓度}\times 100\% \tag{4-9}$$

4.1.3 泥磷成分测定

各批次泥磷中含单质磷、化合磷、残渣情况不一样，所以在实验开始前需要测定该批次泥磷中含单质磷的情况。本实验所用泥磷含磷量采用王小妮附录 B 中的测定方法进行测定。

4.1.3.1 总磷（单质磷 + 化合磷）的分析结果

泥磷的称取：

初步取出泥磷（吸干）0.409g；

烧杯＋蒸馏水 127.802g；

烧杯＋蒸馏水＋二次脱水后的泥磷 128.155g；

试样质量：G＝128.155g－127.802g＝0.353g。

泥磷含量的实验记录及计算结果见表 4.1。

表 4.1 泥磷含量的实验记录及计算结果

组号	NaOH 标准溶液加入量 V_1/mL	HCl 标准溶液用量 V_2/mL	泥磷含量 /%
1	83	81.5	71.27
2	86	85.9	72.62
3	86	85.6	73.16
平均值	—	—	72.35

4.1.3.2 残渣的分析结果

残渣含量的实验记录及计算结果见表 4.2。

表 4.2 残渣含量的实验记录及计算结果

实验号	坩埚质量 G_1/g	抽滤后坩埚＋残渣质量 G_2/g	泥磷质量 G/g	残渣含量 /%
1	32.011	32.367	0.486	73.251
2	33.072	33.444	0.513	72.515
3	32.791	33.165	0.514	72.763
平均值	—	—	—	72.843

4.1.3.3 化合磷的分析结果

化合磷的实验记录及计算结果见表 4.3。

表 4.3 化合磷的实验记录及计算结果

实验号	试样质量 G/g	NaOH 标准溶液用量 V_1/mL	HCl 标准溶液用量 V_2/mL	化合磷含量 /%
1	0.486	48.4	5.7	5.581
2	0.513	52.5	6.8	5.700
3	0.514	53.0	7.2	5.734
平均值	—	—	—	5.672

4.1.3.4 单质磷的分析结果

单质磷的计算：

泥磷中单质磷（P_4）的含量（%）按下式计算：

$$P_4\text{ 含量}=\text{总磷(单质磷+化合磷)含量}-\text{化合磷含量} \quad (4\text{-}10)$$

根据得出的总磷含量、化合磷含量，计算出单质磷含量：66.678%。

所以，该批次泥磷中单质磷含量为66.678%、化合磷含量为5.672%。

4.2 泥磷浆液同时脱硫脱硝单因素实验

影响泥磷浆液同时脱硫脱硝的工艺参数有很多，包括泥磷浆液固液比、气体流速、反应温度、氧含量及停留时间、pH、浆液体积、泥磷中单质磷的含量等。通过查阅相关文献，本节研究选择固液比、气体流速、反应温度、氧含量及pH这5个在实际应用中容易控制的工艺参数作为影响因素进行考察。

4.2.1 反应温度对泥磷浆液同时脱硫脱硝效率的影响

固定实验条件：泥磷浆液固液比为4.5g/40mL，$\varphi_{O_2}=20\%$，$Q=300\text{mL/min}$。在此条件下，选择25℃、40℃、50℃、60℃、70℃不同反应温度进行实验，泥磷浆液同时脱硫脱硝效率随反应温度的变化规律如图4.4和图4.5所示。

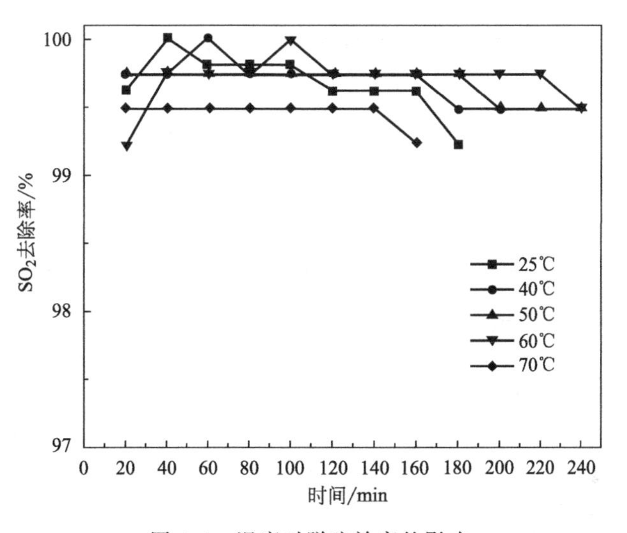

图4.4 温度对脱硫效率的影响

从图4.4、图4.5可以看出，在25～60℃时，脱硫、脱硝效率都随温度的升高而提高，总反应时间也加长，但是在70℃时明显下降，总反应时间也缩短；本实验脱硫效率都可达99.2%以上；脱硝效率在25℃时，随反应时间的加长从93.13%下降至80.671%，但40～70℃之间一直维持在91%以上。

由此可知，在25～60℃时，脱硫脱硝效率随温度的升高而明显提升，而在70℃时

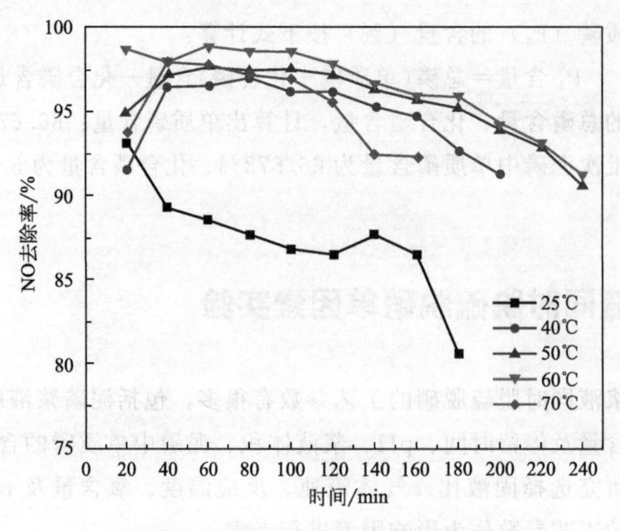

图 4.5　温度对脱硝效率的影响

脱硫脱硝效率明显降低，一方面，SO_2、NO 液相传质阻力和气相传质阻力随反应温度的提高都逐渐变小，有利于传质过程，促进化学反应；另一方面，反应温度过高会使液相表面的磷单质与氧气发生燃烧反应直接生成 P_2O_5，且反应温度过高会导致臭氧加速分解，从而影响氮氧化物的氧化，所以本实验泥磷浆液脱硫脱硝效率的最佳温度为 60℃。

4.2.2　氧含量对泥磷浆液同时脱硫脱硝效率的影响

固定实验条件：泥磷浆液固液比为 4.5g/40mL，$Q=300mL/min$，$T=60℃$。在此条件下，选择 0%、10%、20%、30%、40%不同氧含量进行实验，泥磷浆液同时脱硫脱硝效率随氧含量的变化规律如图 4.6 和图 4.7 所示。

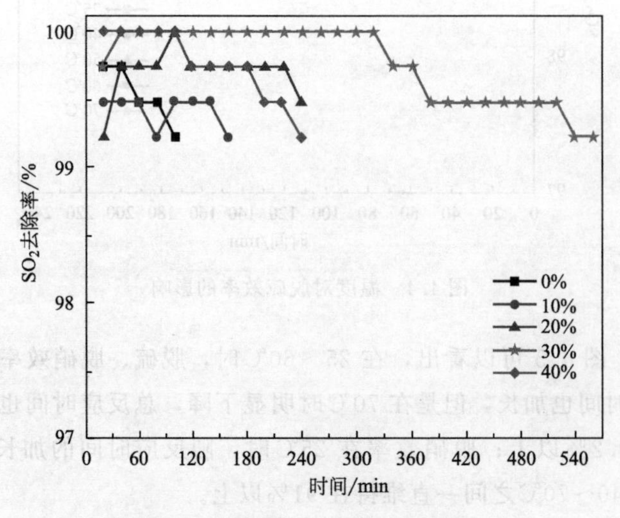

图 4.6　氧含量对脱硫效率的影响

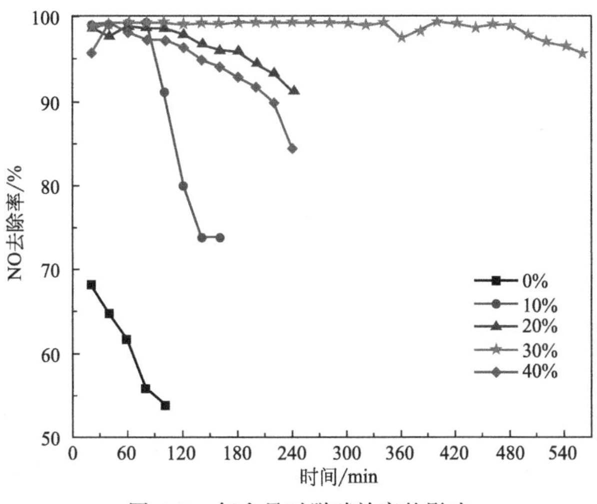

图 4.7 氧含量对脱硝效率的影响

由图 4.6、图 4.7 可知，在氧含量为 0%～30%时，脱硫脱硝效率都随氧含量的增大而提高，总反应时间也加长，但是都在 40%时急剧下降，总反应时间也急剧缩短；本实验脱硫效率都可达 99.2%以上；脱硝效率在氧含量为 0%时，在 100min 内从 68.12%下降至 53.85%，在 10%时，脱硝效率虽然都在 74%以上，但是随反应的进行，脱硝效率快速下降，而在 20%～40%之间，脱硝效率一直维持在 84.3%以上。

臭氧的生成需要氧气的存在，泥磷浆液同时脱硫脱硝的催化氧化需要氧气的参与，氧含量增加，增大了体系同时脱硫脱硝效率，但是氧含量过高且不断增加时会促使反应不断向右进行，当反应达到平衡状态时，过多的氧气反而抑制了脱硫脱硝的催化反应。考虑到实际工业应用的经济方面，本实验最佳氧含量为 20%。

4.2.3 气体流速对泥磷浆液同时脱硫脱硝效率的影响

固定实验条件：泥磷浆液固液比为 4.5g/40mL，$\varphi_{O_2}=20\%$，$T=60℃$。在此条件下，选择 300mL/min、500mL/min、700mL/min、1000mL/min 不同烟气流速进行实验，泥磷浆液同时脱硫脱硝效率随气体流速的变化规律如图 4.8 和图 4.9 所示。

从图 4.8、图 4.9 可以看出，脱硫脱硝效率随气体流速增大而呈降低趋势，SO_2 受气体流速影响同 NO 相比而言较小，脱硫效率基本可在 99.23%以上；而脱硝效率随流速的增大，总反应时间减短，同时随反应的进行，脱硝效率都急剧降低，但在 300mL/min 和 500mL/min 条件下，降低得比较缓慢。

脱硫脱硝效率随气体流速增大而呈降低趋势，这是由于气体流速越大，气体在吸收液中的停留时间越短，反应越不充分；再者泥磷液相同时脱硫脱硝反应为气液反应，气体流速的大小决定了废气与臭氧和吸收液中过渡金属离子的接触时间，随着气流流速的增大，单质磷与氧气的接触时间变短，致使一大部分氧气直接排空，导致臭氧及活性氧原子生成量低，进而导致脱硫脱硝率下降，所以本实验选取 300mL/min 为最适宜气体流速。

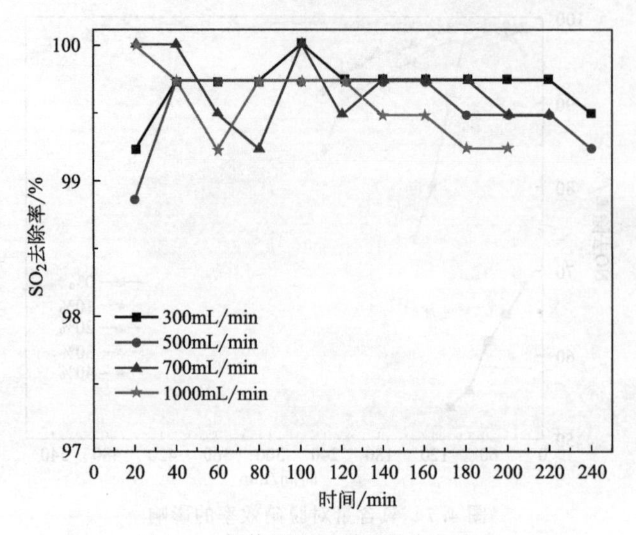

图 4.8　气体流速对脱硫效率的影响

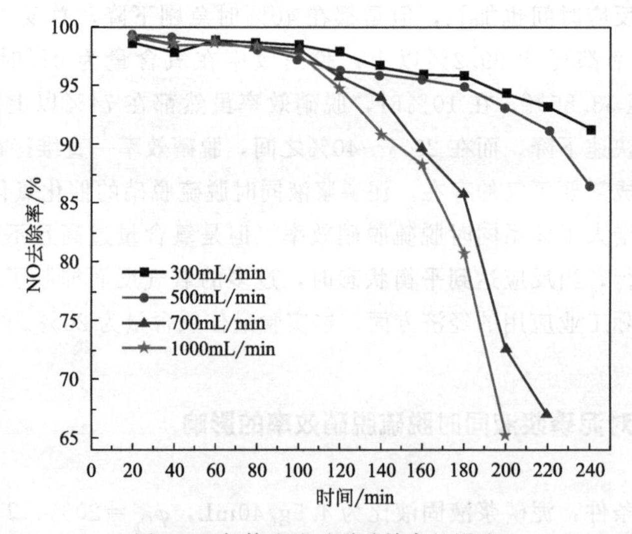

图 4.9　气体流速对脱硝效率的影响

4.2.4　泥磷浆液固液比对脱硫脱硝效率的影响

固定实验条件：$\varphi_{O_2}=20\%$，$Q=300mL/min$，$T=60℃$。在此条件下，选取3.5g/40mL、4.0g/40mL、4.5g/40mL、5.0g/40mL、6.0g/40mL不同泥磷浆液固液比进行实验，泥磷浆液同时脱硫脱硝效率随泥磷浆液固液比的变化如图4.10和图4.11所示。

从图4.10、图4.11可以看出，固液比越大，脱硫脱硝效率越好。本实验条件下，脱硫效率都在99.2%以上；总的来说固液比越大，脱硝效果越好，但是固液比在3.5g/40mL～4.5g/40mL时，脱硝效率随反应的进行急剧降低，且总反应时间较短；

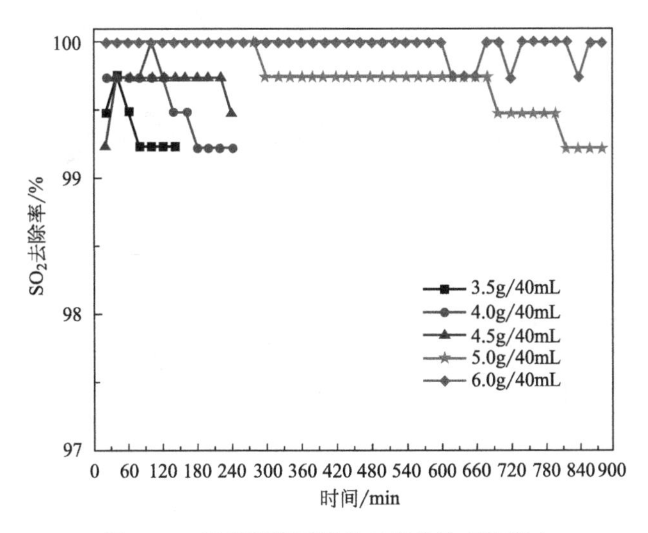

图 4.10 泥磷浆液固液比对脱硫效率的影响

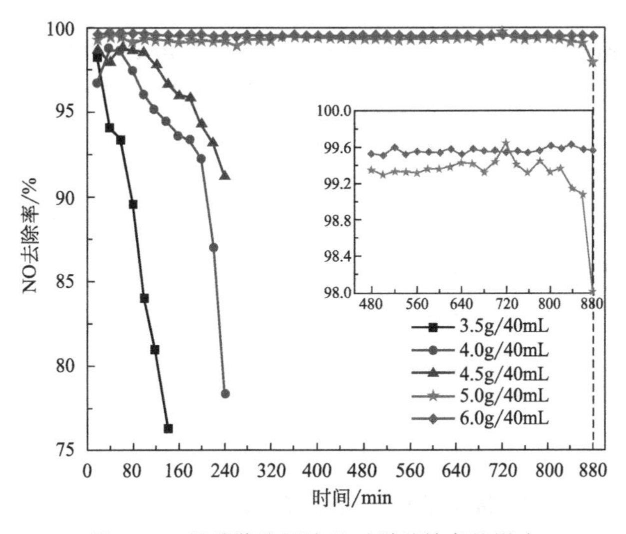

图 4.11 泥磷浆液固液比对脱硝效率的影响

但在 5.0g/40mL 和 6.0g/40mL 条件下，反应时间持续 880min 时，脱硫效率依然在 99.2%以上，脱硝效率在 98%以上，且两个条件下脱硫脱硝效率差距不明显。

泥磷浆液固液比不同，P_4 和金属离子含量不同。固液比越大，泥磷含量越多，能提供反应所需要的 P_4 和金属离子越多，越多的 P_4 与氧气接触能使臭氧生成量越稳定，且能持续吸收越长时间。本实验最好的是 5.0g/40mL、6.0g/40mL，差距比较小，也趋于稳定，因此本实验最佳泥磷浆液固液比选取 5.0g/40mL。

4.2.5 泥磷浆液脱硫脱硝效率随时间的变化关系

固定实验条件：固液比为 5.0g/40mL，$\varphi_{O_2}=20\%$，$Q=300mL/min$，$T=60℃$。

反应过程中泥磷浆液同时脱硫脱硝效率随反应时间的变化如图 4.12 所示。

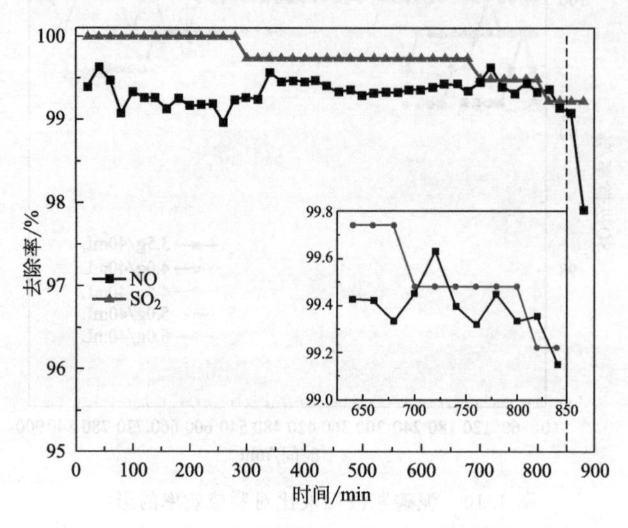

图 4.12　脱硫脱硝效率随时间的变化

如图 4.12 所示，随着反应的持续进行，脱硫脱硝效率有所降低，这是因为泥磷中单质磷被慢慢消耗而使臭氧生成量减少，但是脱硫率为 100% 持续的反应时间为 280min，大于 99% 的反应时间为 880min；脱硝率大于 99% 的反应时间为 860min，泥磷浆液脱硫脱硝使 SO_2、NO 出口均达到排放标准。一方面是因为之前生成的臭氧暂时存储在反应器内，慢慢与 NO 和 SO_2 反应，另一方面是因为泥磷中过渡金属元素 Fe、Mn、Zn 在液相中所形成的离子电子轨道一般为 $(n-1)d^{1\sim9}nd^{1\sim2}$，电子充满的最高级轨道是 d 轨道，因此过渡金属离子容易与外来分子、离子形成多种类型的络合物，使多种过渡金属离子产生协同作用，强化催化作用，如 Fe-Mn 能产生正协同作用。但工业过程则考虑补充新鲜浆液。

4.2.6　pH 对泥磷浆液同时脱硫脱硝效率的影响

固定实验条件：固液比为 5.0g/40mL，$\varphi_{O_2}=20\%$，$Q=300mL/min$，$T=60℃$。反应过程中泥磷浆液同时脱硫脱硝过程中 pH 随反应时间的变化规律如图 4.13 所示。反应过程中 pH 与泥磷浆液同时脱硫脱硝效率的关系如图 4.14 所示。

从图 4.13 可以看出，泥磷浆液原溶液 pH 为 6.3，反应 20min 后直降为 3.7，随反应时间的延长，在 340min 时降为 1.2，这主要是由不同反应时间下浆液中 HSO_3^-、HNO_3^- 浓度存在差异引起。而且泥磷中单质磷与氧气反应产生臭氧的同时也会产生一些磷的氧化物，其溶于水后会转化为酸，酸的积累在一定程度上也会降低 pH。

从图 4.14 可以看出，在 300min 时，脱硫率由 100% 下降至 99.7%，脱硫率随 pH 的下降而下降，因此，溶液中 HSO_3^- 的浓度对反应起到了一定作用。但是 pH 在 3.7～1.2 范围内，脱硫脱硝率都在 99% 以上，pH 对泥磷同时脱硫脱硝反应的影响较小，也就是说，即使在酸性条件下，泥磷浆液同时脱硫脱硝也能取得很好的效果。

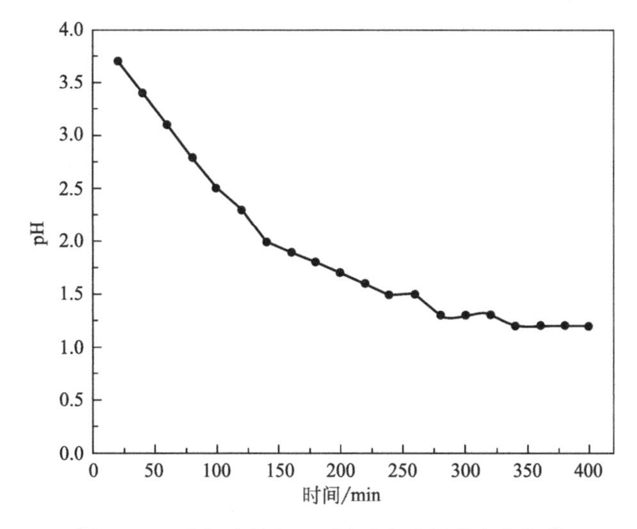

图 4.13 反应过程中 pH 随反应时间的变化规律

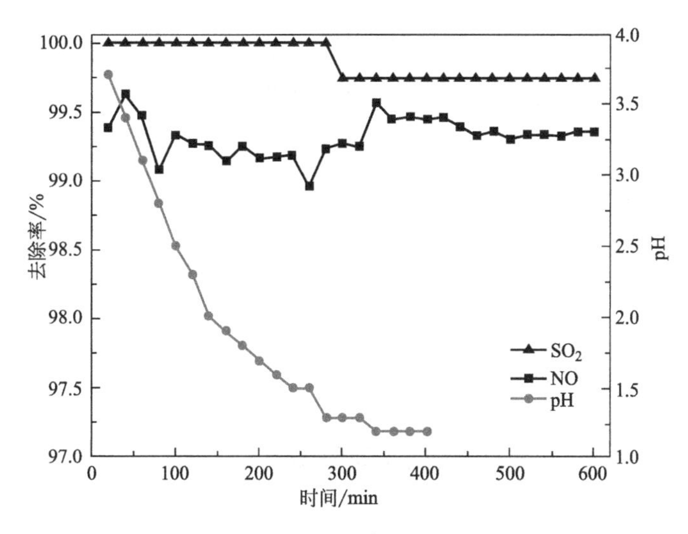

图 4.14 反应过程中 pH 与泥磷浆液同时脱硫脱硝效率的关系

4.2.7 最佳条件下泥磷浆液同时脱硫脱硝产物分析（XRF）

为了解反应前后泥磷浆液中各元素含量的变化，本节对反应前后的泥磷浆液进行 XRF 测试并分析。

本节在最佳实验条件（SO_2 气体浓度为 1500mg/m^3、NO 气体浓度为 700mg/m^3、$\varphi_{O_2}=20\%$、$Q=300$mL/min、$T=60$℃、固液比为 5.0g/40mL）下反应 840min 后对泥磷浆液进行测定。

最佳反应条件下，反应前后泥磷中各元素的含量如图 4.15 所示。

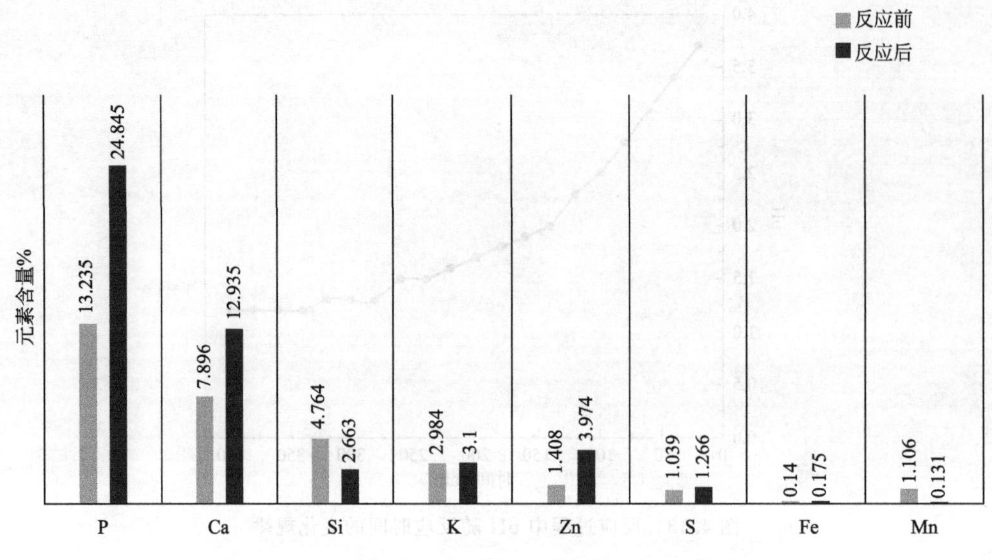

图 4.15　最佳条件下反应前后泥磷中各元素含量

从图 4.15 中可以看出，相较于反应前，反应后的 S 含量有所增加，这是因为烟气中的 S 进入浆液中。烟气中的 SO_2 首先溶于水生成亚硫酸，之后水中的亚硫酸与浆液中的磷矿石发生反应生成磷酸氢钙和硫酸钙沉淀，从而烟气中的 S 被固定在固相中，导致 S 含量增加。反应后的 Ca、Zn、Fe 含量同样也都轻微地增加，这是因为泥磷中的这些元素都是以离子态形式存于溶液中，随着反应的进行，NO 与 O_3 反应生成的 NO_2 会溶于水生成硝酸，这些离子慢慢与生成的硝酸反应，生成硝酸盐［如 $Fe(NO_3)_3$、$Zn(NO_3)_2$］。

4.3 泥磷同时脱硫脱硝响应面条件优化实验

采用响应面法（Response Surface Methodology，RSM），通过响应面实验找出各因素对泥磷浆液同时脱硫脱硝效率影响的大小关系。响应面回归模型建立的是多维空间曲面，可以使人们能更直观地观察到实验设计中最佳的反应条件，比较接近实际情况。

响应面法中有多种实验设计方法，本节采用响应面分析优化软件 Design-Expert 8.0.6 中的 Box-Behnken Design 进行实验设计。

4.3.1 响应面实验设计

在单因素实验的基础上，选取反应温度、氧含量、泥磷浆液固液比三个主要因素，进行三因素三水平的响应面实验设计，各因素及其水平见表 4.4。

表 4.4 Box-Behnken Design 响应面法实验设计

因素	水平		
	−1	0	1
A(反应温度)/℃	50	60	70
B(氧含量)/%	20	30	40
C(固液比)/(g/40mL)	4.0	4.5	5.0

根据表 4.4，将不同因素及水平值进行组合，共得到 17 组实验，详细实验方案及实验结果见表 4.5。

表 4.5 Box-Behnken Design 响应面法实验组及结果

实验号	反应温度/℃	氧含量/%	固液比/(g/40mL)	脱硝率/%	脱硫率/%
1	50	30	5.0	93.529	99.48
2	60	40	4.0	68.784	73.28
3	60	30	4.5	93.529	99.32
4	60	20	4.0	92.287	99.22
5	50	30	4.0	82.717	86.60
6	70	30	5.0	82.463	85.01
7	60	30	4.5	89.60	97.93
8	60	30	4.5	90.389	98.18
9	50	20	4.5	89.229	96.11
10	60	30	4.5	88.00	93.41
11	60	40	5.0	75.808	81.98
12	60	30	4.5	90.58	99.10
13	70	40	4.5	74.331	79.33
14	70	20	4.5	86.332	90.34
15	50	40	4.5	77.867	83.11
16	70	30	4.0	83.753	88.00
17	60	20	5.0	98.301	99.74

4.3.2 二次回归模型拟合方程及方差分析

对表 4.5 的实验结果数据进行多元回归拟合，可得到响应值（泥磷浆液同时脱硫脱硝效率）与自变量之间的回归方程：

$$R_{SO_2}=97.59-2.83A-8.46B+2.93C+0.50AB-3.97AC+2.05BC-4.57A^2-5.79B^2-3.24C^2$$

$$R_{NO}=90.42-2.06A-8.67B+2.82C-0.16AB-3.03AC+0.25BC-3.33A^2-5.15B^2-1.47C^2$$

方程中系数的正负反映出因素对泥磷浆液同时脱硫脱硝效率的正负关系。C 为正影响，即增大固液比都能提高脱硫脱硝的转化率。且 ABC 三项因素对泥磷浆液同时脱硫脱硝率的影响程度从大到小都为 B（氧气含量）>C（固液比）>A（反应温度）。

Box-Behnken Design 响应面法脱硫实验结果的方差分析见表 4.6，脱硝实验结果的方差分析见表 4.7，脱硫脱硝模型的回归分析见表 4.8。

表 4.6 Box-Behnken Design 响应面法脱硫实验结果的方差分析

方差来源	平方和	自由度	均方	F 值	P 值	显著性
模型	1066.89	9	118.54	11.32	0.0021	* *
A(反应温度)	63.95	1	63.95	6.11	0.0427	*
B(氧含量)	573.20	1	573.20	54.75	0.001	* * *
C(固液比)	45.71	1	45.71	4.37	0.0750	
AB	0.99	1	0.99	0.094	0.7680	
AC	62.97	1	62.97	6.02	0.0439	*
BC	16.76	1	16.76	1.60	0.2462	
A^2	88.04	1	88.04	8.41	0.0230	*
B^2	141.17	1	141.17	13.49	0.0079	* *
C^2	44.22	1	44.22	4.22	0.0789	
Residual	73.28	7	10.47	—	—	—
Lack of Fit	50.07	3	16.69	2.88	0.1669	
Pure Error	23.21	4	5.80	—	—	—
Cor Total	1140.17	16	—	—	—	—

注：*：$P<0.05$ 为显著；* *：$P<0.01$ 为极显著；* * *：$P<0.001$ 为高度显著。

表 4.7 Box-Behnken Design 响应面法脱硝实验结果的方差分析

方差来源	平方和	自由度	均方	F 值	P 值	显著性
模型	918.26	9	102.03	8.56	0.0049	* *
A(反应温度)	33.88	1	33.88	2.84	0.1356	
B(氧含量)	601.33	1	601.33	50.46	0.0002	* * *
C(固液比)	63.62	1	63.62	5.34	0.0541	
AB	0.10	1	0.10	8.566E-003	0.9289	
AC	36.61	1	36.61	3.07	0.1231	
BC	0.26	1	0.26	0.021	0.8878	
A^2	46.68	1	46.68	3.92	0.0883	
B^2	111.68	1	111.68	9.37	0.0183	*
C^2	9.15	1	9.15	0.77	0.4099	
Residual	83.42	7	11.92	—	—	—
Lack of it	67.19	3	22.40	5.52	0.0661	
Pure Error	16.22	4	4.06	—	—	—
Cor Total	1001.67	16	—	—	—	—

表 4.8 脱硫脱硝模型的回归分析

	标准差	Mean	变异系数	Pred. R^2	Press	R^2	校正系数
脱硫	3.24	91.18	3.55	0.2656	837.37	0.9357	0.8531
脱硝	3.45	85.74	4.03	−0.0986	1100.45	0.9167	0.8097

从表 4.6、表 4.7 可知，脱硫模型的 P(模型)$=0.0021<0.01$，脱硝模型的 P(模型)$=0.0049<0.05$，这说明泥磷浆液同时脱硫脱硝效率和各因素回归方程之间的关系是极显著的，具有统计学意义。脱硫失拟项 $P=0.1669>0.05$，脱硝失拟项 $P=0.0661>0.05$，失拟不显著，拟合度较高，实验的误差小，数据模型适当，方程可以用。

模型回归分析中，标准差表征实验误差的离散度，值越小代表拟合越好；决定系数（R^2）是实验模型的拟合度，其值必须>0.8，且越接近1代表拟合越好；校正系数用于调整相关实验模型的实验参数，与 R^2 之间的差值应≤0.2；变异系数值越小，误差越小，实验操作可信度越高。

表4.8模型的回归分析中脱硫 $R^2=0.9357$、脱硝 $R^2=0.9167$，所得模拟方程具有较好的相关性，可以用该模型解释93.57%的脱硫实验数据和解释91.67%的脱硝实验数据；脱硫校正系数=0.8531、脱硝校正系数=0.8097，说明可以用该模型解释85.31%的脱硫响应值变化和解释80.97%的脱硝响应值变化；脱硫变异系数=3.55%，脱硝变异系数=4.03%，说明误差小，可以使用该回归方程模型对泥磷同时脱硫脱硝效率进行初步的预测及分析。

实验结果与泥磷浆液同时脱硫脱硝中脱硫效率和脱硝效率的预测模型值如图4.16、图4.17所示，可以看出，实验真实值基本分布在拟合线的两边，上下波动，还有一些落在了线上，这表明实验结果与模型预测值吻合较好，所选模型可以准确地预测实验结果，所建立的模型是合理的。

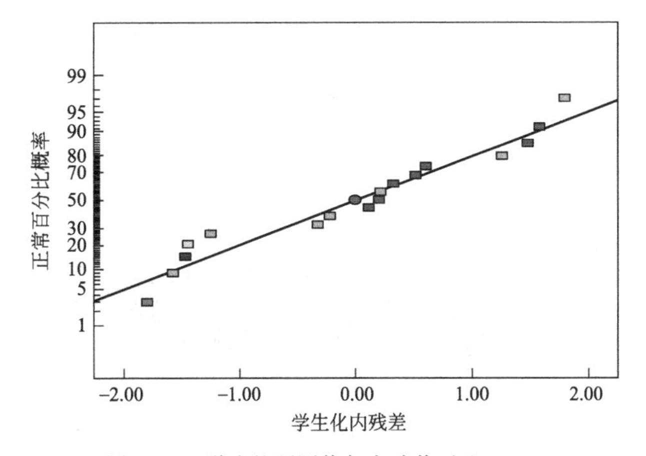

图4.16　脱硫的预测值与实验值对比（R_1）

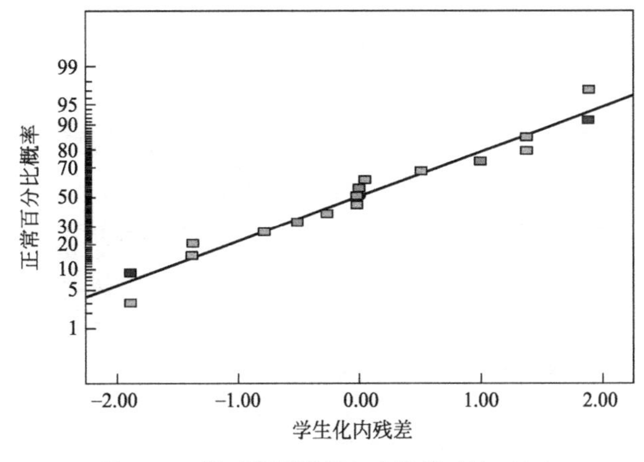

图4.17　脱硝的预测值与实验值对比（R_1）

4.3.3 等高线图和三维响应曲面图分析

通过回归方程做出泥磷浆液同时脱硫脱硝的等高线图及响应曲面图，以此研究各个因素交互影响作用下的最佳脱硫脱硝率以及响应曲面影响因素两两之间交互作用的强弱。图 4.18、图 4.19、图 4.20 显示了反应温度（A）、氧含量（B）、固液比（C）3 个因素对脱硫脱硝效率的等高线图及响应曲面图。

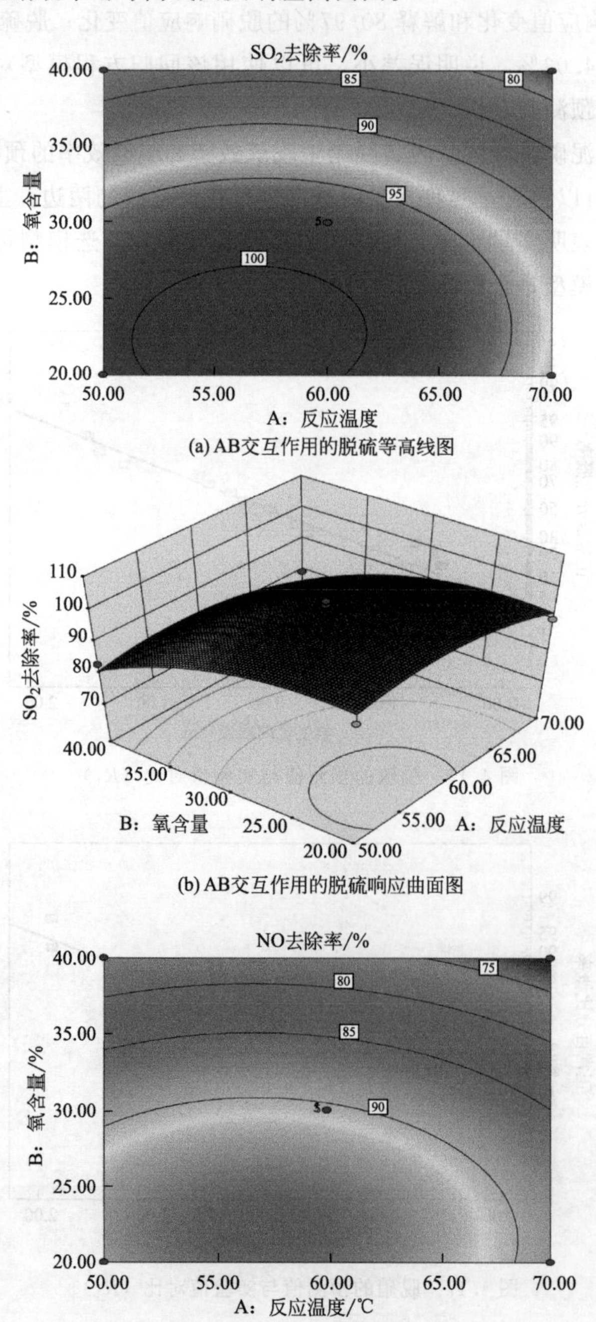

(a) AB交互作用的脱硫等高线图

(b) AB交互作用的脱硫响应曲面图

(c) AB交互作用的脱硝等高线图

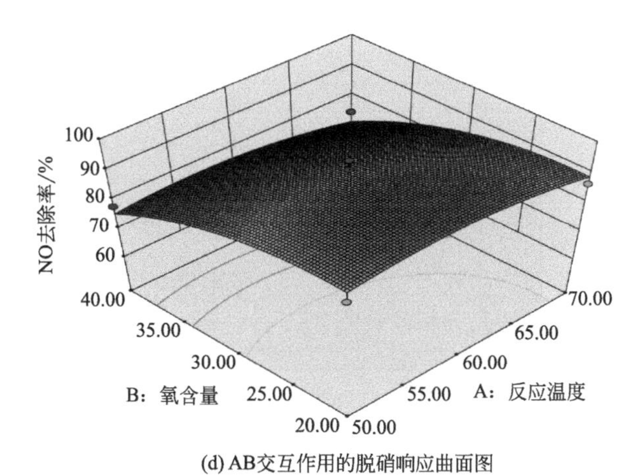

(d) AB交互作用的脱硝响应曲面图

图 4.18　AB 交互作用的等高线图和响应曲面图

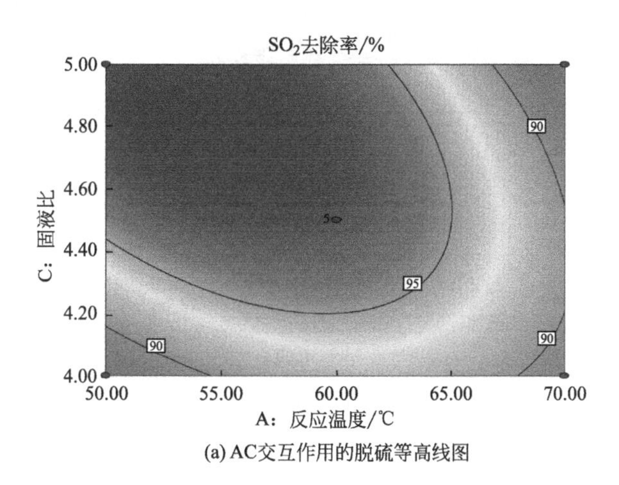

(a) AC交互作用的脱硫等高线图

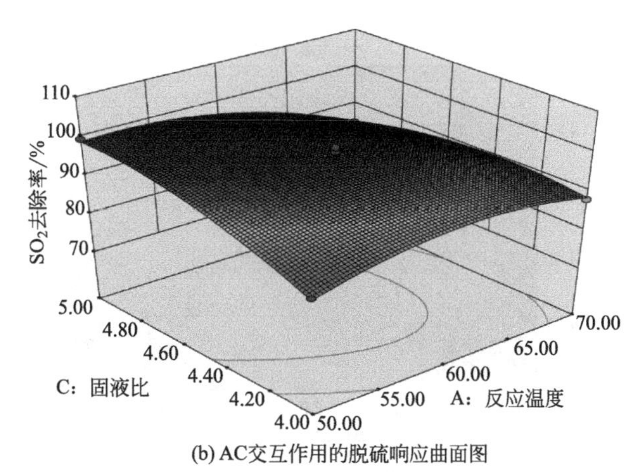

(b) AC交互作用的脱硫响应曲面图

图 4.19

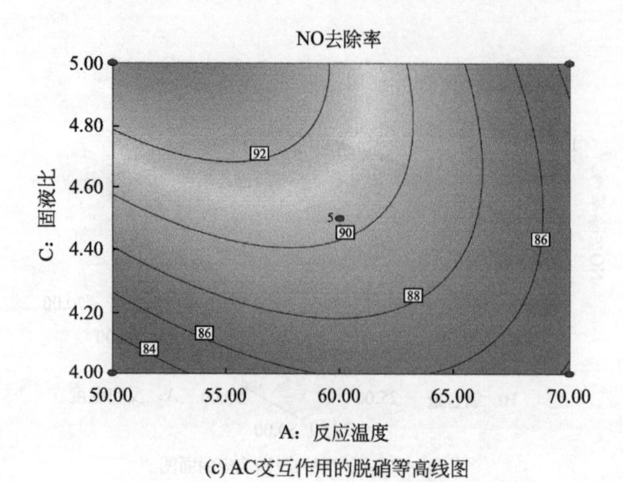

(c) AC交互作用的脱硝等高线图

(d) AC交互作用的脱硝响应曲面图

图 4.19　AC 交互作用的等高线图和响应曲面图

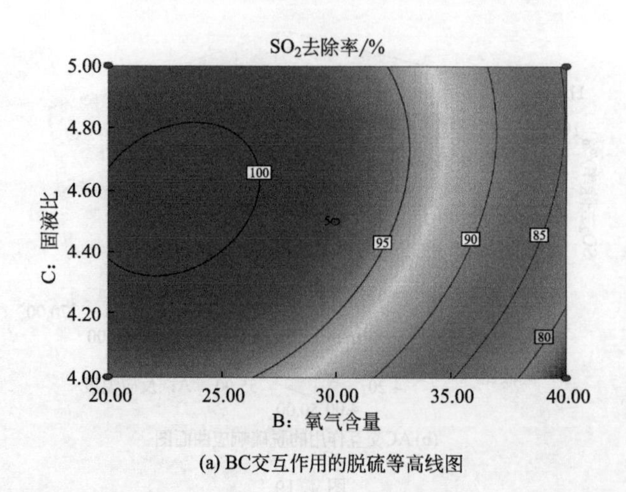

(a) BC交互作用的脱硫等高线图

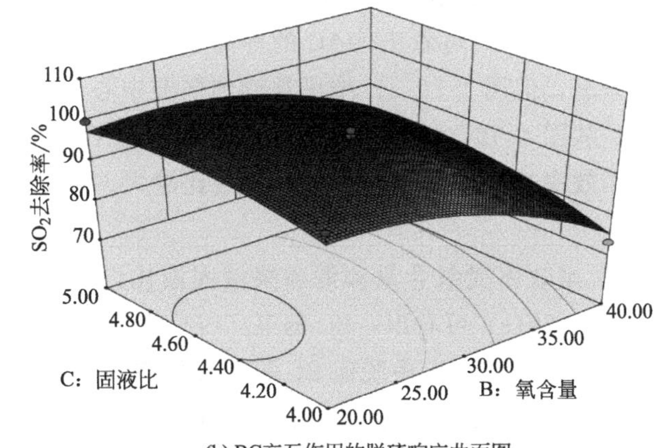

(b) BC交互作用的脱硫响应曲面图

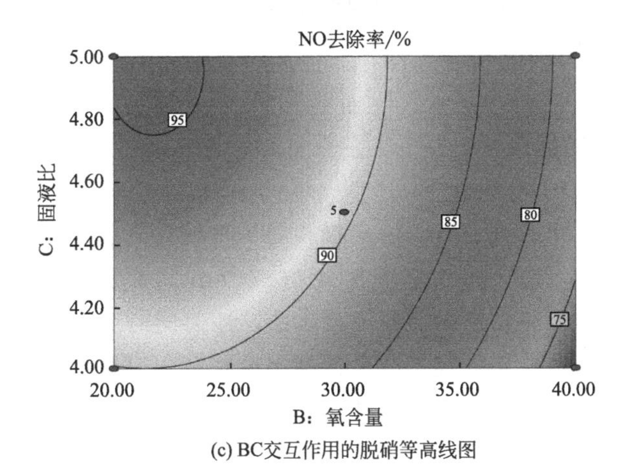

(c) BC交互作用的脱硝等高线图

100
90
80
70
60
NO去除率/%
5.00
4.80
4.60
4.40
4.20
4.00
C：固液比
20.00
25.00
30.00
35.00
40.00
B：氧含量

(d) BC交互作用的脱硝响应曲面图

图 4.20　AC 交互作用的等高线图和响应曲面图

图 4.18 为脱硫脱硝效率受反应温度和氧含量影响的等高线图和响应曲面图。由图 4.18(a) 和 4.18(c) 可看出，AB 的等高线接近椭圆形，这说明 AB 两因素间交互作用强，影响显著，且响应值在椭圆的中心处存在极大值；从图 4.18(b) 和 4.18(d) 中可以看出 A 因素方向响应面曲线整体平缓，B 因素方向响应面曲线较陡，此说明氧含量对脱硫脱硝效率的影响更为显著。

图 4.19 为脱硫脱硝效率受反应温度和泥磷浆液固液比影响的等高线图和响应曲面图。由图 4.19(a) 和 4.19(c) 可看出，AC 的等高线呈椭圆形，这说明 AC 两因素间交互作用强，影响显著，但图 4.19(a) 中可观察到椭圆中心，因此在脱硫等高线图中响应值存在极大值；从图 4.19(b) 和 4.19(d) 中可以看出 C 的曲面倾斜较 B 要偏大，即固液比对脱硫脱硝效率的影响更为显著，且固液比越大，脱硫脱硝效果越好，符合单因素实验结果。

图 4.20 为脱硫脱硝效率受氧含量和泥磷浆液固液比影响的等高线图和响应曲面图。由图 4.20(a) 和 4.20(c) 可看出，BC 的等高线呈椭圆形，这说明 BC 两因素间交互作用强，影响显著，图 4.20(a) 中脱硫 BC 等高线的椭圆中心在所观察到的平面内，响应值在椭圆的中心处存在极大值；从图 4.20(b) 和 4.20(d) 中可以看出 B 因素方向响应曲面的坡度大于 C 因素方向，即与固液比相比，氧含量对泥磷浆液同时脱硫脱硝效率的影响更为显著。

4.3.4 最佳反应条件的优选

运用响应面设计中 Box-Behnken 可模拟得到该模型下脱硝最佳工艺条件：反应温度 65.53℃、氧含量 21.57%、固液比 4.66g/40mL。在此条件下，理论上可达到 92.136%的脱硝效率，根据所做的单因素实验，泥磷同时脱硫脱硝实验中脱硫效率一直高于脱硝效率，所以脱硝最佳工艺条件即泥磷浆液同时脱硫脱硝最佳工艺条件。但是在本实验中，由于单因素得出的最佳实验条件与最佳模拟实验条件相差不大，且最佳实验条件下的脱硫脱硝效果均大于最佳模拟实验条件，故本论文采用由单因素得出的最佳实验条件。

4.4 泥磷浆液产生最大臭氧量实验条件探究

泥磷浆液之所以能高效吸收 SO_2 和 NO，主要是利用了泥磷中单质磷与氧气的反应产物臭氧（$2P_4+O_2 = 2P_4O$、$O+O_2 = O_3$）氧化 NO、SO_2（$NO+O_3 = NO_2+O_2$、$SO_2+O_3 = SO_3+O_2$），因此在反应过程中臭氧含量尤其重要，臭氧浓度的大小直接影响了泥磷浆液同时脱硫脱硝的效果，因此，探究各个因素对泥磷与氧气产生臭氧的影响有重要意义。本节主要考察反应温度、氧含量、泥磷浆液固液比对臭氧生成量的影响。

4.4.1 实验装置及流程

泥磷浆液制取臭氧实验装置流程如图 4.21 所示。

实验采用来自钢瓶的 O_2 和高纯氮，由质量流量计控制各气体流量，按一定的比例

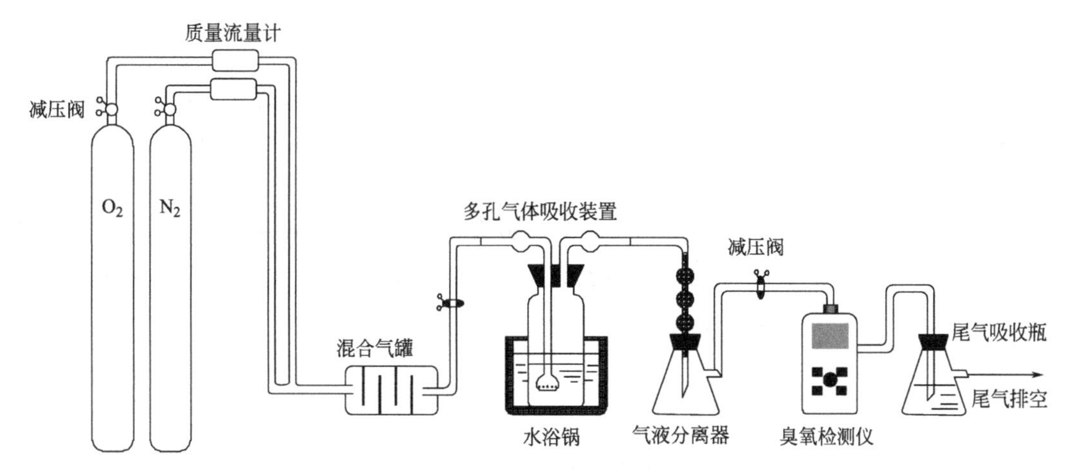

图 4.21　泥磷浆液制取臭氧实验装置流程

进入混合气罐混合均匀，配制好的气体经多孔气体吸收装置的进气口进入泥磷浆液中与单质磷充分反应，反应后的气体经出气口进入气液分离器（内装棉花）干燥，在气液分离器出口处连接臭氧检测仪检测出口臭氧浓度，通过连接胶管将尾气引入尾气吸收瓶进行处理。

4.4.2 泥磷浆液产生臭氧单因素实验

4.4.2.1 固液比对臭氧产生量的影响

固定实验条件：$\varphi_{O_2}=20\%$，$Q=200\text{mL/min}$，$T=60℃$。选取 4.5g/40mL、5.0g/40mL、5.5g/40mL、6.0g/40mL 不同泥磷浆液固液比进行实验，泥磷浆液产生臭氧量随泥磷浆液固液比的变化关系如图 4.22 所示。

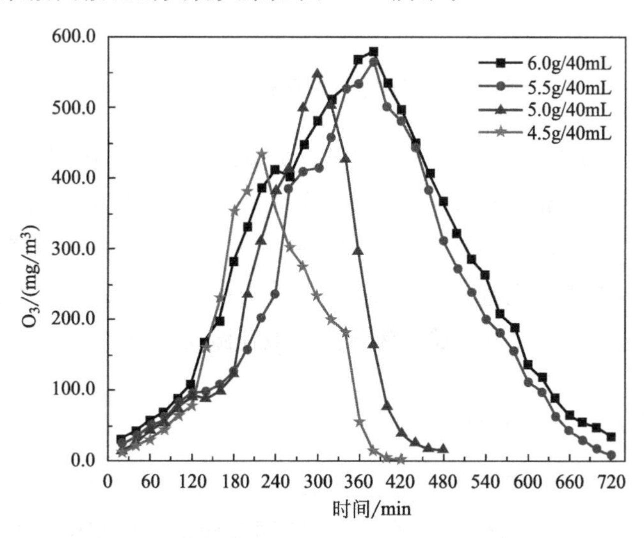

图 4.22　泥磷浆液固液比对臭氧产生量的影响

由图 4.22 可知，臭氧的最大生成量随固液比的增加而增加。不同固液比下，臭氧生成量都表现为先随时间的延长而增大，当增至最大值后，臭氧生成量都随时间的延长而降低。固液比影响 P_4 的含量，而 P_4 含量与臭氧生成量有着最直接的关系，固液比越大，能更多地提供反应所需要的 P_4，从而得到量多且稳定的臭氧，从而脱硫脱硝效率越好。从图 4.22 中可以看出，增大固液比虽然可以提高臭氧生成量，但固液比达到 5.0g/40mL 后，继续增大固液比，臭氧最大生成量提高幅度不大，且脱硫脱硝效率也极为接近，且在 5.0g/40mL 下臭氧最大值已达 568.3mg/m^3，本着节约资源的原则，本实验选择的最佳固液比为 5.0g/40mL。

4.4.2.2 反应温度对臭氧产生量的影响

固定实验条件：泥磷浆液固液比为 5.0g/40mL，$\varphi_{O_2}=20\%$，$Q=200$mL/min。在此条件下，选择 25℃、40℃、60℃、70℃不同反应温度进行实验，泥磷浆液产生臭氧量随反应温度的变化关系如图 4.23 所示。

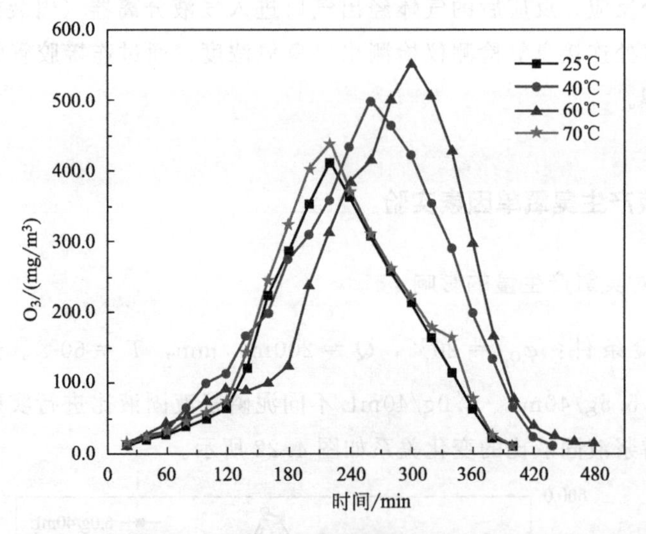

图 4.23 反应温度对臭氧产生量的影响

由图 4.23 可以看出，在 25～60℃时，臭氧最大产生量随温度的升高而明显增大，且在 60℃时最大 O_3 量为 550.6mg/m^3；这是由于反应温度的提高有利于传质过程，进而提高化学反应速率，增大臭氧的生成；另一方面，反应温度过高会使液相表面的单质磷与氧气发生燃烧反应直接生成 P_2O_5，且随着温度升高，O_3 分解速度加快，从而影响脱硫脱硝效率，所以本实验臭氧产生的最佳温度为 60℃。

4.4.2.3 氧含量对臭氧产生量的影响

固定实验条件：泥磷浆液固液比为 5.0g/40mL，$Q=200$mL/min，$T=60$℃。在此条件下，选择 10%、20%、30%、40%不同氧含量进行实验，泥磷产生臭氧量随氧含量的变化规律如图 4.24 所示。

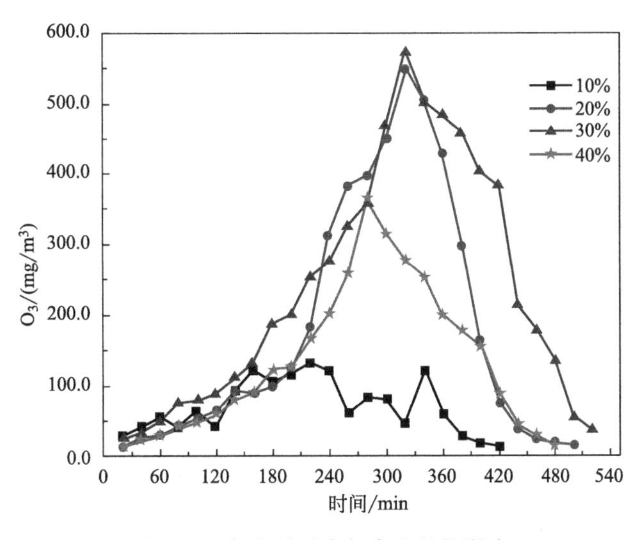

图 4.24　氧含量对臭氧产生量的影响

由图 4.24 可知，各氧含量下，臭氧生成量随着时间的推移基本表现为先逐步增大，当增大至最大值时，臭氧生成量急剧下降至 20mg/m^3 以下。但氧含量为 30%时增长最快，每个时间段的臭氧生成量均最高，且反应的时间最长。氧含量为 20%的次之；氧含量在 0～30%时，臭氧最大产生量随氧气含量的增加而增大，30%时脱硫脱硝效果最好且臭氧最大生成量值最大，但在 20%、30%氧含量下，最大臭氧生成量相差 23.2mg/m^3，且根据一般工业用氧含量，本实验选取最佳氧含量为 20%。氧含量增加，泥磷中 P_4 与更多的 O_2 产生稳定且充足的 O_3，增大了体系同时脱硫脱硝效率，但氧气含量过高且在 P_4 含量一定时，过多的氧气超过反应所需，反而会抑制反应的进行。

4.4.2.4　泥磷浆液制取臭氧的生成量与同时脱硫脱硝效率的关系

泥磷制取臭氧生成量与同时脱硫脱硝效率的关系如图 4.25 所示。

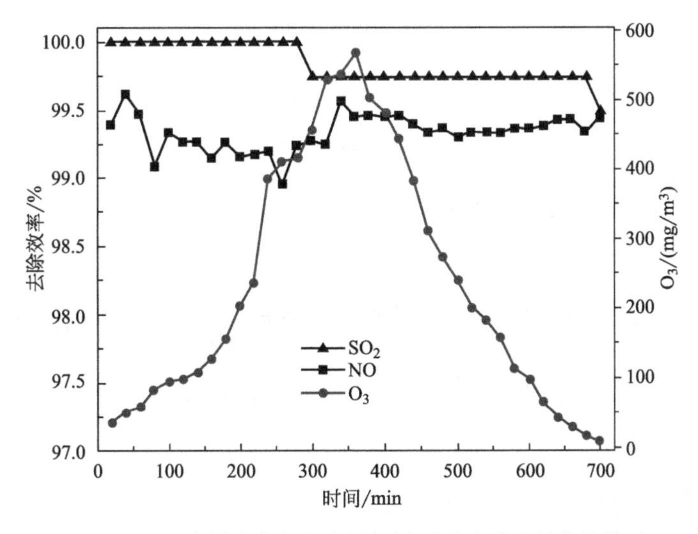

图 4.25　泥磷制取臭氧生成量与同时脱硫脱硝效率的关系

由图 4.25 可知，在最佳实验条件（反应温度 60℃、泥磷浆液固液比为 5.0g/40mL、氧含量 30%，气体流量 200mL/min）下臭氧生成量随反应时间的延长表现为先逐渐增大，增到最大值后又逐渐减少。当 P_4 含量一定时，随着反应的进行，泥磷不断被消耗，因而在 300min 后臭氧生成量逐渐下降至最终接近零。在反应 700min 时，脱硫脱硝效率依然为 99%以上，这是因为之前生成的臭氧暂时存储在反应器内，慢慢与 NO 和 SO_2 反应。工业上建议补充新鲜泥磷浆液。

4.5 泥磷浆液同时脱硫脱硝传质过程初探

双膜理论：在气体吸收过程中，在平衡状态下且浓度梯度为零的气相主体和液相主体之间存在着稳定的相界面（相界面上没有传质阻力），相界面两侧分别为稳定且很薄的气膜和液膜。整个吸收过程中，溶质通过分子扩散的方式分别通过气膜和液膜，最后进入液相主体。

双膜理论的理论模型如图 4.26 所示。

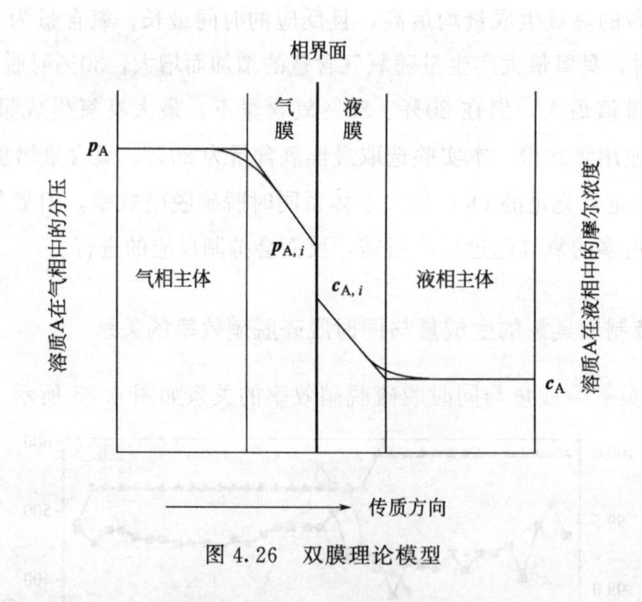

图 4.26 双膜理论模型

根据双膜理论，气体在吸收过程中的总传质速率方程为：

$$N_A = K_G(p_{A,0} - p_{A,i}) = \beta K_L(c_{A,i} - c_{A,0})$$

式中，K_G 为以气相推动力表示的总传质系数，$\frac{1}{K_G} = \frac{1}{k_G} + \frac{1}{Hk_L}$；$K_L$ 为以液相推动力表示的总传质系数，$\frac{1}{K_L} = \frac{H}{k_G} + \frac{1}{k_L}$。$H$ 为气体在水中的溶解度系数，单位为 mol/(m^3 · Pa)。

当吸收质为易溶气体时，H 的数值很大：

$$\frac{1}{k_G} \gg \frac{1}{Hk_L} \tag{4-11}$$

$K_G=k_G$，吸收速率主要由气膜的吸收阻力所控制。

当吸收质为难溶气体时，H 的数值变得很小：

$$\frac{H}{k_G} \ll \frac{1}{k_L} \tag{4-12}$$

$K_L=k_L$，吸收速率主要由液膜的吸收阻力所控制。

反应器截面积：

$$A=\pi r^2=3.14\times(1.5\times10^{-2})^2=7.065\times10^{-4}(\mathrm{m^2}) \tag{4-13}$$

4.5.1 总传质速率方程

$$N_A=k_G(p_{A,0}-p_{A,i})=\beta k_L(c_{A,i}-c_{A,0}) \tag{4-14}$$

式中 N_A——溶质气体的吸收速率，mol/(m^2·s)；

k_G——溶质气体的气相传质系数，mol/(cm^2·s·kPa)；

k_L——溶质气体的液相传质系数，m/s；

β——增强因子；

$p_{A,0}$——溶质气体在气相的压力，Pa；

$p_{A,i}$——溶质气体在相界面的压力，Pa；

$c_{A,i}$——溶质气体在相界面的浓度，mol/L；

$c_{A,0}$——溶质气体在液相的浓度，mol/L。

由于 NO 极难溶于水，在水中的溶解度非常小，传质阻力集中在液相，由液膜控制，因此可认为，NO 在液相中的浓度 $c_{A,0}=0$。

4.5.2 N_A 的计算

根据进出口物料衡算：

$$N_A=\frac{Q_A(c_{A,1}-c_{A,2})}{AM} \tag{4-15}$$

式中 Q_A——混合气体的流量，m^3/s；

$c_{A,1}$——反应器进口气相中气体 A 的浓度，kg/m^3；

$c_{A,2}$——反应器出口气相中气体 A 的浓度，kg/m^3；

A——反应器气液界面积，m^2；

M——气体 A 摩尔质量，kg/mol。

在固液比为 4.5g/40mL，模拟入口烟气中 SO_2 浓度为 1.500×10^{-3}kg/m^3、入口 NO 浓度为 0.700×10^{-3}kg/m^3，气体流量为 5×10^{-6}m^3/s，计算得出各个温度下 SO_2、NO 吸收速率，详见表 4.9。

表 4.9　各温度下 SO_2、NO 吸收速率

温度/K	298.15	313.15	333.15	343.15
SO_2 出口浓度/(kg/m³)	1.1541×10^{-5}	7.694×10^{-6}	3.847×10^{-6}	1.6082×10^{-5}
N_{SO_2} /[mol/(m² · s)]	1.62825×10^{-8}	1.6325×10^{-8}	1.63676×10^{-8}	1.63923×10^{-8}
NO 出口浓度/(kg/m³)	7.989×10^{-5}	5.2381×10^{-5}	3.4831×10^{-5}	6.5372×10^{-5}
N_{NO}/[mol/(m² · s)]	7.25195×10^{-9}	7.9009×10^{-9}	8.31491×10^{-9}	7.5944×10^{-9}

4.5.3　气相传质参数的计算

在相同实验装置和条件下，确定各温度下的 k_{G,SO_2}，再算出 SO_2、NO 在 N_2 中的气相传质系数，然后通过 k_{G,SO_2} 算出 $k_{G,NO}$。

4.5.3.1　各个温度下 SO_2 的气相传质系数 k_{G,SO_2}

在动力学实验之前，先测得 k_{G,SO_2} 的值。

k_{G,SO_2} 通过相同实验装置和条件下 SO_2 在 4.5g/40mL 吸收液中的实验数据结合总传质速率（4-14）确定。通过对不同温度条件下 SO_2 吸收速率（N_A）随气相主体压力（$p_{A,0}$）变化的曲线 N_A 和 $p_{A,0}$ 的拟合，得到各温度条件下 SO_2 的气相传质系数（k_{G,SO_2}），如图 4.27～图 4.30 所示。

根据 SO_2 的吸收特性，可认为 $p_{A,i}=0$，则 $N_A=k_G p_{A,0}$。

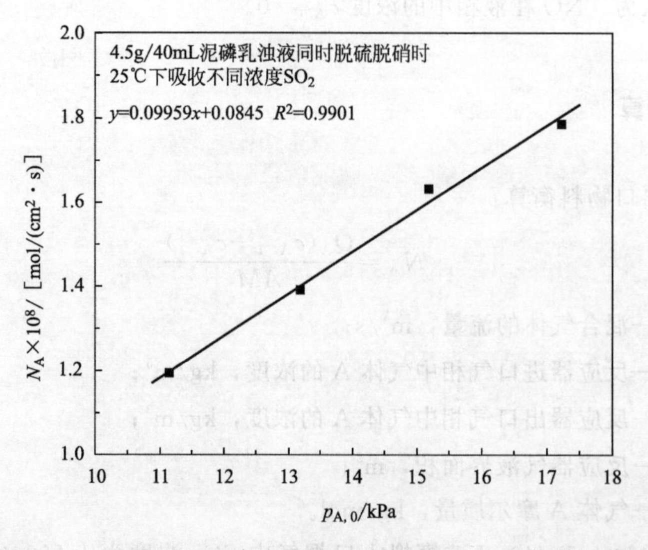

图 4.27　25℃时吸收速率 N_A 随 SO_2 气相压力 $p_{A,0}$ 的变化情况

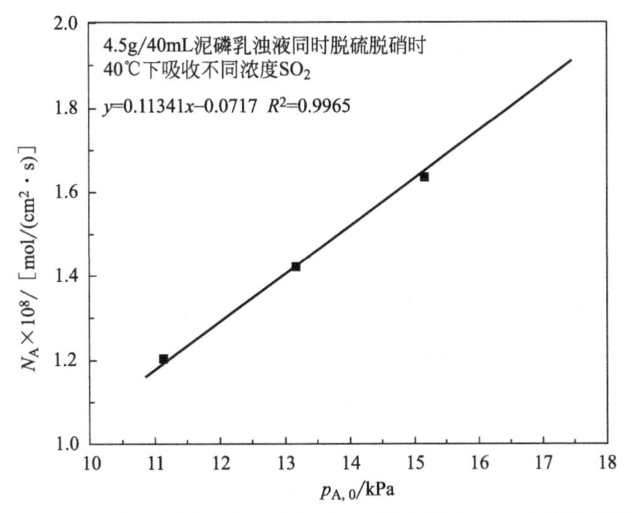

图 4.28　40℃时吸收速率 N_A 随 SO_2 气相压力 $p_{A,0}$ 的变化情况

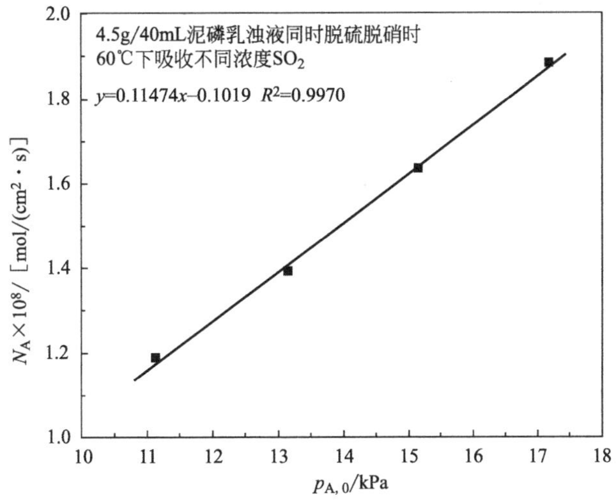

图 4.29　60℃时吸收速率 N_A 随 SO_2 气相压力 $p_{A,0}$ 的变化情况

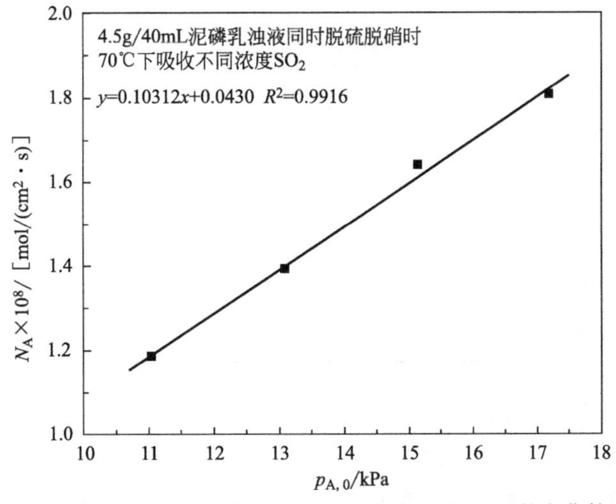

图 4.30　70℃时吸收速率 N_A 随 SO_2 气相压力 $p_{A,0}$ 的变化情况

4.5.3.2 各个温度下 NO 的气相传质系数 $k_{G,NO}$

NO 的气相传质系数可以用下式计算：

$$k_{G,NO}=k_{G,SO_2}\left(\frac{D_{NO\text{-}N_2}}{D_{SO_2\text{-}N_2}}\right)^{\frac{2}{3}} \tag{4-16}$$

式中 $k_{G,NO}$——NO 的气相传质系数，mol/(cm^2·s·kPa)；

k_{G,SO_2}——SO_2 的气相传质系数，mol/(cm^2·s·kPa)；

$D_{NO\text{-}N_2}$——NO 在 N_2 中的气相传质系数，m^2/s；

$D_{SO_2\text{-}N_2}$——SO_2 在 N_2 中的气相传质系数，m^2/s。

$D_{NO\text{-}N_2}$ 和 $D_{SO_2\text{-}N_2}$ 可由 Chapman-Enskog 方程求出：

$$D_{AB}=\frac{0.00266T^{2/3}}{pM_{AB}^{1/2}\sigma_{AB}^{2}\Omega_{D}} \tag{4-17}$$

式中 T——温度，K；

p——压力，Pa；

σ_{AB}——特征长度，Å，$\sigma_{AB}=(\sigma_A+\sigma_B)/2$；

Ω_D——扩散碰撞积分，无量纲。

$$\Omega_D=\frac{A}{(T^*)^B}+\frac{C}{\exp(DT^*)}+\frac{E}{\exp(FT^*)}+\frac{G}{\exp(HT^*)} \tag{4-18}$$

$T^*=kT/\varepsilon_{AB}$；$A=1.6036$；$B=0.15610$；$C=0.193$；$D=0.47635$；$E=1.03587$；$F=1.52996$；$G=1.76474$；$H=3.89411$；

k——Boltzmann 常数，1.3806×10^{-23}J/K；

ε_{AB}——特征能量，$\varepsilon_{AB}=(\varepsilon_A+\varepsilon_B)^{1/2}$。

$$M_{AB}=2\left(\frac{1}{M_A}+\frac{1}{M_B}\right)^{-1} \tag{4-19}$$

通过查阅气液物性估算手册，可以得到不同温度条件下各参数的值，如表 4.10 所示。

表 4.10 各气体特征参数

参数名称	单位	数值
NO 特征长度	Å	3.492
N_2 特征长度	Å	3.798
SO_2 特征长度	Å	4.112
NO 特征能量	K	116.7
N_2 特征能量	K	71.4
SO_2 特征能量	K	335.4

SO_2：$\varepsilon_{AB}=20.1693$，$M_{AB}=38.9565$g/mol，$\sigma_{AB}=3.955$；NO：$\varepsilon_{AB}=13.7150$，$M_{AB}=28.9655$g/mol，$\sigma_{AB}=3.645$。

混合气体按理想气体处理，系统总压为 $p_{总}=101.3$kPa，由理想气体分压定律可知：

$$p=p_{总}\,y \tag{4-20}$$

$p_{SO_2}=15.195kPa=0.15195bar$，$p_{NO}=3.2416kPa=0.032416bar$。

根据以上公式，计算得出各温度下 SO_2、NO 扩散碰撞积分和在 N_2 中的传质系数，详见表 4.11。

表 4.11　各温度下 SO_2、NO 扩散碰撞积分和在 N_2 中的传质系数

温度/K	298.15	313.15	333.15	343.15
$T^*_{NO\text{-}N_2}$	3.00129×10^{-22}	3.15229×10^{-22}	3.3536×10^{-22}	3.4543×10^{-22}
$T^*_{SO_2\text{-}N_2}$	2.0409×10^{-22}	2.1435×10^{-22}	2.2804×10^{-22}	2.3489×10^{-22}
$\Omega_{D,NO}$	3674.026	3646.004	3610.970	3594.346
Ω_{D,SO_2}	3901.810	3872.073	3834.861	3817.199
$D_{NO\text{-}N_2}/(m^2/s)$	1.3940×10^{-5}	1.4515×10^{-5}	1.5273×10^{-5}	1.5649×10^{-5}
$D_{SO_2\text{-}N_2}(m^2/s)$	2.0509×10^{-6}	2.1354×10^{-6}	2.2470×10^{-6}	2.3024×10^{-6}

再根据各温度下 SO_2 的气相传质系数（k_{G,SO_2}），计算得出各温度下 NO 气相传质系数，详见表 4.12。

表 4.12　各温度下 SO_2、NO 气相传质系数

温度/K	298.15	313.15	333.15	343.15
k_{G,SO_2}/[mol/(cm² · s · kPa)]	0.9959×10^{-9}	1.1341×10^{-9}	1.1474×10^{-9}	1.0312×10^{-9}
$k_{G,NO}$/[mol/(cm² · s · kPa)]	3.5735×10^{-9}	4.0695×10^{-9}	4.1171×10^{-9}	3.6987×10^{-9}

由表 4.12 可知：在 298.15～343.15K 时，随温度的升高，SO_2、NO 气相传质系数逐渐呈上升趋势，但在 343.15K 时降低。且在 298.15～333.15K 时，脱硫脱硝效率随温度的升高而明显增大，而在 343.15K 时急剧降低，这说明反应温度的适当提高有利于增大气相传质系数，即有利于气相传质过程，进而提高化学反应速率，本实验最佳反应温度为 333.15K。

4.5.4 液相传质参数的计算

本实验采用 Danckwerts 标绘法测定 k_L，即通过测定蒸馏水吸收 CO_2 气体，以气相体积法定量。

4.5.4.1 各个温度下蒸馏水吸收 CO_2 的液相传质系数 k_{L,CO_2}

在动力学实验之前，先测得 k_{L,CO_2} 的值。

由方程（4-14）$N_A=\beta k_L(c_{A,i}-c_{A,0})$，认为 CO_2 在液相主体中的浓度 $c_{A,0}=0$ 时，则：

$$N_A=k_L c_{A,i} \tag{4-21}$$

通过相同实验装置不同温度下蒸馏水吸收不同浓度 CO_2 的实验，得到各个温度条件下 CO_2 的液相传质系数（k_{L,CO_2}）。CO_2 液相传质系数实验安排，详见表 4.13。

表 4.13　CO_2 液相传质系数实验安排表

实验号	温度/K	CO_2 入口浓度/(mg/m^3)	实验号	温度/K	CO_2 入口浓度/(mg/m^3)
1	298.15	50	9	333.15	50
2	298.15	60	10	333.15	60
3	298.15	70	11	333.15	70
4	298.15	80	12	333.15	80
5	313.15	50	13	343.15	50
6	313.15	60	14	343.15	60
7	313.15	70	15	343.15	70
8	313.15	80	16	343.15	80

在不同温度条件下，通过对 CO_2 吸收速率（N_A）随气液相界面浓度（$c_{A,i}$）变化的曲线中 N_A 和 $c_{A,i}$ 的拟合，得到各温度条件下的 k_{L,CO_2}，见图 4.31～图 4.34。

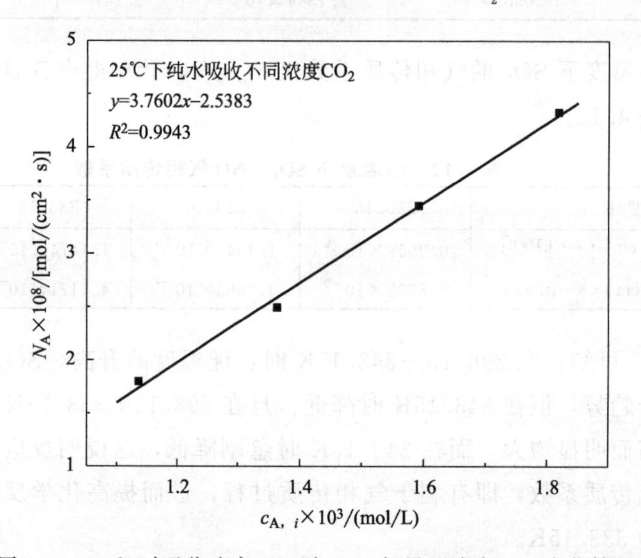

图 4.31　25℃时吸收速率 N_A 随 CO_2 相界面浓度 $c_{A,i}$ 变化情况

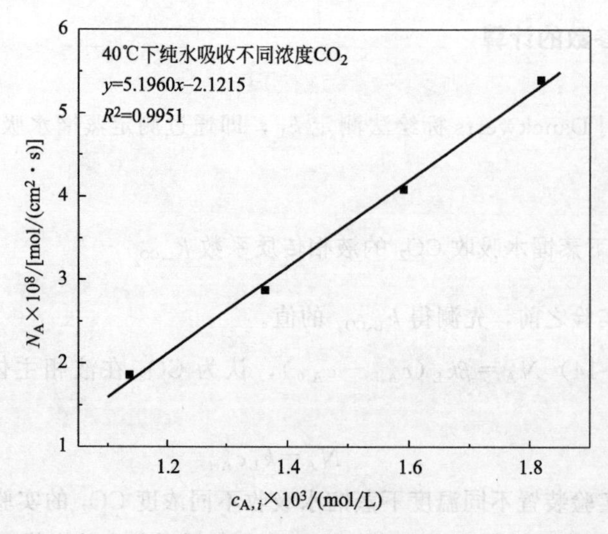

图 4.32　40℃时吸收速率 N_A 随 CO_2 相界面浓度 $c_{A,i}$ 变化情况

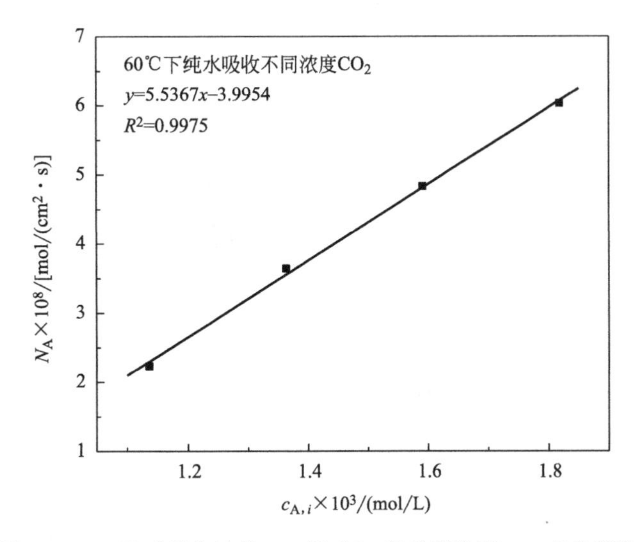

图 4.33　60℃时吸收速率 N_A 随 CO_2 相界面浓度 $c_{A,i}$ 变化情况

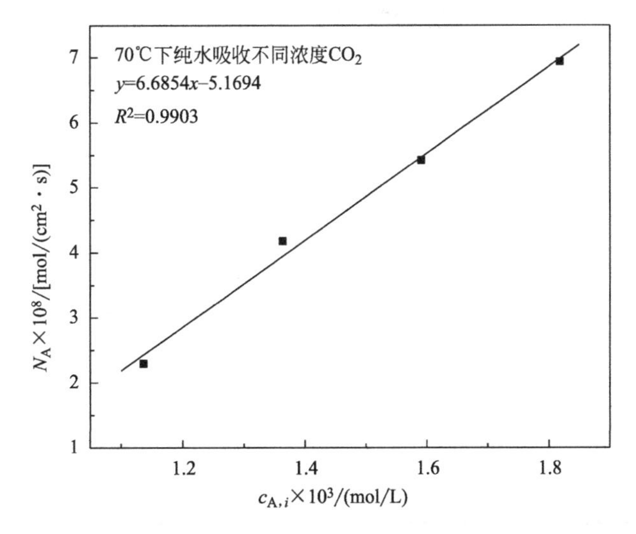

图 4.34　70℃时吸收速率 N_A 随 CO_2 相界面浓度 $c_{A,i}$ 变化情况

4.5.4.2　各个温度下 SO_2、NO 的液相传质系数 k_L

SO_2、NO 的液相传质系数可以用下面两式计算：

$$k_{L,NO}=k_{L,CO_2}\left(\frac{D_{NO\text{-}H_2O}}{D_{CO_2\text{-}H_2O}}\right)^{\frac{2}{3}} \tag{4-22}$$

$$k_{L,SO_2}=k_{L,CO_2}\left(\frac{D_{SO_2\text{-}H_2O}}{D_{CO_2\text{-}H_2O}}\right)^{\frac{2}{3}} \tag{4-23}$$

式中　$k_{L,NO}$——NO 的液相传质系数，m/s；

k_{L,SO_2}——SO_2 的液相传质系数，m/s；

k_{L,CO_2}——CO_2 的液相传质系数，m/s；

D_{NO-H_2O}——NO 在水中的扩散系数，m^2/s；

$D_{CO_2-H_2O}$——CO_2 在水中的扩散系数，m^2/s；

$D_{SO_2-H_2O}$——SO_2 在水中的扩散系数，m^2/s。

D_{NO-H_2O}、$D_{CO_2-H_2O}$、$D_{SO_2-H_2O}$ 可采用 Wilke-Chang 公式计算：

$$D_{AB}=7.4\times10^{-8}\frac{(\phi M_B)^{1/2}T}{\mu_B V_{BA}^{0.62}} \tag{4-24}$$

式中 M_B——溶剂 B 的分子量；

T——绝对温度，K；

μ_B——溶剂 B 的黏度，厘泊（cP）；

V_{BA}——常沸点下溶质 A 的摩尔容积，cm^3/mol；

ϕ——溶剂 B 的缔合因子，无量纲（水为溶剂时取 2.6）。

$V_{BSO_2}=44.8cm^3/mol$，$V_{BCO_2}=34.0cm^3/mol$，$V_{BNO}=23.6cm^3/mol$；$M_{H_2O}=18$。各温度下水的黏度值见表 4.14。

表 4.14 各温度下水的黏度值 μ

温度/K	298.15	313.15	333.15	343.15
黏度值 μ/cP	0.8937	0.6560	0.4688	0.4061

根据以上公式，计算得出各温度下 SO_2、NO、CO_2 在水中的扩散系数值，详见表 4.15。

表 4.15 各温度下 $D_{SO_2-H_2O}$、D_{NO-H_2O}、$D_{CO_2-H_2O}$ 值

温度/K	298.15	313.15	333.15	343.15
$D_{SO_2-H_2O}/(m^2/s)$	1.5988×10^{-5}	2.2878×10^{-5}	3.4058×10^{-5}	4.0496×10^{-5}
$D_{NO-H_2O}/(m^2/s)$	2.3790×10^{-5}	3.4040×10^{-5}	5.0676×10^{-5}	6.0256×10^{-5}
$D_{CO_2-H_2O}/(m^2/s)$	1.8971×10^{-5}	2.7145×10^{-5}	4.0410×10^{-5}	4.8050×10^{-5}

根据表 4.15，计算得出各温度下 CO_2、SO_2、NO 液相传质系数，如表 4.16 所示。

表 4.16 各温度下 CO_2、SO_2、NO 的液相传质系数

温度/K	298.15	313.15	333.15	343.15
$k_{L,CO_2}/(m/s)$	3.7602×10^{-5}	5.1960×10^{-5}	5.5367×10^{-5}	6.6854×10^{-5}
$k_{L,SO_2}/(m/s)$	3.2279×10^{-5}	4.6361×10^{-5}	4.9401×10^{-5}	5.5649×10^{-5}
$k_{L,NO}/(m/s)$	3.3549×10^{-5}	6.0423×10^{-5}	6.2413×10^{-5}	7.7744×10^{-5}

由表 4.16 可知：在 298.15～343.15K 时，随温度的升高，SO_2、NO 液相传质系数逐渐呈上升趋势，这是由于反应温度的提高有利于液相传质过程，提高了化学反应速率。

4.5.5 总传质系数

以气相推动力表示的总传质系数 K_G：

$$\frac{1}{K_G}=\frac{1}{k_G}+\frac{1}{k_L H} \tag{4-25}$$

以液相推动力表示的总传质系数 K_L：

$$\frac{1}{K_L}=\frac{H}{k_G}+\frac{1}{k_L} \tag{4-26}$$

式中，H 为气体在水中的溶解度系数，mol/(m^3·Pa)，也可取亨利系数。

经式（4-25）和式（4-26）计算得出各个温度下 SO_2、NO 的气相总传质系数 K_G，液相总传质系数 K_L，详见表 4.17。

表 4.17 各个温度下 SO_2、NO 气相总传质系数 K_G、液相总传质系数 K_L

温度/K	298.15	313.15	333.15	343.15
K_{G,SO_2}/[mol/(cm^2·s·kPa)]	9.9590×10^{-10}	1.1341×10^{-9}	1.1474×10^{-9}	1.0312×10^{-9}
K_{L,SO_2}/(m/s)	1.3803×10^{-5}	1.2523×10^{-5}	8.5483×10^{-6}	6.5460×10^{-6}
$K_{G,NO}$/[mol/(cm^2·s·kPa)]	3.5735×10^{-9}	4.0695×10^{-9}	4.1171×10^{-9}	3.6987×10^{-9}
$K_{L,NO}$/(m/s)	3.2657×10^{-5}	5.7381×10^{-5}	5.8644×10^{-5}	7.1108×10^{-5}

经式（4-26）计算得出各个温度下 SO_2、NO 的液相传质阻力（$1/k_L$）、以浓度差为推动力的总传质阻力（$1/K_L$），详见表 4.18。

表 4.18 液相传质阻力 $1/k_L$、以浓度差为推动力的总传质阻力 $1/K_L$

温度/K	298.15	313.15	333.15	343.15
$1/k_{L,SO_2}$	0.3098×10^5	0.2157×10^5	0.2024×10^5	0.1797×10^5
$1/K_{L,SO_2}$	0.7245×10^5	0.7985×10^5	1.1698×10^5	1.5277×10^5
液相传质阻力占总传质阻力的百分比	42.761%	27.013%	17.302%	11.763%
$1/k_{L,NO}$	0.2981×10^5	0.1655×10^5	0.1602×10^5	0.1286×10^5
$1/K_{L,NO}$	0.3062×10^5	0.1743×10^5	0.1705×10^5	0.1406×10^5
液相传质阻力占总传质阻力的百分比	97.355%	94.951%	93.959%	91.465%

由表 4.12 和表 4.16 可知，在 298.15～343.15K 时：

a. 对于 SO_2，$K_{G,SO_2}=k_{G,SO_2}$，且液相传质阻力占由分压差为推动力的总传质阻力的 10%以上，所以液膜阻力不能忽略，该过程为双膜控制；

b. 对于 NO，$K_{G,NO}=k_{G,NO}$，液相传质阻力占由分压差为推动力的总传质阻力的 90%以上，即 $K_{L,NO}\approx k_{L,NO}$，由气膜和液膜控制着整个吸收过程，气膜阻力和液膜阻力均不可忽略，该过程亦为双膜控制；

c. 对于SO_2、NO来说，随温度的上升，液相传质阻力都逐渐变小，尤其是SO_2，随温度的升高逐渐变为由气膜控制主体反应。

4.5.6 NO的$c_{A,i}$、增强因子β的计算

该实验条件：固液比为4.5g/40mL，$\varphi_{O_2}=20\%$，$Q=300mL/min$，$T=60℃$，反应200min。

由$N_A=k_G(p_{A,0}-p_{A,i})=\beta k_L(c_{A,i}-c_{A,0})$计算出界面压力$p_{A,i}$，再通过亨利定律计算出$c_{A,i}$。

$$c_{A,i}=H_A p \tag{4-27}$$

式中，H_A为亨利系数，mol/(L·Pa)。

NO在溶液中的溶解度很小，可认为液相主体中NO浓度$c_{A,0}=0$，得出β。各温度下NO的亨利系统见表4.19。

表4.19 各温度下NO的亨利系数

温度/K	298.15	313.15	333.15	343.15
H_{NO}/[mol/(L·Pa)]	2.91×10^{-6}	3.57×10^{-6}	4.24×10^{-6}	4.44×10^{-6}

经计算，得出各温度下NO的界面压力和界面浓度及增强因子，详见表4.20。

表4.20 各温度下NO的界面压力和界面浓度及增强因子

温度/K	298.15	313.15	333.15	343.15
$p_{NO,i}$/kPa	1.7192	1.1894	1.0904	1.2789
$c_{NO,i}$/(mol/L)	5.0629×10^{-6}	4.2462×10^{-6}	4.6233×10^{-6}	5.6783×10^{-6}
β_{NO}	43.2069	30.7946	28.8158	17.2032

5

超声波外场强化脱硫

5.1 超声雾化过渡金属离子溶液吸收二氧化硫可行性分析

5.1.1 实验装置、流程及方法

5.1.1.1 实验装置及流程

超声雾化吸收低浓度 SO_2 的实验装置及流程如图 5.1 所示。

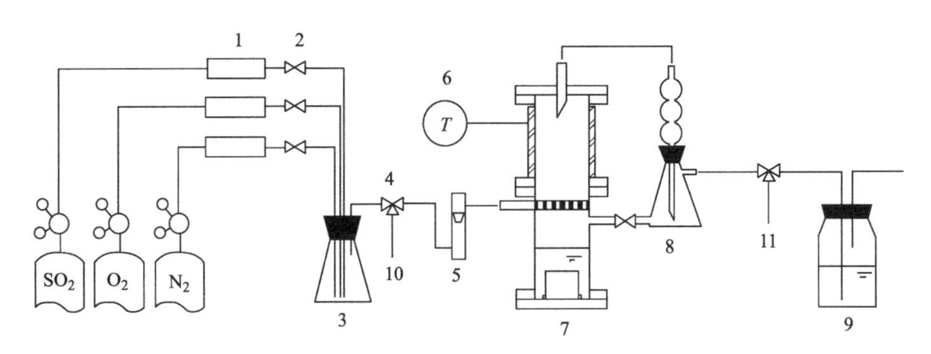

图 5.1 超声雾化吸收低浓度 SO_2 的实验装置及流程

1—质量流量计；2—截止阀；3—缓冲瓶；4—玻璃三通；5—气体流量计；6—加热带及数显温控装置；7—超声雾化反应器；8—气雾分离器；9—尾气吸收瓶；10—进口气体采样口；11—出口气体采样口

采用 99.99%（体积分数）高纯氮气、9999.7mg/m^3 二氧化硫标准气和 99.5%（体积分数）氧气，按照实验条件所需 SO_2 浓度进行配比，配比方法见 5.1.1.2。配制好的模拟废气在钢瓶的气压动力下经缓冲瓶缓冲后进入超声雾化反应器，与超声雾化反应器中的雾滴接触发生反应，数显温控装置控制反应温度，反应后的气体进入气雾分离器中，分离后的液体回流至反应器中继续参与反应。分离出来的气体经含有高锰酸钾溶液的尾气吸收瓶吸收放空。

气雾分离器采用三连球，以脱脂棉为过滤介质，其分离效果接近 100%。分离出的雾水回流至反应器中。测定进出口气体中 SO_2 浓度时，调节玻璃三通，将气体引入 5L 气袋中，集满后利用烟气分析仪测定。

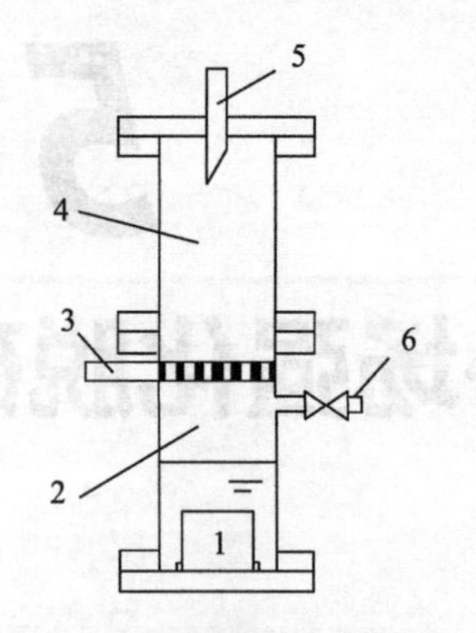

图 5.2 超声雾化反应器结构
1—超声波雾化器；2—雾化区；
3—进气口；4—反应区；5—出气口；
6—气雾分离液回流口

超声雾化反应器结构如图 5.2 所示。

超声雾化反应系统采用自行研制的超声雾化反应器，反应器采用 ϕ70mm×5mm 的有机玻璃管制成，分为上下两段，上段为反应区，高 700mm，下段为雾化区，高 120mm。进、出气口直径均为 ϕ8mm×2mm，气雾分离液回流口直径为 ϕ10mm × 2mm。进气口内部有直径为 40mm、厚度为 10mm 的曝气石，作用是使气体分布均匀。玻璃管之间利用硅胶垫及 8 颗平角螺丝拧紧。

雾化发生器为 HB16-00 型超声波雾化器，它利用超声波的作用使液-气分界面形成表面张力波，当表面张力波足够强时，在波峰处产生雾粒。雾粒具有尺寸均一，动量小，易于在气流中被带走的优点。由于超声波雾化器喷射速度较低，产生的雾滴在封闭空间内初速度为零，所以利用进气口进入的气体作为载体将雾滴带动到反应区进行反应。

5.1.1.2 实验研究方法

(1) 模拟废气配比方法

实验采用 99.99%（体积分数）高纯氮气、9999.7mg/m^3 二氧化硫标准气和 99.5%（体积分数）氧气来模拟实验废气，具体某个实验条件下二氧化硫浓度为 c_{SO_2}，氧含量为 φ_{O_2}，根据以下算式可计算出每种气体所需的量：

$$Q_{SO_2}=Q_{总}\times\frac{c_{SO_2}}{9997.7} \tag{5-1}$$

$$Q_{O_2}=Q_{总}\times\frac{\varphi_{O_2}}{99.5} \tag{5-2}$$

$$Q_{N_2}=Q_{总}-Q_{SO_2}-Q_{O_2} \tag{5-3}$$

注：配气所用气体流量计为质量流量计。

(2) 二氧化硫气体浓度的检测

二氧化硫气体浓度采用多功能烟气分析仪（ecom-J2KN，德国）进行测定，其原理是：烟气分析仪里面含有电化学气体传感器，利用电解池原理，通过氧化或还原反应将烟气中的二氧化硫浓度转化为电信号，通过检测电信号的大小得到相应气体浓度。有实验证明利用碘量法及烟气分析仪测定的二氧化硫浓度相对误差低于 5%。ecom-J2KN 烟气分析仪的技术资料见表 5.1。

表 5.1 ecom-J2KN 烟气分析仪的技术资料

测量成分	测量范围	精度	分辨率	传感器类型
氧气 O_2	0～21%(体积分数)	±0.2%(体积分数)	0.1%(体积分数)	电化学传感器
二氧化硫 SO_2	0～6000mg/m^3	±15mg/m^3	3mg/m^3	电化学传感器

二氧化硫吸收净化效率计算公式如下：

$$\eta=\frac{c_1-c_2}{c_1}\times 100\% \tag{5-4}$$

式中，η 为脱除效率，%；c_1 为进口 SO_2 浓度，mg/m^3；c_2 为出口 SO_2 浓度，mg/m^3。

（3）雾化速率的测定

实验中所测雾化速率是以氮气为载气，在雾化时间内测量雾化前后雾化液的体积，由此计算出的平均雾化速率，雾化速率计算公式如下：

$$\mu=\frac{V_1-V_2}{t_{雾}} \tag{5-5}$$

式中，μ 为雾化速率，mL/min；V_1 为雾化前吸收液体积，mL；V_2 为雾化后吸收液体积，mL；$t_{雾}$ 为雾化时间，min。

（4）过渡金属离子浓度的计算

实验采用四水氯化锰（$MnCl_2 \cdot 4H_2O$）作为催化剂，分子量为197.91，按照实验条件配制相应锰离子浓度的催化剂，锰离子浓度的计算方法为：

$$c_{Mn^{2+}}=\frac{m}{V\times 197.91} \tag{5-6}$$

式中，$c_{Mn^{2+}}$ 为吸收剂中锰离子的摩尔浓度，mol/L；m 为四水氯化锰的质量，g；V 为蒸馏水体积，L。

（5）亚硫酸根离子浓度的测定

亚硫酸根离子浓度的测定采用碘量法，其原理如下：

$$Na_2SO_3+I_2+H_2O = Na_2SO_4+2HI \tag{5-7}$$

$$2Na_2S_2O_3+I_2 = Na_2S_4O_6+2NaI \tag{5-8}$$

a. 先准确移取5mL浓度为0.05mol/L的标准碘液注入碘量瓶中，加入体积为 V 的待测样，并加入5mL盐酸（1+4）溶液，摇匀后在暗处静置5min。

b. 利用0.05mol/L硫代硫酸钠标准溶液滴定，当溶液变为淡黄色后再加入1mL浓度为1%的淀粉溶液继续滴定，当蓝色刚刚褪去，溶液变为透明后停止滴定，记录消耗的硫代硫酸钠标准溶液的体积 V_1。

c. 按照以上步骤做空白滴定，消耗硫代硫酸钠体积为 V_2。

亚硫酸根离子浓度计算公式如下：

$$c_{SO_3^{2-}}=\frac{(V_1-V_2)\times 0.05\text{mol/L}\times 40\text{g/mol}}{V} \tag{5-9}$$

式中，$c_{SO_3^{2-}}$ 为亚硫酸根离子浓度，g/L；V_1 为样品消耗的硫代硫酸钠标准溶液体积，mL；V_2 为空白样消耗的硫代硫酸钠标准溶液体积，mL；V 为所取样品体积，mL。

（6）硫酸根离子浓度的测定

硫酸根离子浓度的测定采用酸碱滴定法，其原理是：

$$2NaOH+H_2SO_4 = Na_2SO_4+2H_2O \tag{5-10}$$

a. 移取 VmL待测样于锥形瓶中，加入2～3滴酚酞指示剂，利用浓度为0.1mol/L的NaOH标液滴定，溶液由无色变为粉红色后停止滴定，记录消耗的NaOH标液体积 V_1。

b. 按照以上步骤做空白滴定，消耗 NaOH 标液体积为 V_2。

硫酸根离子浓度计算公式如下：

$$c_{SO_4^{2-}}=\frac{(V_1-V_2)\times 0.1\text{mol/L}}{V}\times 96\text{g/mol} \tag{5-11}$$

式中，$c_{SO_4^{2-}}$ 为硫酸根离子浓度，g/L；V_1 为样品消耗的 NaOH 标液体积，mL；V_2 为空白样消耗的 NaOH 标液体积，mL；V 为所取样品体积，mL。

(7) 氢离子浓度的测定

氢离子浓度是间接通过精密 pH 试纸测定出溶液的 pH，再利用氢离子浓度与 pH 的关系式，换算得到的，具体过程如下。

将精密 pH 试纸撕下，放入玻璃皿中，利用一根干燥的玻璃棒蘸取一滴待测样品，滴在 pH 试纸中部，根据试纸颜色变化与标准比色卡比对，记录 pH。

氢离子浓度计算公式如下：

$$c_{H^+}=10^{-pH} \tag{5-12}$$

式中，c_{H^+} 为氢离子浓度，mol/L；pH 为试纸所测值。

5.1.2 实验结果及分析

SO_2 氧化主要有两种方式，其一是气相中的 SO_2 被氧化为 SO_3，SO_3 与雾中的水结合生成 SO_4^{2-}；其二是 SO_2 直接在液相中氧化。两种方式发生的化学反应如下：

第一种方式：

$$SO_2+1/2O_2 = SO_3 \tag{5-13}$$

$$SO_3+H_2O = 2H^+ + SO_4^{2-} \tag{5-14}$$

第二种方式：

$$SO_2+1/2O_2+H_2O = 2H^+ + SO_4^{2-} \tag{5-15}$$

考虑到自然光对二氧化硫氧化存在影响，因此，在实验研究之前，实验分析了实验条件下 SO_2 可能存在的三种环境，分别是 SO_2 在气相中、在无催化剂的雾滴中以及在有催化剂的雾滴中，因此实验在三种环境下，考察自然光对超声雾化吸收低浓度二氧化硫的影响。

5.1.2.1 自然光照对超声雾化吸收低浓度 SO_2 的影响

(1) SO_2 在气相中的氧化

SO_2 在气相中氧化的实验条件是进口 SO_2 浓度为 1500mg/m^3、氧含量为 15%、超声雾化反应器中无吸收液，在自然光照和遮光不同环境下，在不同时间范围内测定反应器进出口气体中 SO_2 的浓度变化，实验结果如图 5.3 所示。

由图 5.3 可知，自然光照下 SO_2 的氧化率每小时达 3%，遮光时每小时的氧化率仅为 1%，SO_2 氧化率均偏低，这说明在干燥气相中 SO_2 的氧化是很缓慢的。但从另一个角度来看，自然光照下的氧化率高出遮光时 2%，这说明自然光照能促进 SO_2 的

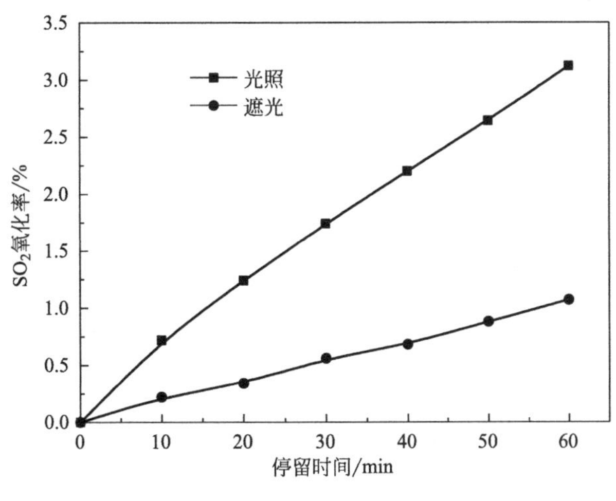

图 5.3 SO_2 气体的气相氧化

氧化。

这是因为 SO_2 吸收光谱在 2900Å（1Å=10^{-10}m）以上呈现两个吸收带，第一个弱吸收伴随着跃迁到第一激发态（三重态）3840Å，第二个强吸收，跃迁到第二激发态（单重态）2940Å。

由于 SO_2 激发态的光解只有在光波长小于 2180Å 的强光作用下才能产生，而在实验条件下，这些强光已被吸收。因此，反应器中三重态 $^3SO_2$ 的存在若不是唯一的，也必定是 SO_2 主要的存在形式，单重态 $^1SO_2$ 的主要作用是生成三重态 $^3SO_2$。

大量的研究认为，仅含氧气的二氧化硫氧化步骤对 $^3SO_2$ 潜在的最主要反应是：

$$^3SO_2 + O_2 = SO_3 + O \tag{5-16}$$

$$O + SO_2 = SO_3 \tag{5-17}$$

正是由于光的这种激发作用，SO_2 生成能量较高的 $^3SO_2$，使二氧化硫的光氧化速率高于无光时的氧化速率。

虽然自然光照射下的 SO_2 氧化率高于无光照射下的，但在干燥环境中 SO_2 的氧化率也很低，这说明 SO_2 在气相中的氧化不易发生，即反应最终生成的 SO_4^{2-} 并不是来源于气相中的光化学氧化，因此研究 SO_2 在雾相中的氧化情况。

（2）SO_2 在雾相中的氧化

SO_2 在液相或者雾相中的氧化在理论上虽然可以自发进行，并且可以进行得很完全，但实际反应过程中，SO_2 在液相或者雾相中的氧化进行得很慢，因此，必须添加催化剂才能加速反应过程，一般 Mn 系催化剂催化效果最佳。除此之外，自然光对 SO_2 在液相或者在雾相中的氧化是否存在影响需进一步研究，因此分别在无催化剂条件下和有催化剂条件下考察自然光对本实验研究的影响。

① 无催化剂条件下自然光对 SO_2 在雾相中氧化的影响　为了考察自然光对超声雾化吸收低浓度 SO_2 的影响，分别在有光和无光情况下进行实验。实验分别在有光和无光，进口 SO_2 浓度为 1500mg/m^3、氧含量为 15%、吸收剂为蒸馏水、蒸馏水体积为

120mL，雾化功率为30W的条件下进行，在不同时间范围内测定反应器进出口气体中SO_2的浓度变化，实验结果如图5.4所示。

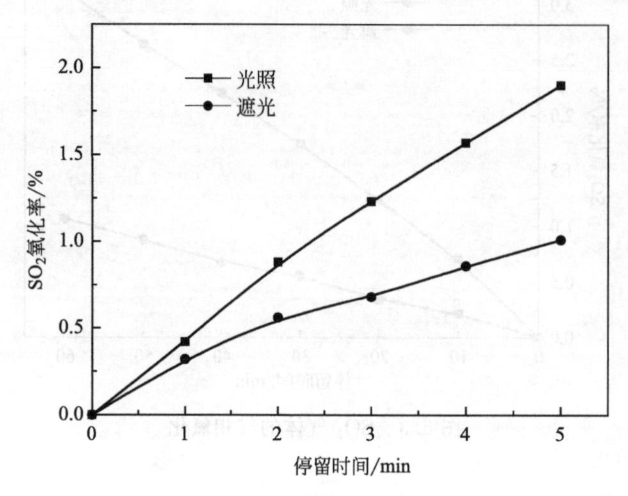

图5.4　无催化剂条件下自然光对SO_2在雾相中氧化的影响

从图5.4可看出，不管反应在有自然光照射下或是遮光下，SO_2的液相氧化规律随停留时间的变化几乎相似。随着停留时间的延长，二氧化硫的氧化率都随之增加。这是因为反应物接触时间延长，有利于生成物的产生。且从图5.4中可看到，SO_2液相氧化效率随停留时间的延长而提高，但增长速度较慢。这说明纯水中SO_2的液相氧化作用不强。

为考察自然光的影响，在不改变其他条件的情况下，将反应器遮光，重复实验，实验结果见图5.4。从图5.4中可以看出，当停留时间为5min，自然光照下SO_2的液相氧化率约为2%，遮光时的液相氧化效率约为1%，是有光作用时液相氧化率的1/2，这也说明当雾相中不含催化剂时，SO_2在雾相中的氧化作用对光的依赖性较明显。

② 有催化剂条件下自然光对SO_2在雾相中氧化的影响　实验分别在有光和无光条件下进行，固定进口SO_2浓度为1500mg/m³、氧含量为15%、吸收剂为Mn^{2+}溶液、Mn^{2+}浓度为1×10^{-3}mol/L、体积为120mL、雾化功率为30W不变，在不同时间范围内测定反应器进出口气体中SO_2的浓度变化，实验结果如图5.5所示。

与图5.4相比，图5.5无论是自然光照，还是遮光条件下，有催化剂条件下的SO_2液相氧化率均高于无催化剂条件下的，这是因为含有Mn^{2+}催化剂的雾相中有大量可作凝结核的电解质，反应器中形成均匀稳定的雾，此时，雾不易凝结，停留时间增长，SO_2氧化更充分。

在图5.5中，自然光照下和遮光时SO_2的液相氧化率差别较小，这是因为在有催化剂时，液相SO_2的氧化进行得很快，此时催化剂对SO_2的液相氧化占据主要部分。因此，当催化剂存在时，光对SO_2的液相催化氧化作用很小，并没有起到关键作用。

通过考察自然光对超声雾化吸收低浓度二氧化硫的影响，发现自然光对气相中的二氧化硫虽有一定的氧化作用，但氧化效果不明显。自然光照对雾相中二氧化硫的氧化作用在有无催化剂条件下有不同的规律。当雾相中没有催化剂时，二氧化硫在雾相

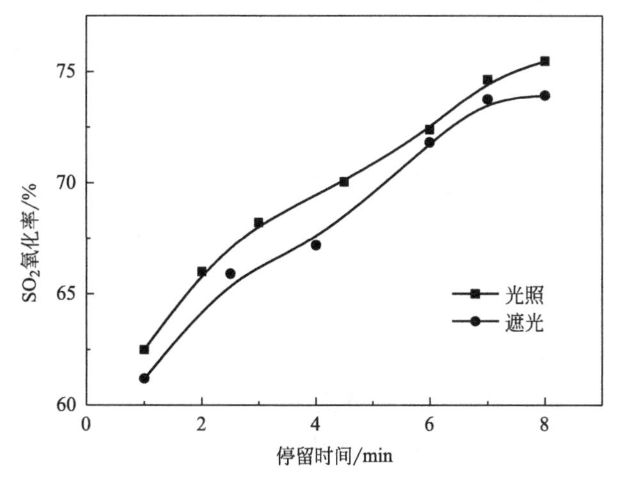

图 5.5 有催化剂条件下自然光对 SO_2 在雾相中氧化的影响

中的氧化对光的依赖性较明显；当雾中有催化剂时，光对二氧化硫在雾相中的氧化贡献较小。因此，以下实验均在自然光条件下进行。

5.1.2.2 雾化参数对超声雾化吸收低浓度 SO_2 的影响

超声雾化参数包括超声波频率、超声波功率、超声波功率密度、雾化液体积等，本研究考察容易控制的两个因素，分别是超声波功率和雾化液体积，来探索雾化参数对超声雾化吸收低浓度 SO_2 的影响。

(1) 超声波功率对超声雾化吸收低浓度 SO_2 的影响

探究超声波功率对超声雾化吸收低浓度 SO_2 影响的实验条件是：进口 SO_2 浓度为 1500mg/m^3、氧含量为 15%、气体流速为 0.3L/min，雾化液体积为 120mL、Mn^{2+} 浓度为 0.01mol/L，反应温度为 35℃，选择 5W、10W、15W、20W、25W、30W、35W、40W 不同超声波雾化功率进行实验，实验反应 4h 时的脱硫率和雾化速率随超声波功率的变化规律如图 5.6 所示。

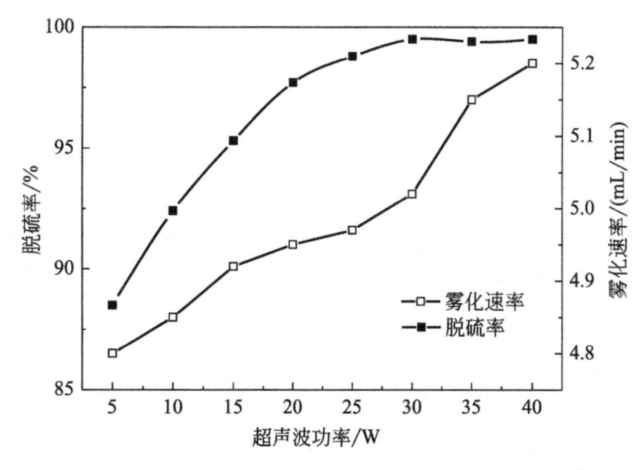

图 5.6 超声波功率对超声雾化吸收低浓度 SO_2 的影响

从图 5.6 可知，脱硫率和雾化速率均随超声波功率的增大而增大，这说明超声波功率是通过影响雾化速率对脱硫率产生影响的。超声波功率从 5W 提高至 40W，雾化速率从 4.8mL/min 提高至 5.2mL/min；脱硫率从 87.0%提高至 99.5%。

实验中雾化速率实际为单位雾化时间内雾化液体积的减少量。雾化速率增大，单位时间内雾化形成的雾滴中 Mn^{2+} 的量变大，但 SO_2 的量一定，即雾气比增加，有利于 SO_2、O_2 在雾滴中的溶解与传质，进而促进雾滴中的 Mn^{2+} 与 HSO_3^- 形成中间络合物并引发催化氧化反应。

超声波功率增大，超声波对雾化液的空化作用增强，雾化速率增大，且雾滴直径减小。这两方面的有利作用，使 SO_2、O_2 与雾滴接触面积增大，有利于 SO_2、O_2 在气体-雾滴界面的传质，脱硫率随超声波功率的增大而提高。当超声波功率高于 30W 时，4h 脱硫率接近 100%，因此，在保持较高脱硫效率的前提下，最适宜超声波功率为 30W。

（2）雾化液体积对超声雾化吸收低浓度 SO_2 的影响

雾化液即吸收剂，本书中均统称为雾化液。探究雾化液体积对超声雾化吸收低浓度 SO_2 影响的实验条件是：SO_2 浓度为 1500mg/m³、氧含量为 15%、气体流速为 0.3L/min，超声波功率为 30W、Mn^{2+} 浓度为 0.01mol/L，反应温度为 35℃，选择 70mL、80mL、90mL、100mL、110mL、120mL、130mL、140mL 不同雾化液体积进行实验，反应进行 4h 时的脱硫率和雾化速率随雾化液体积的变化规律见图 5.7。

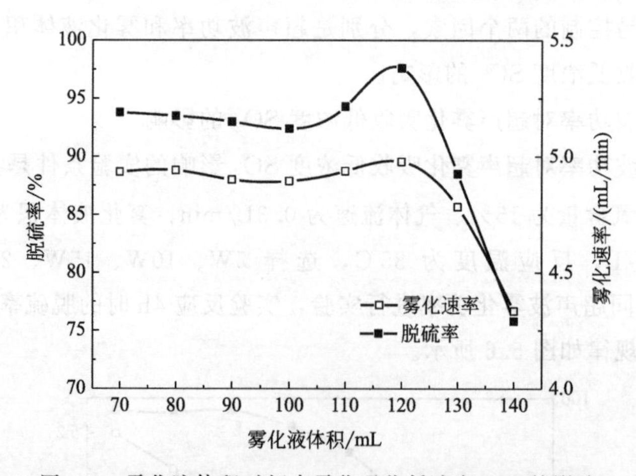

图 5.7 雾化液体积对超声雾化吸收低浓度 SO_2 的影响

由图 5.7 可知，随着雾化液体积的增大，脱硫率和雾化速率的变化几乎是同步的。雾化液体积从 70mL 增至 100mL 时，雾化速率变化较为平缓；当体积增大至 120mL，雾化速率增大至 5mL/min，继续增大体积至 140mL，雾化速率迅速下降至 4.3mL/min。

不难看出，雾化液体积也是通过改变雾化速率来影响脱硫效果的。从图 5.7 中可看出，在 70～100mL 雾化液体积范围内，雾化速率受气体流速的控制，当气体流速一定时，雾化速率受雾化液体积变化的影响相对较小，脱硫率维持在 93.5%左右。雾化液体积继续增大至 120mL，反应器中液面高度逐渐升高达到超声波能量密度最大值附近，超声空化作用最强，雾化速率达到最大值 5mL/min 左右，此时脱硫率增大至 97.6%，当液面高度升高超过超声波能量密度最大值时，空化作用急剧减弱，雾化速率迅速降低至最小值约 4.3mL/min，脱硫率随之降低至 75.8%。因此，本研究中适宜的雾化液体积为 120mL。

5.1.2.3 工艺参数对超声雾化吸收低浓度 SO_2 的影响

影响超声雾化吸收低浓度 SO_2 的工艺参数有很多，包括催化剂类别、催化剂浓度、气体流速、反应温度、氧含量及停留时间等。通过查阅相关文献，本节选择催化剂浓度、气体流速及反应温度这三个在实际应用中容易控制的工艺参数作为影响因素考察。

（1）正交实验

对 Mn^{2+} 浓度、气体流速、反应温度三个因素进行正交实验，采用 $L_{16}(4)^3$ 正交表安排实验，选取的水平如表 5.2 所示。

表 5.2　正交实验因素和水平

水平	因素		
	A 锰离子浓度/(10^{-3}mol/L)	B 气体流速/(L/min)	C 反应温度/℃
1	0.1	0.3	20
2	2.5	0.5	25
3	5	0.7	30
4	10	0.9	35

正交实验中模拟烟气由 SO_2 气体（钢瓶）、N_2 气体（钢瓶）及 O_2 气体（钢瓶）动态配制，SO_2 气体浓度为 1500mg/m^3（平均浓度误差≤5%），氧含量为 15%，吸收液体积为 120mL。实验考察指标为出口浓度≥0mg/m^3 的反应时间，简称反应时间，正交实验安排及结果如表 5.3 所示。

表 5.3　正交实验安排及结果

序号	锰离子浓度(A) /(×10^{-3}mol/L)	气体流速(B) /(L/min)	反应温度(C) /℃	反应时间/min
1	0.1	0.3	20	30
2	0.1	0.5	25	30
3	0.1	0.7	30	30
4	0.1	0.9	35	30
5	2.5	0.3	25	30
6	2.5	0.5	20	60
7	2.5	0.7	35	115
8	2.5	0.9	30	60
9	5	0.3	30	180
10	5	0.5	35	229

续表

序号	锰离子浓度(A) /(×10^{-3}mol/L)	气体流速(B) /(L/min)	反应温度(C) /℃	反应时间/min
11	5	0.7	20	180
12	5	0.9	25	180
13	10	0.3	35	491
14	10	0.5	30	334
15	10	0.7	25	302
16	10	0.9	20	302
K_1	120	731	572	
K_2	265	653	542	
K_3	769	627	604	
K_4	1429	572	865	
k_1	30	182.75	143	
k_2	66.25	163.25	135.5	
k_3	192.25	156.75	151	
k_4	357.25	143	216.25	
R	327.25	39.75	80.75	

表5.3中k_1～k_4为各因素各水平下的平均值，平均值的大小反映同一个因素下的各水平对实验结果影响的大小，并以此确定该因素应该选取的最佳水平。表中R值表示k_1～k_4之间最大平均值与最小平均值的差值，称为极差。R反映的是各因素水平变动对实验结果反应时间影响的大小。

由正交实验结果表可看出，反应的最优方案为A4B1C4。另外从表中得出R_A＞R_C＞R_B，因此这三个因素水平变动对反应时间影响的大小顺序为：锰离子浓度＞反应温度＞气体流速。

各因素对反应时间的影响如图5.8、图5.9和图5.10所示。

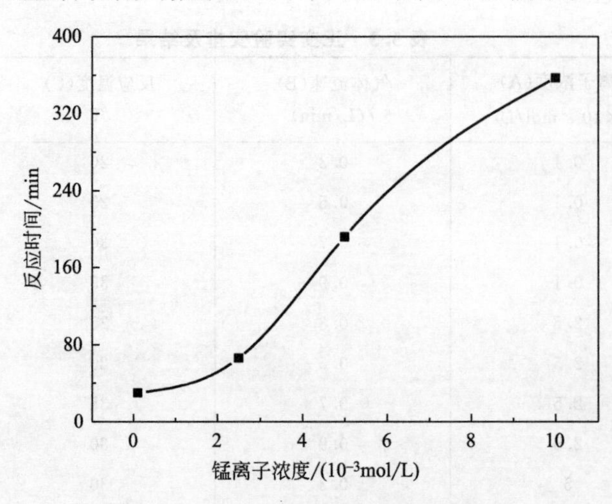

图5.8　锰离子浓度与反应时间的关系

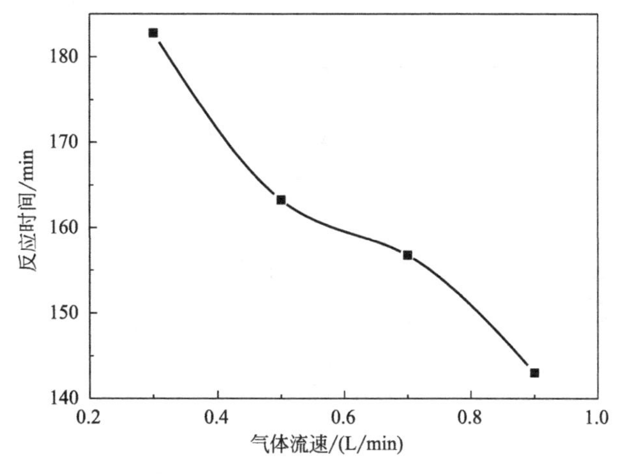

图 5.9　气体流速与反应时间的关系

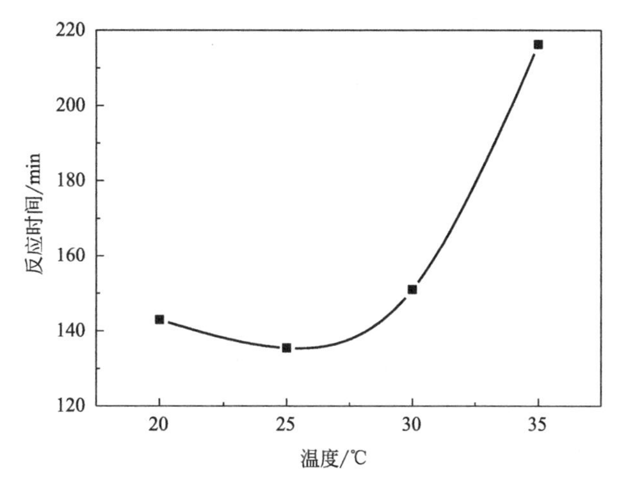

图 5.10　反应温度与反应时间的关系

从锰离子浓度与反应时间关系图可看出，锰离子浓度 0.0001～0.01mol/L 范围内增大，出口能检测到 SO_2 浓度的时间逐渐增大，当锰离子浓度增至 0.01mol/L 时，反应时间显著提高，这说明锰离子浓度的提高对反应有利。

从气体流速与反应时间关系图可看出，随着气体流速的提高，出口能检测到 SO_2 浓度的时间逐步平稳减小，说明气体流速的升高不利于反应的进行。

从反应温度与反应时间关系图可看出，反应时间随反应温度的提高而增长，温度的升高对反应是有利的。

(2) 反应条件的优化

① 气体流速对超声雾化吸收低浓度 SO_2 的影响　探究气体流速对超声雾化吸收低浓度 SO_2 影响的实验条件是：在超声波功率 30W、进气 SO_2 浓度为 1500mg/m^3、氧含量为 15%、温度为 35℃、Mn^{2+} 浓度为 0.01mol/L、Mn^{2+} 溶液体积为 120mL 条件下，选择 0.3L/min、0.5L/min、0.7L/min、0.9L/min、1.2L/min 不同气体流速进

行实验。反应过程中不同气体流速下脱硫率随反应时间的变化规律见图 5.11。

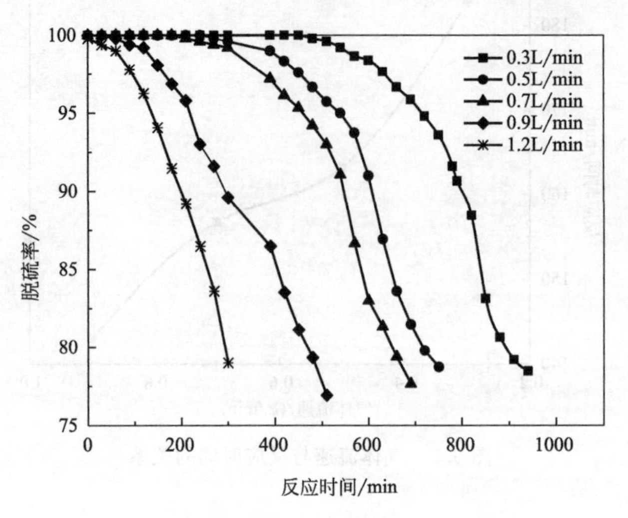

图 5.11　气体流速对超声雾化吸收低浓度 SO_2 的影响

从图 5.11 可知，在同一反应时间点上，脱硫率随气体流速的增加而下降。当流速为 0.3L/min 时，脱硫率维持 100%的反应时间为 510min，脱硫率维持在 80%以上的时间为 880min，脱硫效果最佳。

气体流速对超声雾化吸收低浓度 SO_2 的影响主要在于气体流速会影响雾滴在反应器内的停留时间。气体流速增加，雾滴停留时间减少，气体中 SO_2、O_2 与雾滴接触时间缩短，导致 SO_2 和 O_2 的溶解不充分，增大了 SO_2、O_2 的传质阻力，脱硫率随气体流速的增加而下降。因此，为了得到较好的脱硫效果，选用较小的气体流速，提高气液接触时间，本实验选择 0.3L/min 为最佳气体流速。

② 反应温度对超声雾化吸收低浓度 SO_2 的影响　探究反应温度对超声雾化吸收低浓度 SO_2 影响的实验条件是：SO_2 浓度为 1500mg/m^3、氧含量为 15%、气体流速为 0.3L/min，超声波功率为 30W、Mn^{2+} 浓度为 0.01mol/L，Mn^{2+} 溶液体积 120mL，选择 25℃、30℃、35℃、40℃、45℃、50℃不同反应温度进行实验，反应进行 4h 时的脱硫率随反应温度的变化规律。雾化液温度及雾滴温度随时间变化实验在常温下进行。图 5.12 为实验结果。

从图 5.12 中可看出，雾化液温度随时间的延长逐渐上升，后稳定在 40℃左右，而雾滴温度升高至 28℃左右。这是由于超声雾化器的热效应使雾化液温度上升，而雾化液与外界环境进行着热交换，因此，温度上升至 40℃左右后维持稳定。由于雾滴是以钢瓶气作为载体进入反应区，因此，雾化区产生的雾滴与气体进行热交换致使雾滴温度维持在 28℃左右。

反应温度对超声雾化吸收低浓度 SO_2 的影响主要在于 SO_2、O_2 的液膜溶解过程和 SO_2 液相催化氧化的反应速率，且这两方面对反应的影响是相反的。反应温度升高，有利于提高 SO_2 的液相催化氧化速率，但从表 5.4 中可看出 SO_2、O_2 的溶解度随温度升高而降低，不利于 SO_2、O_2 的溶解，使其传质阻力增大，不利于 SO_2 的催化氧化。

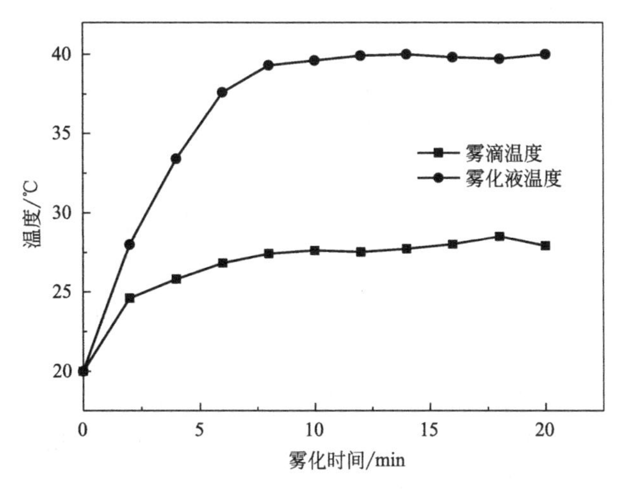

图 5.12　雾化液温度及雾滴温度随时间变化曲线

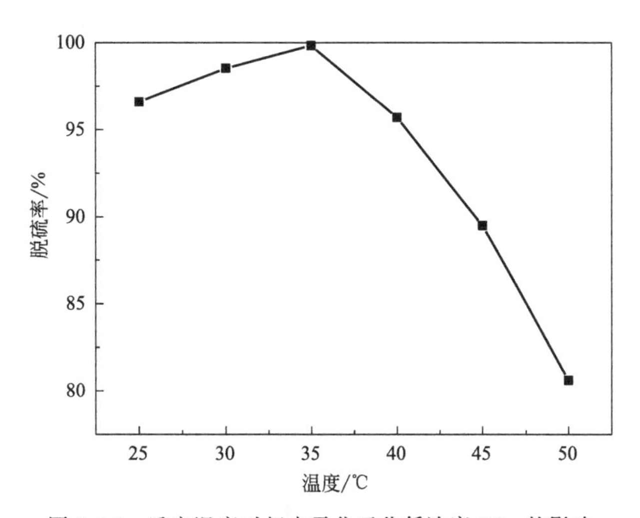

图 5.13　反应温度对超声雾化吸收低浓度 SO_2 的影响

本实验研究了 25～50℃范围内的反应温度对超声雾化脱硫效果的影响。

表 5.4　常压下 SO_2、O_2 溶解度与温度的关系

温度/℃	SO_2 在水中的溶解度/[g/100g]	O_2 在水中的溶解度/[g/100g]
25	9.4	8.25
30	8	7.55
35	—	6.94
40	6.5	6.41
45	—	5.92
50	5	5.47

反应温度对脱硫率的影响如图 5.13 所示。由图 5.13 中可知，反应温度对脱硫率的影响分为两部分：

a. 反应温度由25℃增至35℃时，脱硫率随温度的上升而提高。从表5.4可知，当反应温度为25℃时，SO_2、O_2的溶解度较其他温度条件下的高，有利于SO_2、O_2的液膜溶解，但温度低不利于SO_2的液相催化氧化。此温度下前者有利作用强于后者，脱硫率相对较高，达95.6%。温度升高至35℃时，温度对SO_2液相催化氧化的有利作用强于温度升高对SO_2、O_2溶解的不利作用，脱硫率随温度的升高而升高。

b. 反应温度由35℃增至50℃时，脱硫率急剧下降至80.6%，这是因为虽然反应温度升高，有利于SO_2的液相催化氧化，但反应温度的升高导致雾滴内水分不断蒸发，使SO_2、O_2液膜溶解过程受到控制，抑制催化氧化反应的进行，从而使脱硫率随反应温度的升高而下降。

因此，为保证较好的超声雾化脱硫效果，本实验中选择35℃为最佳反应温度。

③ Mn^{2+}浓度对超声雾化吸收低浓度SO_2的影响　探究Mn^{2+}浓度对超声雾化吸收低浓度SO_2影响的实验条件是：SO_2浓度为1500mg/m^3、氧含量为15%、气体流速为0.3L/min，超声波功率为30W，Mn^{2+}溶液体积为120mL、反应温度为35℃，选择10^{-4}mol/L、10^{-3}mol/L、0.01mol/L、0.03mol/L、0.05mol/L不同离子浓度进行实验，实验考察反应进行4h时的脱硫率随Mn^{2+}浓度的变化规律。本实验在Mn^{2+}浓度为10^{-4}～0.05mol/L的范围内研究了Mn^{2+}浓度对脱硫率的影响，实验结果如图5.14与图5.15所示。

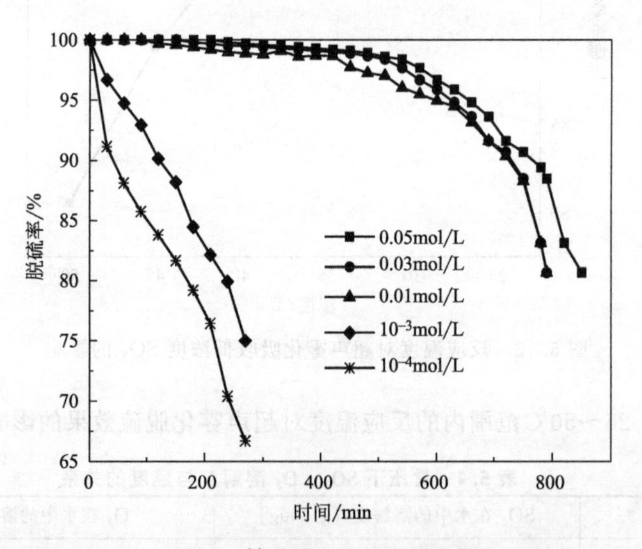

图5.14　不同Mn^{2+}浓度下脱硫率随时间变化曲线

从图5.14中可看出，当Mn^{2+}浓度大于0.01mol/L时，超声雾化脱硫曲线基本上是重合的，这说明当Mn^{2+}浓度大于0.01mol/L时，离子浓度对SO_2的液相催化氧化作用不明显。从图5.15也可看出，当Mn^{2+}浓度低于0.01mol/L时，脱硫率随离子浓度的增大而显著增大；当Mn^{2+}浓度高于0.01mol/L时，离子浓度对脱硫率的影响不大，基本趋于稳定。

在离子浓度为10^{-4}～0.01mol/L时，随着雾滴中Mn^{2+}浓度增加，参与催化氧化的活性位增加，可加快催化氧化反应速率；另外，由于离子浓度的增加，雾滴中可作

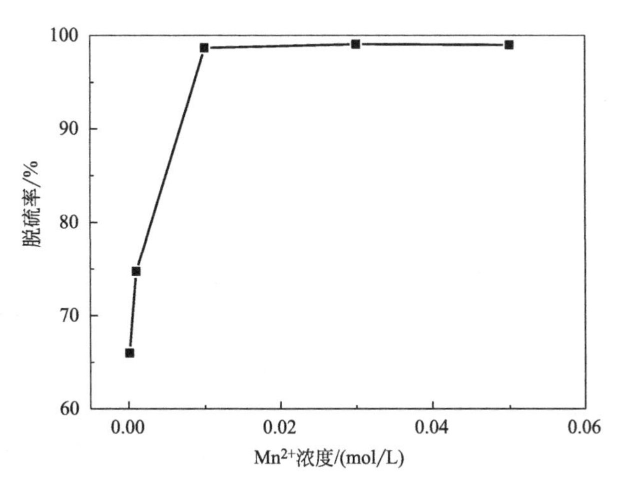

图 5.15 Mn^{2+} 浓度对超声雾化吸收低浓度 SO_2 的影响

凝结核的电解质增多，雾的稳定性增加，停留时间延长，有利于脱硫。当离子浓度持续增大时，单位时间雾滴产酸量增加对 SO_2 溶解的抑制作用与离子浓度增加对反应的促进作用相抵，此时离子浓度对脱硫率的影响不明显，维持在 98.7%左右。由此可见，为保持较高脱硫率及降低处理成本应选取浓度较低的雾化液脱硫。因此，本实验选择最适宜 Mn^{2+} 浓度为 0.01mol/L。

④ 烟气中 SO_2 浓度对超声雾化吸收低浓度 SO_2 的影响　探究烟气中 SO_2 浓度对超声雾化吸收低浓度 SO_2 影响的实验条件是：氧含量为 15%、气体流速为 0.3L/min，超声波功率为 30W，Mn^{2+} 溶液体积为 120mL、Mn^{2+} 浓度为 0.01mol/L、反应温度为 35℃，选择 1500mg/m^3、3000mg/m^3、4500mg/m^3、6000mg/m^3、7500mg/m^3、9000mg/m^3 不同进口 SO_2 浓度进行实验，实验考察反应进行 4h 时的脱硫率随烟气中 SO_2 浓度的变化规律。SO_2 浓度对脱硫率的影响如图 5.16 所示。

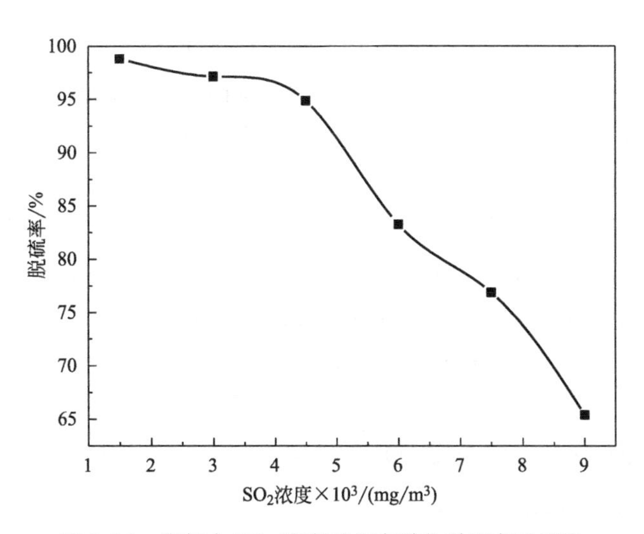

图 5.16 烟气中 SO_2 浓度对超声雾化脱硫率的影响

由图 5.16 可知，脱硫率随 SO_2 浓度的增大呈现递减的趋势，在入口 SO_2 浓度从 1500mg/m^3 增加到 6000mg/m^3 时，脱硫率由 98%下降到 83%，增加到 9000mg/m^3 时降为 65%。这是因为当雾化液体积及超声波功率一定时，雾化速率随之确定。当 SO_2 浓度增大时，一定雾量下处理负荷提高。另一方面，由于反应温度一定，SO_2 溶解度一定，入口 SO_2 浓度增加导致 SO_2 溶解的质量分数下降，雾滴中 HSO_3^- 浓度降低，抑制反应的进行。

⑤ 烟气氧含量对超声雾化吸收低浓度 SO_2 的影响　探究烟气氧含量对超声雾化吸收低浓度 SO_2 影响的实验条件是：SO_2 浓度为 1500mg/m^3、气体流速为 0.3L/min，超声波功率为 30W，Mn^{2+} 溶液体积为 120mL、Mn^{2+} 浓度为 0.01mol/L、反应温度为 35℃，选择 0%、3%、6%、12%、15%不同氧含量进行实验，实验考察反应进行 4h 时的脱硫率随氧含量的变化规律。氧含量对脱硫率的影响如图 5.17 所示。

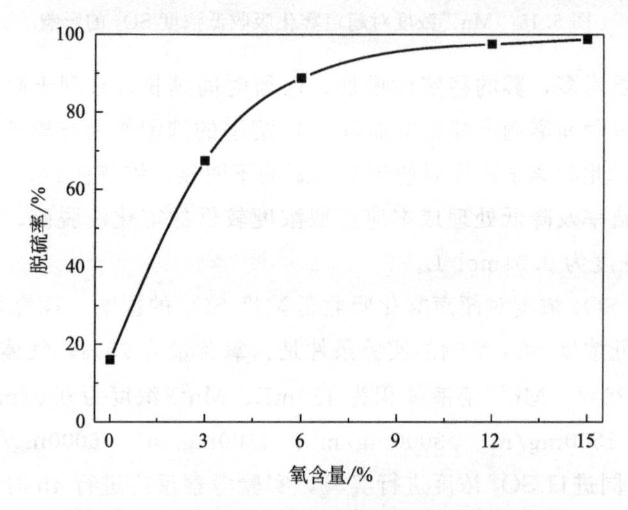

图 5.17　氧含量对超声雾化脱硫率随时间的影响

由于实验本质是利用 Mn^{2+} 的催化特性，将 SO_2 液相催化氧化为硫酸根的过程。因此，氧气作为氧化剂是不可缺少的反应物。从图 5.17 可看出，当氧含量为 0%，即反应中没有氧化剂，催化氧化反应不能发生，此时脱硫率仅为 16%。当氧含量由 0% 增大至 6%时，脱硫率急剧提高至 88.7%；氧含量继续提高至 15%，脱硫率逐渐趋于平稳。A. Huss Jr 等指出整个过程中的气-液传质过程主要受氧气在吸收液中的溶解控制。氧含量为 0%～6%时，随着氧含量的增大，即气体中氧浓度的提高，氧气在雾滴中的溶解度提高，有利于气-液传质过程，脱硫率也随之提高。氧含量为 6%～15%时，氧含量充足，$SO_3^{\cdot -}+O_2 \longrightarrow SO_5^{\cdot -}$ 便快速发生反应，不会限制总的反应速率，脱硫率随氧含量的变化并不大。

⑥ pH 对超声雾化吸低浓度 SO_2 的影响　实验在优化条件下进行，即 SO_2 浓度为 1500mg/m^3、气体流速为 0.3L/min，超声波功率为 30W，Mn^{2+} 溶液体积为 120mL、Mn^{2+} 浓度为 0.01mol/L、反应温度为 35℃、氧含量为 15%。由于在 pH 大于 6 时，Mn^{2+} 会与雾化液中的 OH^- 生成沉淀，影响雾化效果，因此实验选择 pH 为 2、3、4、

5、6 的雾化液进行实验，实验考察反应进行 4h 时的脱硫率随 pH 的变化规律。

pH 对超声雾化脱硫率的影响如图 5.18 所示。从图 5.18 中可看出，pH 由 6 下降至 2 时，脱硫率由 98.8%下降至 65.4%，脱硫率随 pH 的下降而下降，这主要是由不同 pH 下 HSO_3^- 浓度存在差异引起的。SO_2 被 Mn^{2+} 液相催化氧化的关键在于 Mn^{2+} 与 HSO_3^- 生成络合物来引发反应，因此，溶液中 HSO_3^- 的浓度对反应的影响起决定性作用。

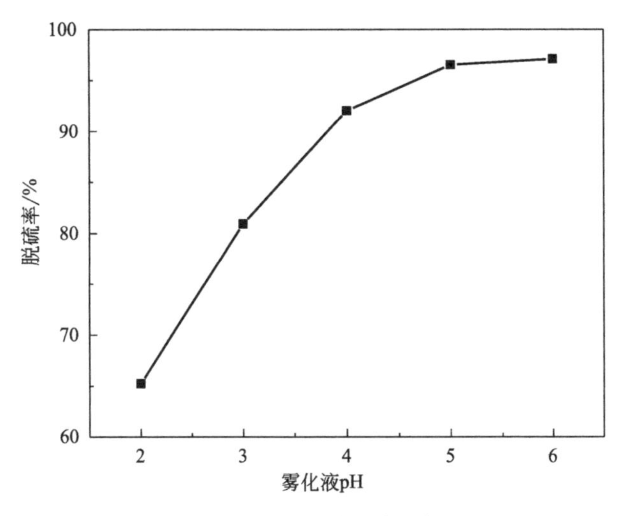

图 5.18　pH 对超声雾化脱硫率的影响

5.1.2.4　超声雾化吸收低浓度 SO_2 的反应产物分析

实验在优化条件下进行，即 SO_2 浓度为 1500mg/m³，超声波功率为 30W，Mn^{2+} 溶液体积为 120mL、Mn^{2+} 浓度为 0.01mol/L、反应温度为 35℃、15%氧含量、1～8min 不同停留时间，实验进行 4h 后取冷凝液样分析其中硫酸根与亚硫酸根离子浓度，不同停留时间下反应产物浓度如图 5.19 所示。

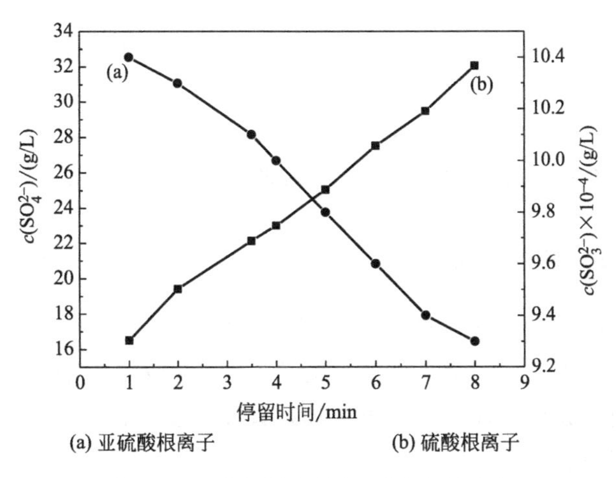

图 5.19　不同停留时间下反应产物浓度

从图 5.19 中可以看出，随着停留时间的增加，硫酸根离子浓度不断增加，亚硫酸根离子浓度不断减小，这是因为停留时间增加，雾滴与烟气中的 SO_2、O_2 能充分接触并反应，使得亚硫酸根离子能大量转化为硫酸根离子，脱硫率随之提高（图 5.20）。并且从二氧化硫转化率来看，即使在最小的停留时间 1min 处，二氧化硫的转化率也在 99%以上，脱硫率在 80%以上，这证明超声波雾化吸收液对低浓度 SO_2 有较好的吸收效果。

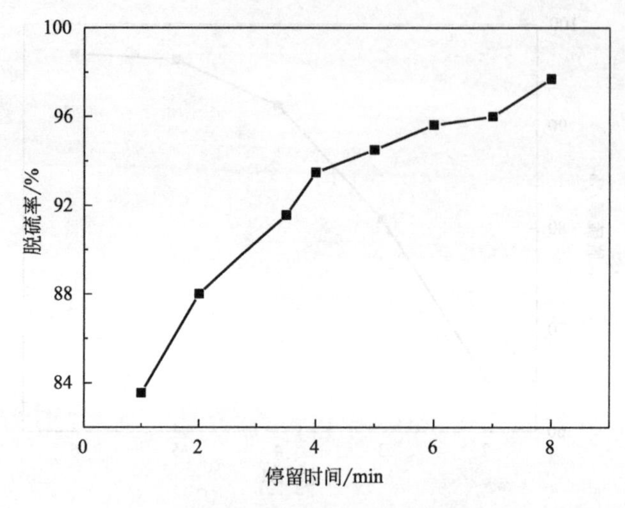

图 5.20　脱硫率随停留时间的变化

实验中转化率为：

$$\text{转化率}=\frac{c(SO_4^{2-})}{c(SO_4^{2-})+c(SO_3^{2-})} \tag{5-18}$$

式中，$c(SO_4^{2-})$ 为冷凝液中 SO_4^{2-} 浓度；$c(SO_3^{2-})$ 为冷凝液中 SO_3^{2-} 浓度。

5.1.3　超声雾化吸收低浓度 SO_2 的反应动力学

超声雾化吸收低浓度 SO_2 反应机理的研究中涉及的因素很多，包括超声波功率、雾滴的粒径、雾滴运动特性、雾滴表面性质、雾滴中存在的活性离子种类及浓度等。本实验利用数学模型对雾滴捕集 SO_2 的过程进行研究，另外对于超声波的加入，实验从反应活化能的角度去探究超声波对雾化吸收二氧化硫的影响。

5.1.3.1　雾滴捕集 SO_2 的数学模型

超声雾化吸收低浓度 SO_2 的本质为细小雾滴吸收 SO_2，本研究中吸收包括 SO_2 由气相主体向气、液界面（雾滴最外层）的传递及由相界面向液相（雾滴内部）主体的传递。因此，要研究超声雾化的传质机理，首先就要搞清楚物质在单一相（气相或液相）里的传递规律。

某种物质在一相里的传递是靠扩散作用完成的。发生在流体中的扩散有分子扩散与涡流扩散两种。分子扩散是凭借流体分子无规则热运动而传递物质的，发生在静止或层流流体里；而涡流扩散是凭借流体质点的湍动和旋涡而传递物质的，一般发生在湍流流体里。

本研究中雾滴捕集 SO_2 就是依靠扩散作用进行的，对于反应过程来讲，雾滴是靠气体流动而运动的，并且进气口处有曝气石，气体分布均匀、稳定，因此将 SO_2 在雾滴内的扩散视为分子扩散，而菲克（Fick）定律就是对物质分子扩散现象基本规律的描述。

扩散过程中由于浓度梯度的作用，混合物中一种组分在另一种组分中扩散，其浓度沿流动方向减少，扩散公式为：

$$\frac{\dot{m}}{A}=D\frac{\partial c_{mv}}{\partial r} \tag{5-19}$$

式中，$\frac{\dot{m}}{A}$为沿 r 方向上的分子扩散通量，kmol/(m^2 · s)；$\frac{\partial c_{mv}}{\partial r}$为物质的浓度梯度，即物质浓度 c_{mv} 在 r 方向上的变化率，kmol/m^4；D 为扩散系数，m^2/s。

球形壳厚度为 dr 的雾滴见图 5.21。

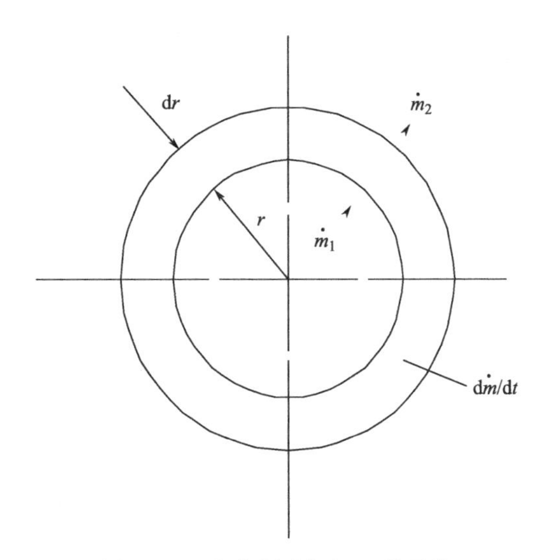

图 5.21 球形壳厚度为 dr 的雾滴

将雾滴看为一厚度为 dr 的球型壳，由于扩散作用，进出此壳的质量流速由下式求得：

$$\dot{m}_1=-\left(4\pi r^2 D\frac{\partial c_{mv}}{\partial r}\right)_r \tag{5-20}$$

$$\dot{m}_2=-\left(4\pi r^2 D\frac{\partial c_{mv}}{\partial r}\right)_{r+\mathrm{d}r} \tag{5-21}$$

壳内质量累积流速为：

$$\frac{\mathrm{d}m}{\mathrm{d}t}=4\pi r^2\mathrm{d}r\frac{\partial c_{mv}}{\partial t} \tag{5-22}$$

由物料平衡：

$$\dot{m}_1=\dot{m}_2+\mathrm{d}m/\mathrm{d}t \tag{5-23}$$

将式（5-20）、式（5-21）、式（5-22）代入式（5-23）化简得：

$$\frac{1}{r^2}\frac{\partial}{\partial r}\left(r^2\frac{\partial c_{mv}}{\partial r}\right)=\frac{1}{D}\frac{\partial c_{mv}}{\partial r} \tag{5-24}$$

上式即物质在球形中扩散的基本方程式。

现讨论气体混合物在运动液滴中的扩散。设离液滴相当远处，相对于液滴的气体速度为 V_∞；污染物气体浓度为 c_{mv_∞}，在紧挟着液滴的表面形成浓度边界层，通过此边界层浓度从 c_{mv_∞} 变到在液滴表面的一适当值 c_{mv_0}。气体混合物在球形液滴中的扩散模型见图 5.22。

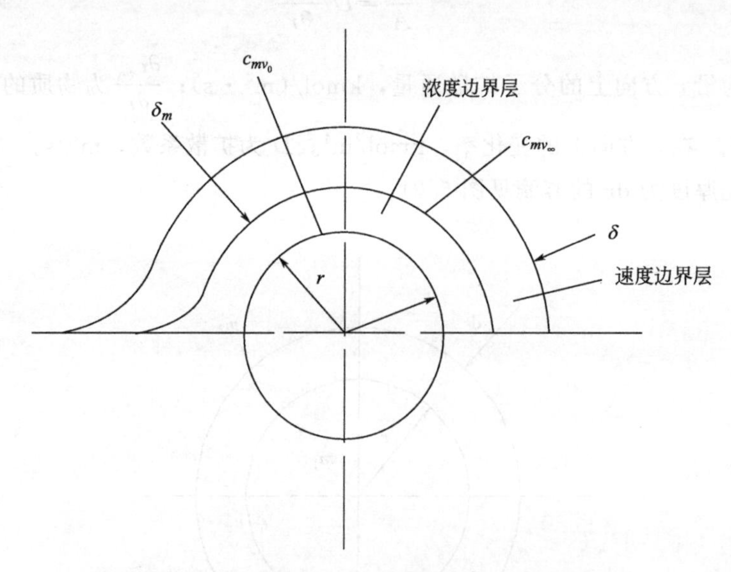

图 5.22　气体混合物在球形液滴中的扩散模型

由公式可计算出通过边界层浓度变化的近似值：

$$c_{mv}-c_{mv_0}=(c_{mv_\infty}-c_{mv_0})\left[\frac{3}{2}\frac{r_i}{\delta_m}-\frac{1}{2}\left(\frac{r_i}{\delta_m}\right)^3\right] \tag{5-25}$$

设浓度边界层厚度 δ_m 与速度边界层厚度 δ 成正比，即：$\delta_m=\beta\delta$

则：

$$c_{mv}=c_{mv_0}+(c_{mv_\infty}-c_{mv_0})\left[\frac{3}{\partial\beta}\frac{r_i}{\delta}-\frac{1}{\partial\beta^3}\left(\frac{r_i}{\delta}\right)^3\right] \tag{5-26}$$

由此可得：

$$\left(\frac{\partial c_{mv}}{\partial r}\right)_{r_i=0}=(c_{mv_\infty}-c_{mv_0})\frac{3}{\partial\beta\delta} \tag{5-27}$$

扩散公式可写为：

$$\frac{\dot{m}}{A}=D\left(\frac{\partial c_{mv}}{\partial r}\right)_{r_i=0} \tag{5-28}$$

所以，将式（5-28）代入式（5-27），经一系列复杂的微积分变换，最后可推出液滴的捕集效率公式：

$$\eta_d = 3\frac{(c_{mv_\infty} - c_{mv_0})}{c_{mv_\infty}}\frac{1}{Sc^{\frac{2}{3}}Re^{\frac{1}{2}}} \tag{5-29}$$

附着系数：

$$\sigma = \frac{c_{mv_\infty} - c_{mv_0}}{c_{mv_\infty}} \tag{5-30}$$

斯密特准数：

$$Sc = \frac{v}{D} \tag{5-31}$$

式（5-31）中，v 为干空气的运动黏度，m^2/s。

雷诺准数：

$$Re = \frac{V_m d}{v} \tag{5-32}$$

式（5-32）中 d 为液滴直径，m。

将式（5-30）～式（5-32）代入式（5-29），化简得：

$$\eta_d = \frac{3\sigma v^{\frac{1}{2}}}{Sc^{\frac{2}{3}}V_\infty^{\frac{1}{2}}d^{\frac{1}{2}}} \tag{5-33}$$

从式（5-33）可知：雾滴的捕集效率与雾滴粒径成反比，即液滴粒径越小，捕集效率 η_d 越大。这也进一步说明实验结果的准确性。

5.1.3.2 超声雾化吸收低浓度 SO_2 反应过程分析及反应活化能

(1) 超声雾化吸收低浓度 SO_2 反应过程分析

超声雾化吸收低浓度 SO_2 反应是利用超声波雾化含有过渡金属离子的吸收剂，其本质是利用过渡金属离子液相催化氧化脱硫，都属于气-液两相反应。根据双膜理论，超声雾化吸收低浓度 SO_2 的过程如下：

a. 模拟废气中的 O_2、SO_2 向气-雾界面层扩散；

b. O_2 和 SO_2 在界面上溶解并建立溶解平衡，溶解平衡服从亨利定律；

c. 部分 SO_2 水解电离成 HSO_3^- 及 SO_3^{2-}；

d. HSO_3^-、SO_3^{2-}、H^+ 及 O_2 向雾滴内部迁移扩散；

e. HSO_3^-、SO_3^{2-} 被雾滴内部中的氧氧化为 SO_4^{2-}；

f. 生成的 H_2SO_4 向雾滴内部扩散，电离平衡被打破，传质浓度梯度形成；

g. 由于 e、f 传质浓度梯度的形成，导致进一步气-液传质。

因此，超声雾化吸收低浓度 SO_2 的反应过程包括传质过程和化学氧化过程，具体反应过程如下：

$$SO_2 + nH_2O \Longrightarrow SO_2 \cdot nH_2O \quad \text{水化过程} \tag{5-34}$$

$$SO_2 \cdot nH_2O \Longrightarrow H^+ + HSO_3^- + (n-1)H_2O \quad K_{a_1} = 1.3\times10^{-2} \quad \text{电离传质过程} \tag{5-35}$$

$$HSO_3^- \rightleftharpoons H^+ + SO_3^{2-} \quad K_{a_2}=6.3\times10^{-8} \quad \text{电离传质过程} \tag{5-36}$$

由于 $Ka_1 >> Ka_2$，因此在实际计算时，忽略 Ka_2。

$$HSO_3^- + 1/2O_2 \rightleftharpoons H^+ + SO_4^{2-} \quad \text{化学氧化过程} \tag{5-37}$$

因此，可得出氧化反应的化学反应速率方程：

$$v(H^+) = dc(H^+)/dt = kc(HSO_3^-) \tag{5-38}$$

催化氧化反应速率常数：

$$k = v(H^+)/c(HSO_3^-) \tag{5-39}$$

(2) 超声雾化吸收低浓度 SO_2 反应活化能

众所周知，基元反应碰撞理论指出任何化学反应发生时，都需要使反应分子获得较高能量并发生有效碰撞，这些分子称为活化分子，活化分子的数量与活化能有关。活化能越低，活化分子数量越多，反应速率越快。活化能和反应速度的关系可用阿伦尼乌斯公式体现：

$$k = A\exp\left(-\frac{E_a}{RT}\right) \tag{5-40}$$

式中，k 为反应速率常数；A 为频率因子，一般为常数；E_a 为活化能，J/mol；R 为气体常数，其值为 8.314J/(mol·K)；T 为反应热力学温度，K。

从阿伦尼乌斯公式可看出，随着活化能的降低，反应速率呈指数加快。实验中超声波是否对反应活化能产生影响，可设计以下实验进行研究。

实验条件：模拟烟气中 SO_2 浓度为 3000mg/m³、氧含量为 15%、气体流速为 1L/min、Mn^{2+} 浓度为 0.01mol/L、雾化液体积为 120mL、超声波功率为 30W，分别在超声波条件下和无超声波条件下，即一组实验采用超声波雾化技术，另一组直接将气体接入吸收液中进行实验。在不同反应温度下，每分钟测定吸收液中氢离子及亚硫酸氢根离子浓度。

数据处理方法：利用 origin8.5 数据处理软件，将每个反应温度下氢离子浓度随时间变化的曲线进行二次回归，得到一条平滑曲线以及这条曲线的函数表达式，即：

$$c(H^+) = at^2 + bt + c \tag{5-41}$$

再对函数表达式 (5-41) 求一阶导数，即

$$v(H^+) = dc(H^+)/dt = 2at + b \tag{5-42}$$

利用 origin8.5 数据处理软件，将每个温度下亚硫酸氢根离子浓度随时间变化的曲线进行线性回归，得到一条直线以及直线的函数表达式：

$$c(HSO_3^-) = ct + d \tag{5-43}$$

因此，反应速率常数 k 为：

$$k = v(H^+)/c(HSO_3^-) = (2at+b)/(ct+d) \tag{5-44}$$

由以上数据处理方法得到不同温度下的反应速率常数 k，根据式 (5-40)，以 $\lg k$ 对 $1/T$ 标绘，可得一直线，直线表达式为：

$$\lg k = b/T + c \tag{5-45}$$

直线斜率 b 即 $-E_a/(2.303R)$，由此即可得到反应活化能。

① 超声波条件下 H^+、HSO_3^- 浓度变化曲线及回归方程　采用超声波雾化技术时，不同温度下 H^+ 浓度及 HSO_3^- 浓度随时间变化的曲线见图 5.23、图 5.24。

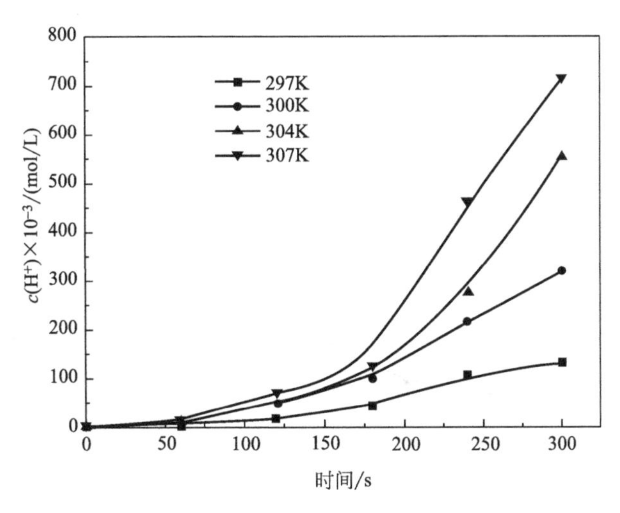

图 5.23 超声雾化条件下氢离子浓度随时间的变化曲线

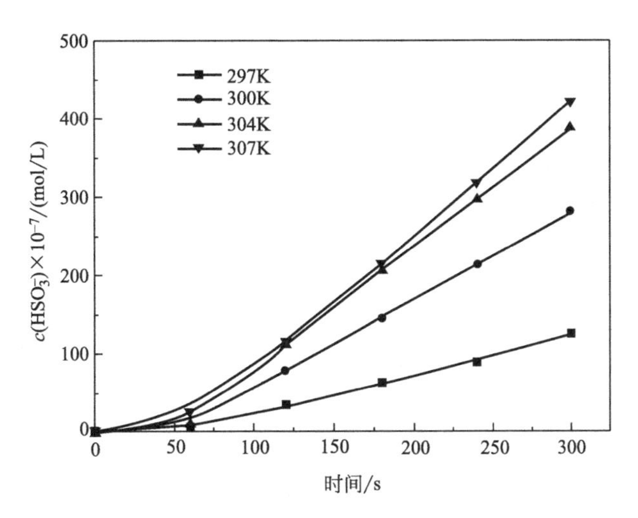

图 5.24 超声雾化条件下亚硫酸氢根离子浓度随时间的变化曲线

从图 5.23、图 5.24 可看出，在 24～34℃温度范围内，$c(H^+)$ 与 $c(HSO_3^-)$ 都随温度的升高而升高，这说明在此温度范围内，温度升高有利于氢离子的生成，即有利于 SO_2 的液相催化氧化。这也从另一方面证实了反应温度对超声雾化吸收低浓度 SO_2 影响的实验结果，见 5.1.2.3。

不同温度下氢离子浓度随时间变化的二次回归曲线，亚硫酸氢根离子浓度随时间变化的线性回归曲线如图 5.25～图 5.32 所示。

a. 297K 下

根据上述数据处理方法，得到 297K 下氢离子浓度随时间变化的二次回归曲线，亚硫酸氢根离子浓度随时间变化的线性回归曲线，其方程式如下：

二次回归方程式：$c(H^+)=0.00153t^2+0.03512t-2.77489$，$R^2=0.96165$；

线性回归方程式：$c(HSO_3^-)=0.3703t-11.69571$，$R^2=0.95571$；

按照数据处理方法得到 297K 下反应速率常数 $k=0.0083s^{-1}$。

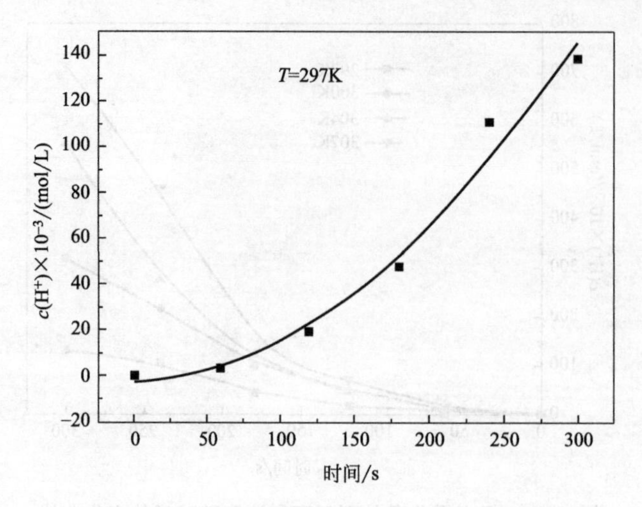

图 5.25　$c(H^+)$ 随时间变化的二次回归曲线

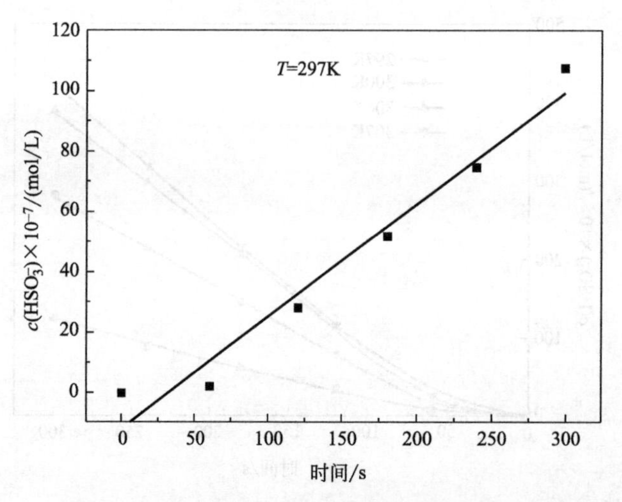

图 5.26　$c(HSO_3^-)$ 随时间变化的线性回归曲线

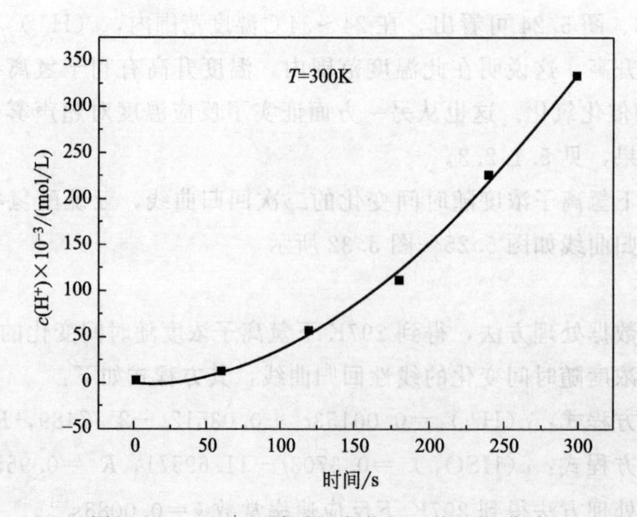

图 5.27　$c(H^+)$ 随时间变化的二次回归曲线

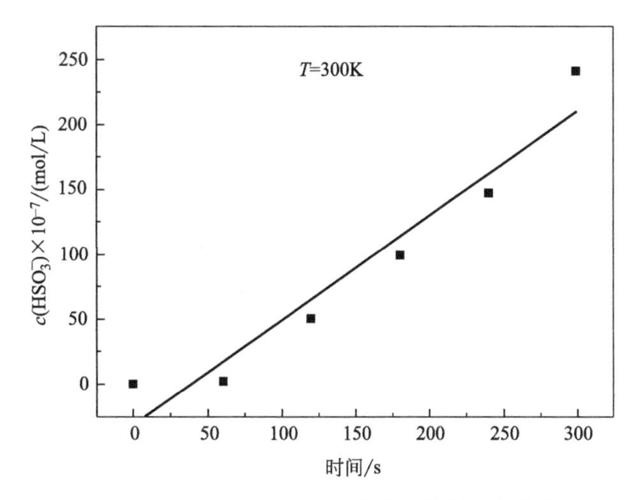

图 5.28　$c(HSO_3^-)$ 随时间变化的线性回归曲线

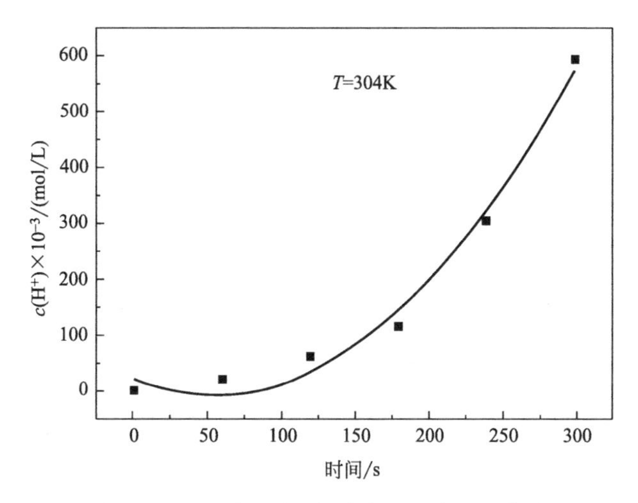

图 5.29　$c(H^+)$ 随时间变化的二次回归曲线

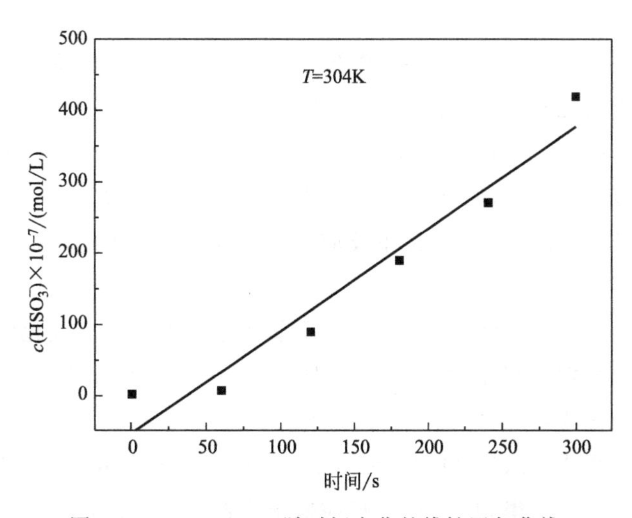

图 5.30　$c(HSO_3^-)$ 随时间变化的线性回归曲线

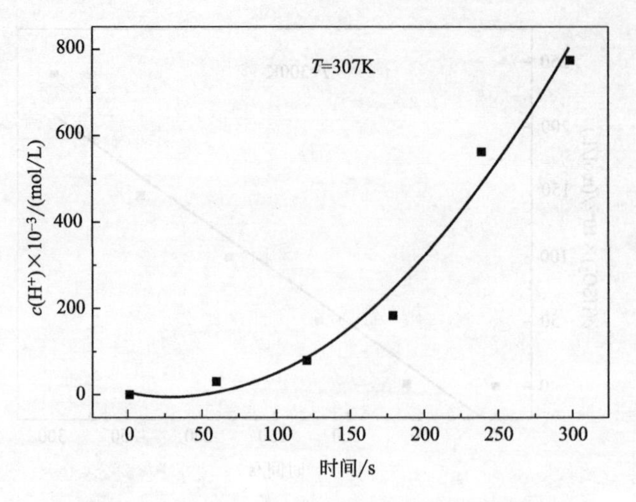

图 5.31 $c(H^+)$ 随时间变化的二次回归曲线

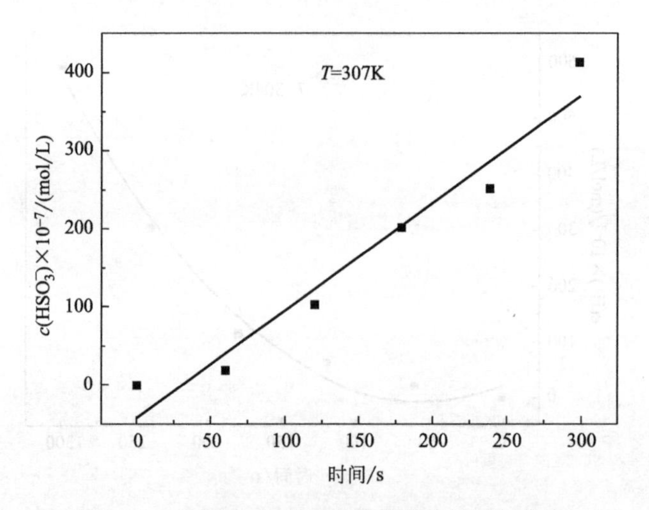

图 5.32 $c(HSO_3^-)$ 随时间变化的线性回归曲线

b. 300K 下

根据上述数据处理方法，得到 300K 下氢离子浓度随时间变化的二次回归曲线，亚硫酸氢根离子浓度随时间变化的线性回归曲线，其方程式如下：

二次回归方程式：$c(H^+)=0.00374t^2-0.0005t-0.75168$，$R^2=0.99531$；

线性回归方程式：$c(HSO_3^-)=0.8043t-30.60448$，$R^2=0.91938$；

按照数据处理方法得到 300K 下反应速率常数 $k=0.0093s^{-1}$。

c. 304K 下

根据上述数据处理方法，得到 304K 下氢离子浓度随时间变化的二次回归曲线，亚硫酸氢根离子浓度随时间变化的线性回归曲线，其方程式如下：

二次回归方程式：$c(H^+)=0.00962t^2-1.04052t-20.97904$，$R^2=0.97764$；

线性回归方程式：$c(HSO_3^-)=1.42308t-50.9981$，$R^2=0.93739$；

按照数据处理方法得到 304K 下反应速率常数 $k=0.0135s^{-1}$。

d. 307K 下

根据上述数据处理方法，得到 307K 下氢离子浓度随时间变化的二次回归曲线，亚硫酸氢根离子浓度随时间变化的线性回归曲线，其方程式如下：

二次回归方程式：$c(H^+) = 0.01096t^2 - 0.63795t - 5.58582$，$R^2 = 0.96222$；

线性回归方程式：$c(HSO_3^-) = 1.36127t - 39.85571$，$R^2 = 0.94059$；

按照数据处理方法得到 307K 下反应速率常数 $k = 0.0161s^{-1}$。

② 无超声雾化条件下 H^+、HSO_3^- 浓度变化曲线及回归方程　无超声雾化条件下的反应活化能实验不利用超声波雾化器，而是直接将模拟废气接入吸收液中，不同温度下氢离子浓度及亚硫酸氢根离子浓度随时间变化的曲线见图 5.33、图 5.34。

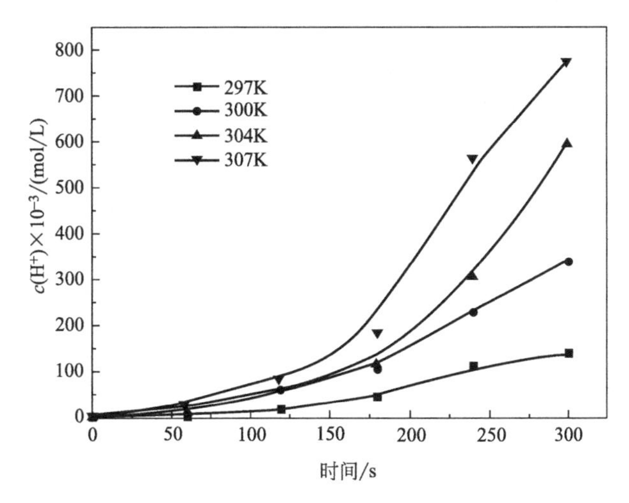

图 5.33　无超声雾化条件下氢离子浓度随时间的变化曲线

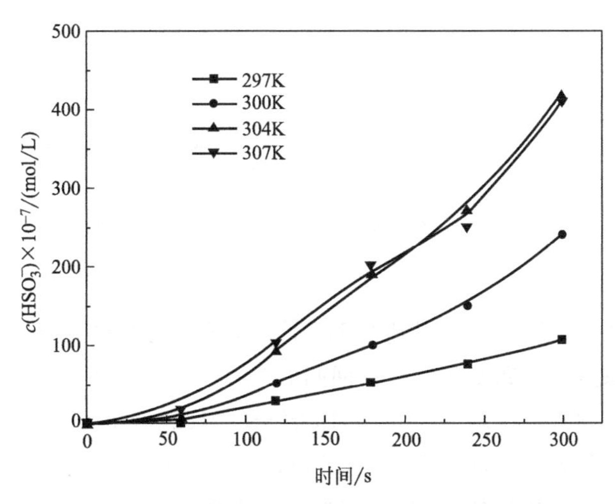

图 5.34　无超声波雾化条件下亚硫酸氢根离子浓度随时间的变化曲线

无超声雾化作用下，24～34℃温度范围内，$c(H^+)$ 与 $c(HSO_3^-)$ 随温度的变化与超声雾化作用下的变化相一致。区别在于，根据图 5.33 与图 5.34 计算出的化学反应速率常数 k 小于超声雾化条件下得出的结果，这说明超声雾化能促进二氧化硫液相催化氧化。

不同温度下氢离子浓度随时间变化的二次回归曲线，亚硫酸氢根离子浓度随时间变化的线性回归曲线如图 5.35～图 5.42 所示。

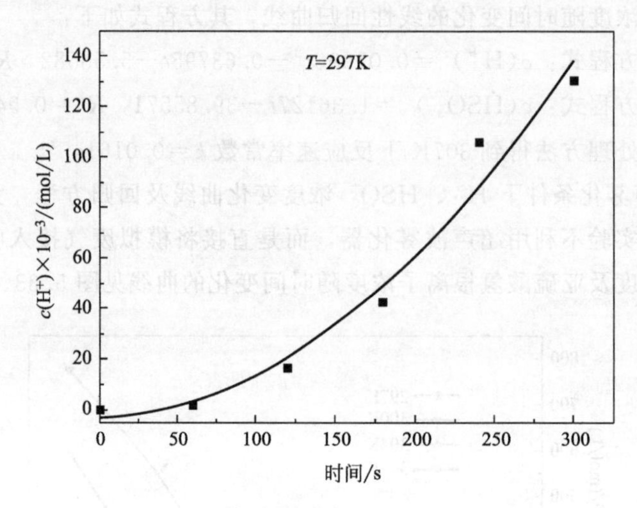

图 5.35 $c(H^+)$ 随时间变化的二次回归曲线

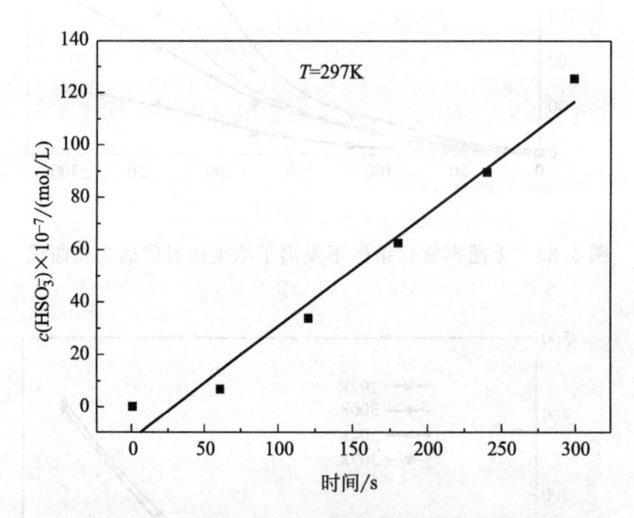

图 5.36 $c(HSO_3^-)$ 随时间变化的线性回归曲线

a. 297K 下

根据上述数据处理方法，得到 297K 下氢离子浓度随时间变化的二次回归曲线，亚硫酸氢根离子浓度随时间变化的线性回归曲线，其方程式如下：

二次回归方程式：$c(H^+)=0.00152t^2-0.01627t-3.00561$，$R^2=0.95105$；

线性回归方程式：$c(HSO_3^-)=0.43089t-11.80857$，$R^2=0.96678$；

按照数据处理方法得到 297K 下反应速率常数 $k=0.007s^{-1}$。

b. 300K 下

根据上述数据处理方法，得到 300K 下氢离子浓度随时间变化的二次回归曲线，亚硫酸氢根离子浓度随时间变化的线性回归曲线，其方程式如下：

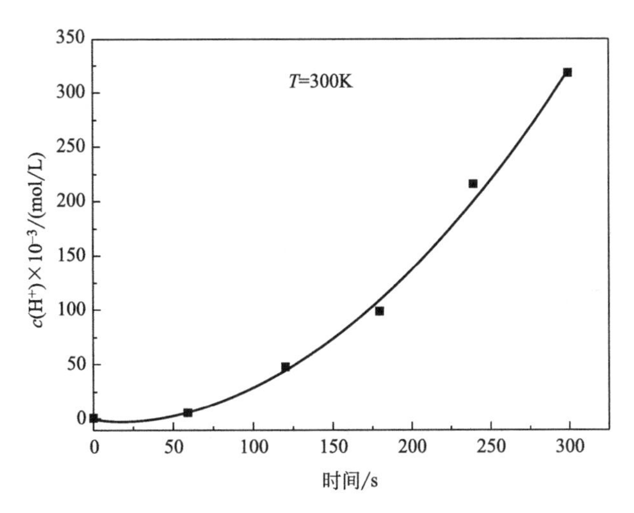

图 5.37 $c(H^+)$ 随时间变化的二次回归曲线

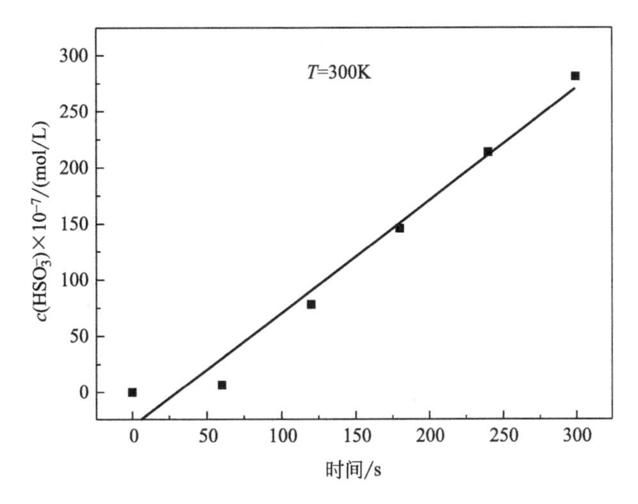

图 5.38 $c(HSO_3^-)$ 随时间变化的线性回归曲线

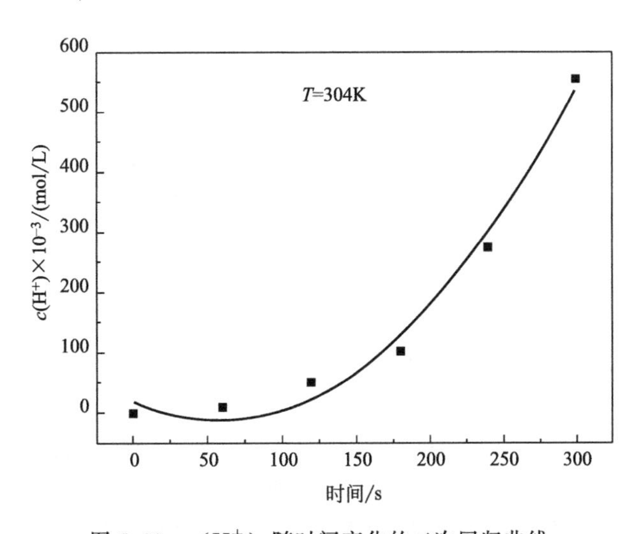

图 5.39 $c(H^+)$ 随时间变化的二次回归曲线

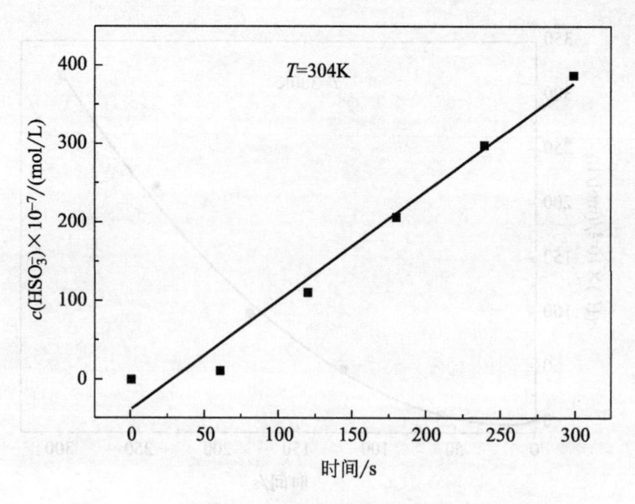

图 5.40　$c(HSO_3^-)$ 随时间变化的线性回归曲线

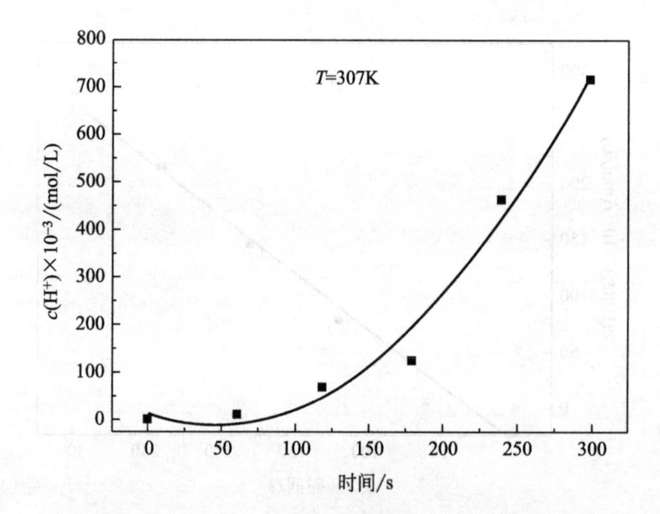

图 5.41　$c(H^+)$ 随时间变化的二次回归曲线

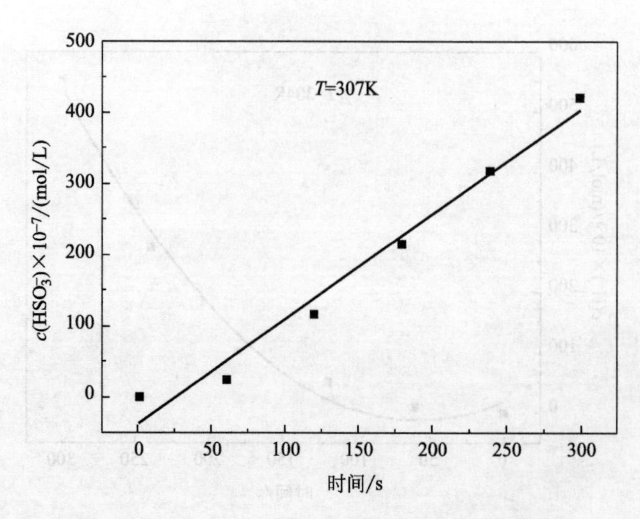

图 5.42　$c(HSO_3^-)$ 随时间变化的线性回归曲线

二次回归方程式：$c(H^+)=0.00389t^2-0.0868t-1.2284$，$R^2=0.99288$；

线性回归方程式：$c(HSO_3^-)=0.99823t-28.503$，$R^2=0.96684$；

按照数据处理方法得到 300K 下反应速率常数 $k=0.0078s^{-1}$。

c. 304K 下：

根据上述数据处理方法，得到 304K 下氢离子浓度随时间变化的二次回归曲线，亚硫酸氢根离子浓度随时间变化的线性回归曲线，其方程式如下：

二次回归方程式：$c(H^+)=0.0092t^2-1.053t-18.028$，$R^2=0.97911$；

线性回归方程式：$c(HSO_3^-)=1.378t-37.96$，$R^2=0.96876$；

按照数据处理方法得到 304K 下反应速率常数 $k=0.0124s^{-1}$。

d. 307K 下：

根据上述数据处理方法，得到 307K 下氢离子浓度随时间变化的二次回归曲线，亚硫酸氢根离子随时间变化的线性回归曲线，其方程式如下：

二次回归方程式：$c(H^+)=0.011t^2-1.09t-13.38$，$R^2=0.96863$；

线性回归方程式：$c(HSO_3^-)=1.470t-38.0$，$R^2=0.97202$；

按照数据处理方法得到 307K 下反应速率常数 $k=0.0156s^{-1}$。

③ 反应活化能　为了探究超声波雾化能否促进 SO_2 的氧化反应，分别在超声雾化和无超声雾化（直接将模拟废气通入反应器中）条件下定量分析其反应活化能。经过以上数据处理，将结果整理如表 5.5 所示。

表 5.5　不同温度下雾相与液相的 k 值

T/K	k/s^{-1}		lg k		$1/T$	
	超声雾化	无超声雾化	超声雾化	无超声雾化	超声雾化	无超声雾化
297	0.0083	0.007	−2.1549	−2.09151	0.003367	0.003367
300	0.0093	0.0078	−2.10791	−2.03621	0.003333	0.003333
304	0.0135	0.0124	−1.90658	−1.86967	0.003289	0.003289
307	0.0161	0.0156	−1.80688	−1.79048	0.003257	0.003257

从表 5.5 中可看出，不论是雾相脱硫还是液相脱硫，k 值均随温度的提高而增大，在相同反应温度下，雾相条件下的 k 值高于液相的，这说明雾相能提高催化氧化反应速率。

lg k 与 $1/T$ 的关系如图 5.43 所示。

直线函数表达式如下：

超声雾化作用下：$\lg k=7.61855-2888.32815/T$，$R^2=0.9811$；

E_a(超声雾化）$=55.3$kJ/mol。

无超声雾化作用下：$\lg k=9.15168-3365.47841/T$，$R^2=0.9693$；

E_a(无超声雾化）$=64.4$kJ/mol。

从活化能可看出，超声雾化反应活化能（55.3kJ/mol）小于无超声雾化反应活化能（64.4kJ/mol)，这说明超声雾化吸收低浓度二氧化硫的反应过程所需活化能小，成为活化分子所需的能量减小，加快催化氧化反应的反应速率，促进液相催化氧化脱硫，

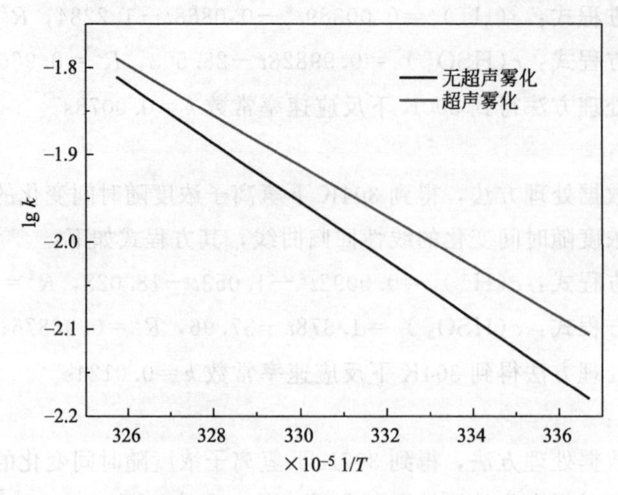

图 5.43　超声雾化和无超声雾化下 lg k 与 $1/T$ 的关系

这也从反应动力学的角度证实实验研究的可行性与准确性。

5.2 超声波雾化磷矿浆吸收低浓度 SO_2 技术研究

5.2.1 实验仪器及流程

(1) 实验仪器

实验仪器设备如表 5.6 所示。

表 5.6　实验仪器设备

仪器或设备名称	型号	厂家
质量流量控制器	D07 系列	北京七星华创电子股份有限公司
集热式恒温加热磁力搅拌器	DF-101S	巩义市予华仪器有限责任公司
电子天平	ME	梅特勒-托利多仪器(上海)有限公司
微波炉	P70D20TL-D4	格兰仕微波炉电器有限公司
流量显示仪	D08-4F	北京七星华创电子股份有限公司
雾化反应器	自制	云南民族大学
烟气分析仪	J2KN	德国益康

(2) 实验流程

实验流程采用图 5.1 相同装置。为模拟实际的烟气情况，选取 SO_2 进口浓度为 1500mg/m³ 进行脱硫实验。具体操作步骤为：先检查装置气密性，然后称取 25g 磷矿粉，将称取好的磷矿粉与 100mL 蒸馏水混合，制成固液比为 25%的磷矿浆吸收液，倒入吸收器中，在最佳反应条件（温度 35℃，固液比 25%，气体流速 300mL/min）下调节质量流量控制器及恒温加热磁力搅拌器，收集各个时间段出气口气体，在烟气分析仪上进行气体浓度分析，得出脱硫率。

5.2.1.1 超声波雾化磷矿浆吸收低浓度 SO_2 正交实验设计

三因素四水平实验：a. 反应温度，b. 固液比，c. 气体流速。正交实验结果如表 5.7 所示。

表 5.7 正交实验结果

试验号/列号	反应温度(A)	固液比(B)	气体流速(C)	脱硫率
1	20	10	300	90.1%
2	20	15	500	93.0%
3	20	20	700	91.7%
4	20	25	1000	84.7%
5	25	10	500	94.3%
6	25	15	300	94.5%
7	25	20	1000	86.9%
8	25	25	700	93.2%
9	30	10	700	91.6%
10	30	15	1000	85.0%
11	30	20	300	95.5%
12	30	25	500	95.9%
13	35	10	1000	86.8%
14	35	15	700	92.3%
15	35	20	500	93.8%
16	35	25	300	98.6%
K_1	359.5	362.8	376	
K_2	368.9	364.8	377	
K_3	368	367.9	368.8	
K_4	368.8	369.7	343.4	
k_1	89.9	90.5	94	
k_2	92.2	91.2	94.3	
k_3	92	91.9	92.2	
k_4	92.2	92.4	85.9	
R	2.3	1.9	8.4	

表 5.7 为超声波雾化磷矿浆吸收低浓度 SO_2 正交实验的结果，表中的 $k_1 \sim k_4$ 是各个因素在各个水平下的平均值，而平均值的大小代表着在同一因素下，不同水平对实验影响的大小，由此最终确定该因素的最佳水平。其中 R 值为极差，可以体现出相应的因素对本实验影响的重要程度。所以 R 值的大小可以体现出不同因素改变时对实验

影响的大小。

由正交实验结果表可以看出，$R_C > R_A > R_B$，因此通过正交实验得出对本实验脱硫效率程度影响最深的是气体流速，其次是反应温度、最佳条件下脱硫效果如图 5.44 所示。固液比，最佳的实验条件是固液比为 25%，气体流速为 0.3L/min，反应温度为 35℃。

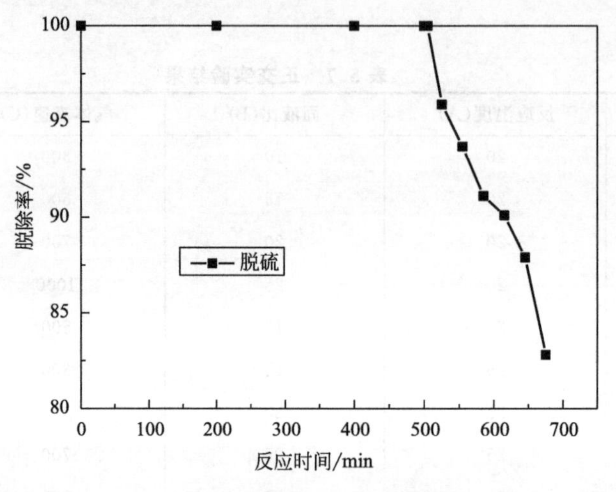

图 5.44 最佳条件下脱硫率效果

从图 5.44 可以看出，在最佳反应条件下（固液比为 25%，气体流速为 0.3L/min、反应温度为 35℃），反应脱硫率维持在 100%可持续 505min，脱硫效率保持在 90%以上的时间为 610min，总体的脱硫效率为 98.6%。而且随着反应的进行，脱硫率逐渐降低。

5.2.1.2 超声波雾化磷矿浆吸收低浓度 SO_2 单因素实验

(1) 气体流速影响

超声波雾化磷矿浆吸收低浓度 SO_2 的实验条件为：进气 SO_2 浓度为 1500mg/m³，温度为 35℃，固液比为 25%，氧含量为 15%，选择 0.3L/min、0.5L/min、0.7L/min、0.9L/min 不同气体流速进行实验，实验过程中不同气体流速下的脱硫率随反应时间的变化规律如图 5.45 所示。

由图 5.45 可知，在不同的气体流速下，本反应的脱硫率随着气体流速的增加而下降。当气体流速为 0.3L/min 时，脱硫率保持 100%的时间为 505min，保持在 90%以上的时间为 610min，总体的脱硫效率为 98.6%，脱硫的效果在四种气体流速中为最佳。而气体流速的大小直接影响超声波雾化磷矿浆吸收低浓度 SO_2 实验效果，主要体现在超声波雾化磷矿浆后的雾滴在反应器内停留的时间，如果气体流速增加，则雾滴在反应器内停留的时间会缩短，所以，当气体流速增加时，脱硫率也会随之下降。因此为了提高脱硫的效率，增加雾滴在反应器内停留的时间，本实验选用 0.3L/min。

(2) 反应温度影响

超声雾化磷矿浆吸收低浓度 SO_2 的实验条件为：进气 SO_2 浓度为 1500mg/m³，固

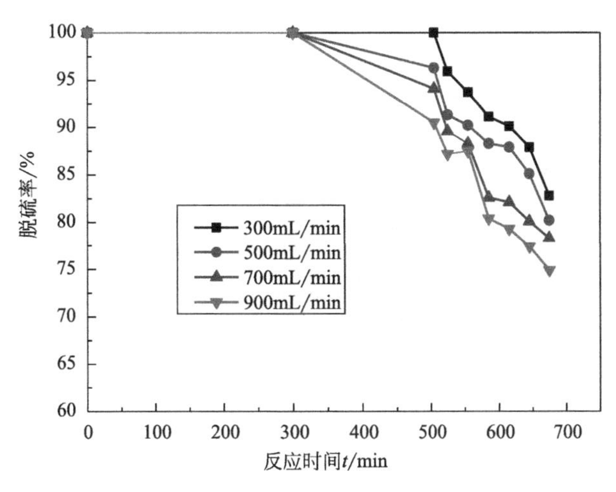

图 5.45 气体流速对脱硫率的影响

液比为 25%，氧含量为 15%，选择 20℃、25℃、30℃、35℃不同实验温度进行实验，实验过程中不同温度下的脱硫率随反应时间的变化规律如图 5.46 所示。

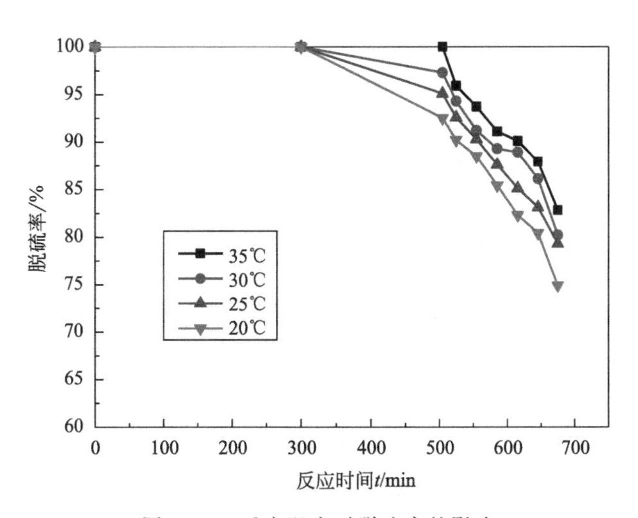

图 5.46 反应温度对脱硫率的影响

由图 5.46 可知，当反应温度在 20～35℃变化时，脱硫率随着温度的上升而提高。当反应温度达到 35℃时，脱硫率保持 100%的时间为 505min，保持在 90%以上的时间为 610min，总体的脱硫率为 98.6%。查阅相关文献得知，当温度高于 35℃时，脱硫的效率会急剧下降，这是因为温度的升高会导致反应器内的水分不断蒸发，因此抑制了超声波雾化磷矿浆吸收低浓度 SO_2 的反应，降低了脱硫的效率，所以本实验选用的最佳反应温度为 35℃。

(3) 固液比影响

超声雾化磷矿浆吸收低浓度 SO_2 的实验条件为：进气 SO_2 浓度为 1500mg/m^3，温度为 35℃，氧含量为 15%，选择 10%、15%、20%、25%不同固液比进行实验，实验过程中不同固液比下的脱硫率随反应时间的变化规律如图 5.47 所示。

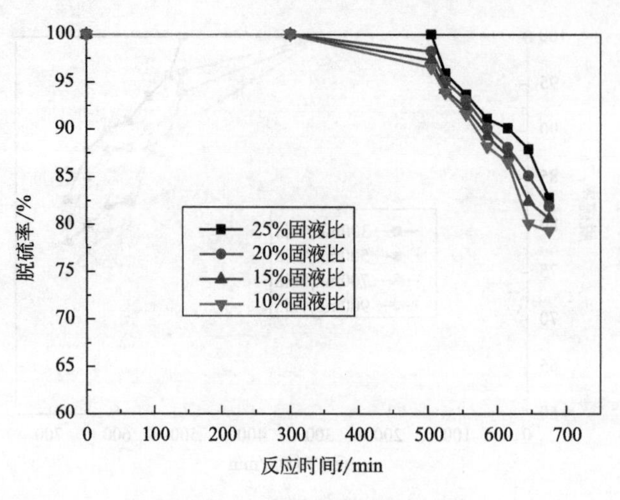

图 5.47　固液比对脱硫率的影响

由图 5.47 可知，当固液比在 10％～25％之间变化时，脱硫的效率会随着固液比的增加而增高，当固液比为 25％时，脱硫率保持 100％的时间为 505min，保持在 90％以上的时间为 610min，总体的脱硫率为 98.6％，这是因为当磷矿粉和蒸馏水融合在一起配成磷矿浆时，如果磷矿粉过少，磷矿浆中过渡金属离子就会太少，而当超声波雾化器雾化磷矿浆溶液时，则导致吸收 SO_2 气体不充分，因此本实验选择的最佳固液比为 25％。

5.2.1.3　超声波雾化磷矿浆吸收低浓度 SO_2 补充实验

查阅相关文献得知，在外场条件（如自然光照，紫外光源，微波辐射等）作用下，可使磷矿粉中过渡金属离子析出至吸收液中而成为反应催化剂，进而提高脱硫效率，故补充实验考察有无自然光照对脱硫率的影响，反应条件为：温度为 35℃，固液比为 25％，气体流速为 0.3L/min，密闭环境无光照。无自然光照条件下脱硫实验结果见表 5.8。有无自然光照条件下脱硫率对比见图 5.48。

表 5.8　无自然光照条件下脱硫实验结果

反应时间/min	$c(so_2)/(mg/m^3)$	脱硫率/%	$\varphi(O_2)/\%$
0—286	0	100%	14.75
486	30	98.0	14.57
516	66	95.6	14.84
546	90	94.0	14.82
576	132	91.2	14.96
606	176	88.3	14.85
636	222	85.2	14.89
666	284	81.1	14.81

由表 5.8 和图 5.48 可以看出，在无自然光照的条件下，本实验的脱硫率保持

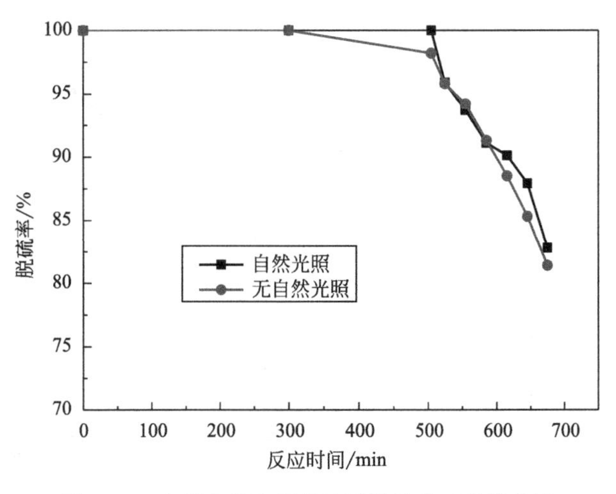

图 5.48 有无自然光照条件下脱硫率对比效果图

100%的时间为 286min，保持脱硫率在 90%以上的时间为 595min，与有自然光照的条件实验对比，整体脱硫率有所下降。由此可见，光照可以促进磷矿浆吸收低浓度 SO_2 反应的进行，提高脱硫效率。

5.2.2 超声波雾化对磷矿浆吸收低浓度 SO_2 反应活化能的影响

5.2.2.1 超声波雾化吸收低浓度 SO_2 反应机理分析

(1) 反应器吸收液中磷酸根离子的测定

在最佳反应条件下（气体流速 0.3L/min、固液比 25%、温度 35℃），利用国标法（磷钼蓝分光光度法）测出反应器溶液内各个时间段磷酸根离子含量，结果如表 5.9 和图 5.49、图 5.50 所示。

表 5.9 国标曲线制作

$c_{磷酸盐}$/(mg/L)	A_1	A_2	A
0	0.004	0.004	0.004
0.1	0.023	0.023	0.023
0.2	0.038	0.037	0.0375
0.4	0.08	0.08	0.08
0.8	0.155	0.155	0.155
1.2	0.221	0.221	0.221
1.6	0.298	0.298	0.298

(2) 反应器吸收液中硫酸根离子的测定

在最佳反应条件下（气体流速 0.3L/min、固液比 25%、温度 35℃），利用 $BaCl_2$

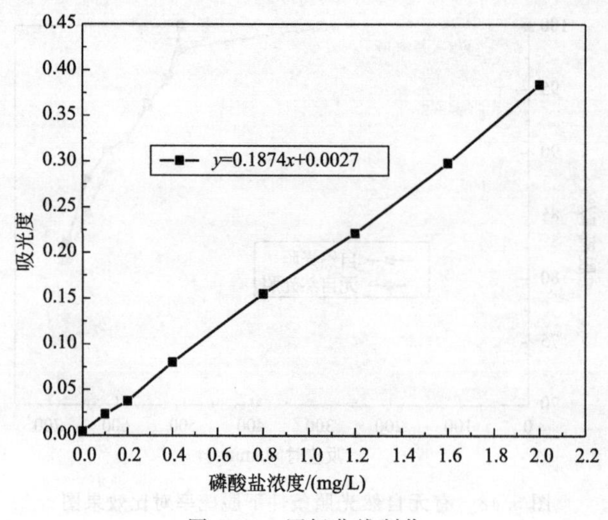

图 5.49 国标曲线制作

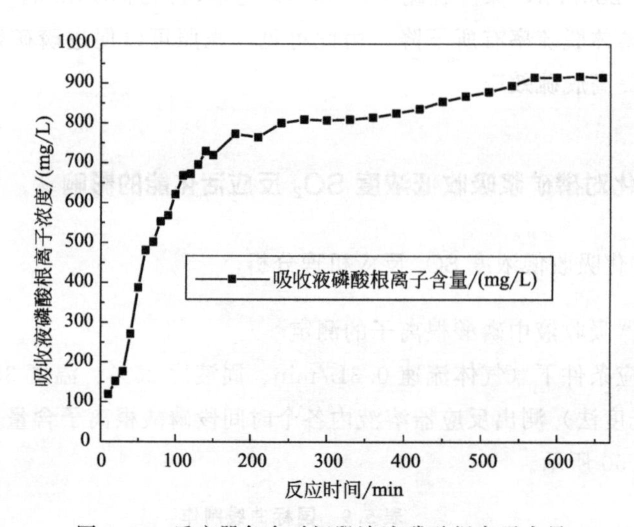

图 5.50 反应器各个时间段溶液磷酸根离子含量

滴定法测出反应各个时间段硫酸根离子含量，结果如表 5.10 和图 5.51 所示。

表 5.10 反应各个时间段硫酸根离子含量

反应时间/min	沉淀物质量/mg	SO_4^{2-} 质量/mg	SO_4^{2-} 浓度/(mg/L)
10	24.236	9.99	499.5
20	26.148	10.77	538.5
30	27.315	11.25	562.5
40	31.746	13.08	654
50	30.315	12.49	624.5
60	34.557	14.24	712
70	38.474	15.85	792.5
80	37.286	15.36	768
90	37.137	15.3	765

续表

反应时间/min	沉淀物质量/mg	SO_4^{2-} 质量/mg	SO_4^{2-} 浓度/(mg/L)
100	41.971	17.29	864.5
110	40.241	16.58	829
120	42.833	17.65	882.5
130	41.796	17.22	861
140	47.912	19.74	987
150	49.375	20.34	1017
180	48.221	19.87	993.5
210	50.318	20.73	1036.5
240	51.324	21.15	1057.5
270	54.397	22.41	1120.5
300	58.434	24.08	1204
330	56.428	23.25	1162.5
360	62.753	25.86	1293
390	63.289	26.08	1304
420	66.912	27.57	1378.5
450	65.937	27.17	1358.5
480	70.872	29.2	1460
510	71.197	29.33	1466.5
540	73.364	30.23	1511.5
570	74.199	30.57	1528.5
600	77.273	31.84	1592
630	77.188	31.8	1590
660	78.639	32.4	1620

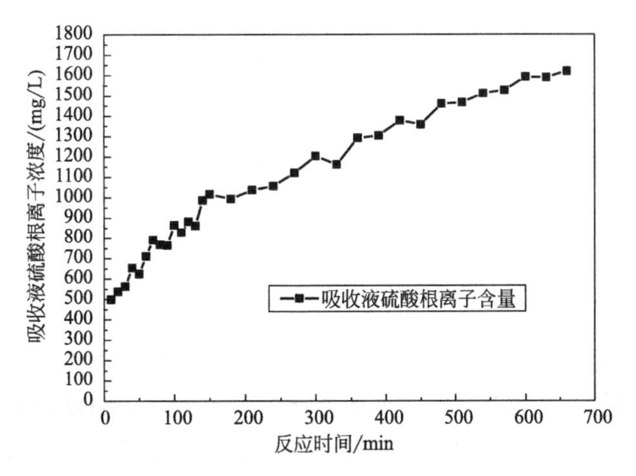

图 5.51　反应各个时间段硫酸根离子含量

(3) 分析结果

由图 5.50 和图 5.51 可知，随着超声波雾化磷矿浆脱除低浓度二氧化硫反应的开始，溶液中硫酸根和磷酸根离子生成都呈上升趋势，两种离子都不断增多，这说明反应器内吸收液一开始先通过超声波雾化，然后与低浓度 SO_2 进行雾相催化氧化反应，使低浓度 SO_2 转化为 H_2SO_4 雾滴，雾滴中的硫酸进一步与矿浆中的磷矿主要成分 $Ca_5(PO_4)_3F$ 反应，生成磷酸，反应步骤如下：

$$2SO_2 + O_2 + 2H_2O = 2H_2SO_4 \tag{5-46}$$

$$7Ca_5(PO_4)_3F + 35H_2SO_4 + 17.5H_2O = 21H_3PO_4 + 35CaSO_4 \cdot 0.5H_2O + 7HF \tag{5-47}$$

$$(Ca,Mg)CO_3 + H_2SO_4 = (Ca,Mg)SO_4 + CO_2\uparrow + H_2O \tag{5-48}$$

$$6HF + SiO_2 = H_2SiF_6 + 2H_2O \tag{5-49}$$

在前 500min 内，硫酸根离子的生成速率小于磷酸根离子的生成速率，反应（5-46）和反应（5-47）之间间隔很短，反应（5-47）充分进行，生成磷酸根离子速率很快，脱硫率维持 100%，随着反应进行，500min 后，磷酸根离子生成速率逐渐小于硫酸根离子生成速率，反应缓慢进行，此时的脱硫率从 100%逐渐下降，最后对生成的磷酸雾滴进行收集，收集到的未饱和的磷矿浆吸收液进入到下一次超声波雾化和 SO_2 吸收循环，实现循环利用。

5.2.2.2 超声波雾化磷矿浆吸收低浓度 SO_2 反应活化能探究

不同温度下吸收液中亚硫酸氢根离子、氢离子含量分别如图 5.52 和图 5.53 所示。

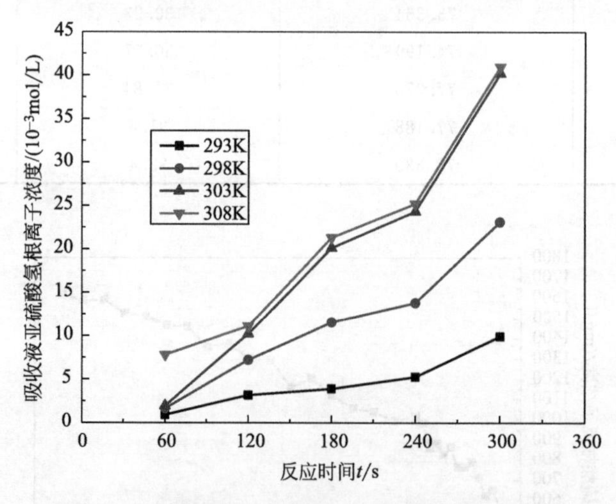

图 5.52 不同温度下吸收液中亚硫酸氢根离子含量

从图 5.52 和图 5.53 可以看出，在 25～35℃的温度范围内，$c(H^+)$ 与 $c(HSO_3^-)$ 浓度都随着温度的升高而升高，这说明在此温度范围内，温度升高有利于氢离子的生成，也就是有利于 SO_2 的液相催化氧化。这也从另一方面证实了反应温度对超声波雾化磷矿浆吸收低浓度 SO_2 的影响。

活化能和反应速度的关系可用阿伦尼乌斯公式体现：

$$k = A\exp\left(-\frac{E_a}{RT}\right)$$

式中，k 为反应速率常数；E_a 为活化能，J/mol；A 为频率因子，一般为常数；R

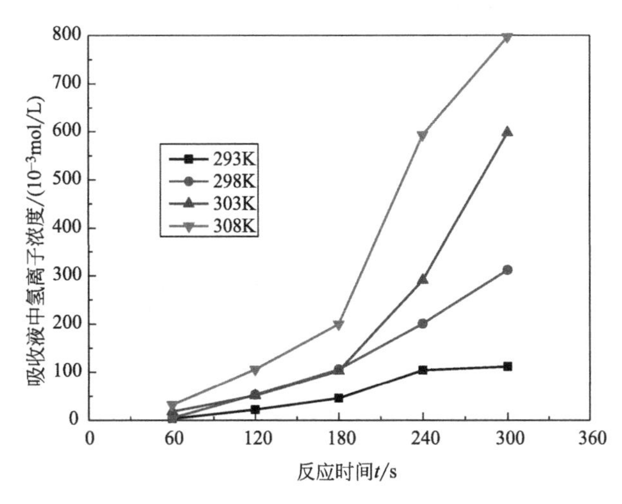

图 5.53　不同温度下吸收液中氢离子含量

为气体常数，其值为 8.314J/(mol·K)；T 为反应热力学温度，K。

阿伦尼乌斯公式可变化为：

$$r_A = k \cdot c_A^n$$

$$\lg r_A = \lg k + n \lg c_A$$

在最佳反应条件下，反应器吸收液中氢离子浓度变化如表 5.11 所示。

表 5.11　吸收液中氢离子浓度变化

c_{A0}	c_{A1}	c_{A2}	c_{A3}	c_{A4}	c_{A5}
0	32×10^{-3}	106×10^{-3}	200×10^{-3}	593×10^{-3}	797×10^{-3}
t	t_1	t_2	t_3	t_4	t_5
0min	1min	2min	3min	4min	5min

$r_A = dc_A/dt = (c_{A1} - c_{A0})/1\text{min}$......

可得一条以 $\lg r_A$ 为纵坐标，$\lg c_A$ 为横坐标的直线图，斜率为 n，截距为 $\lg k$。不同温度（293K、298K、303K、308K）下的直线图分别如图 5.54～图 5.57 所示。

由图 5.54 可得出一条直线关系式，关系式为 $y=0.53982x+0.60262$，即 $n=0.50982$，$\lg k=0.60262$。

由图 5.55 可得出一条直线关系式，关系式为 $y=0.528x+0.36271$，即 $n=0.528$，$\lg k=0.36271$。

由图 5.56 可得出一条直线关系式，关系式为 $y=0.78766x+0.2728$，即 $n=0.78766$，$\lg k=0.2728$。

由图 5.57 可得出一条直线关系式，关系式为 $y=0.75885x+0.22365$，即 $n=0.75885$，$\lg k=0.22365$。

根据图 5.54～图 5.57 可以得知在 293K、298K、303K、308K 四个不同温度下，$\lg k$ 分别为 0.60262、0.36271、0.2728、0.22365。

用 $\lg k$ 与 $1/T$ 作图，如图 5.58 所示。

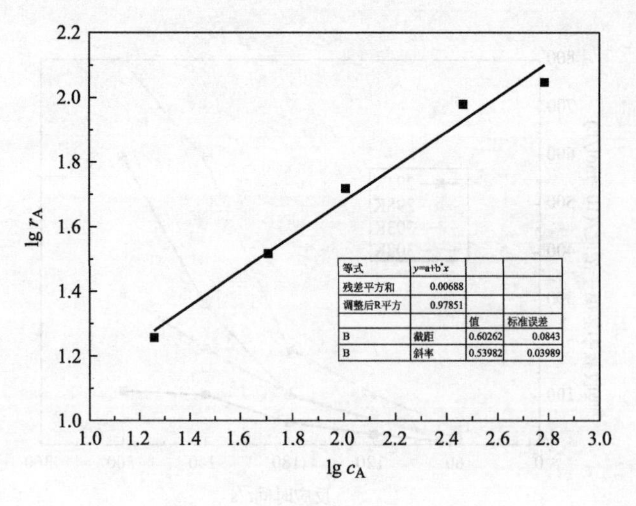

图 5.54　293K 时 $\lg r_A$-$\lg c_A$ 图

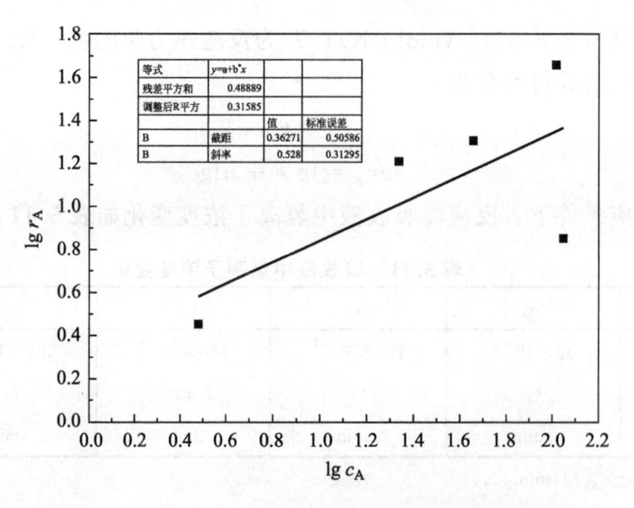

图 5.55　298K 时 $\lg r_A$-$\lg c_A$ 图

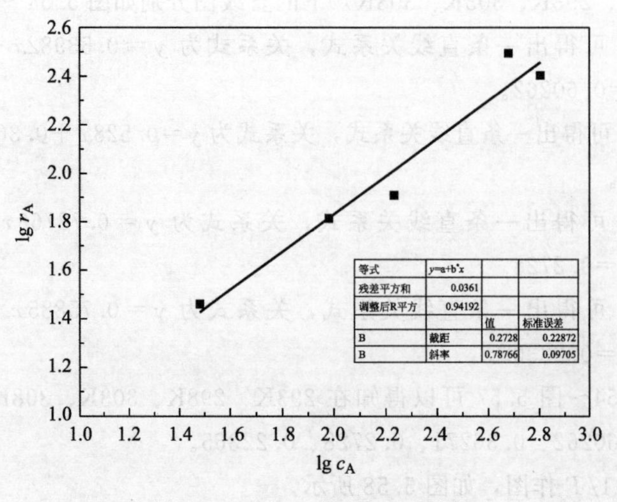

图 5.56　303K 时 $\lg r_A$-$\lg c_A$ 图

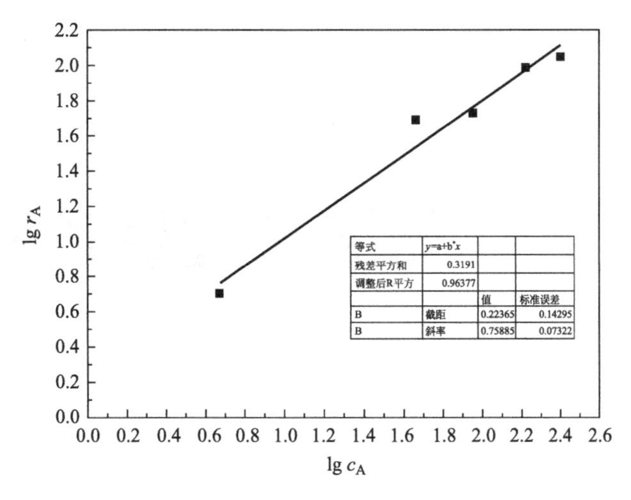

图 5.57　308K 时 lgr_A-lgc_A 图

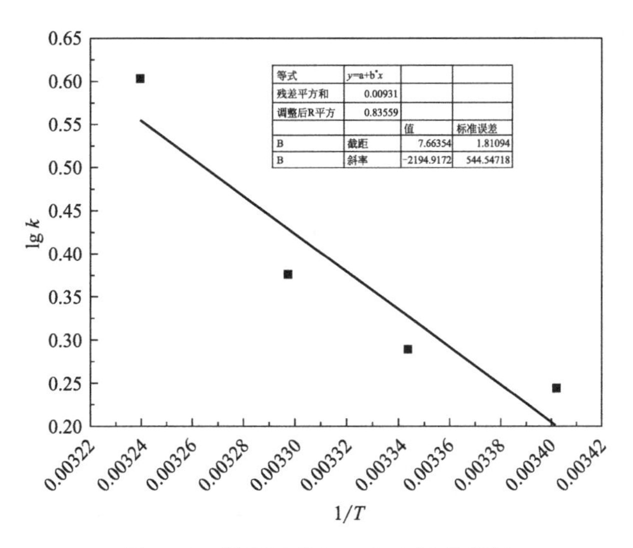

图 5.58　脱硫反应 lg k 与 1/T 关系图

由图 5.58 可得到一条直线，该直线函数表达式如下：

超声雾化作用下，$\lg k=7.66354-2194.9172/T$。

所以斜率 n=2194.9172，因为 n=活化能/(2.303×R)，R=8.314J/(K・mol)。

则可求得 E_a=42.1kJ/mol。

张曼对超声波雾化 Mn^{2+} 溶液吸收低浓度 SO_2 的研究得出，反应活化能为 55.3kJ/mol，无超声雾化作用的脱硫反应活化能为 64.4kJ/mol，而本实验超声波雾化磷矿浆吸收低浓度二氧化硫反应的活化能为 42.1kJ/mol，对比超声波雾化 Mn^{2+} 溶液脱硫，反应活化能明显降低 23%，而活化能的降低可加快 SO_2 的吸收反应速率，更有利于促进 SO_2 的吸收，有利于脱硫效率的提高。

6 微波改性磷矿强化脱硫

6.1 实验部分

6.1.1 实验试剂及仪器设备

6.1.1.1 实验试剂

实验采用微波辐照对磷矿进行前处理，再将经微波辐照处理后的磷矿用于湿法脱硫，实验过程中采用的磷矿来自于云南省某磷肥厂，首先用 QM-QX10 型球磨机对磷矿进行研磨处理，200 目标准筛进行筛分，每次称取约 50g 研磨处理后的磷矿，以瓷舟为载体将磷矿放入 HY-ZG3012 型微波管式炉中升温，达到设定温度后保温 2h，之后打开炉门，待炉子降温后取出矿粉，实验所用磷矿所含元素及其含量如表 6.1 所示。

表 6.1　磷矿的元素组成

元素	Ca	P	Si	Fe	Al	Mn	其他
含量/%	71.668	14.898	8.548	1.904	1.021	0.224	1.737

对原磷矿进行了 XRD 表征，其组分结构如图 6.1 所示，从 XRD 谱图上可以看出，

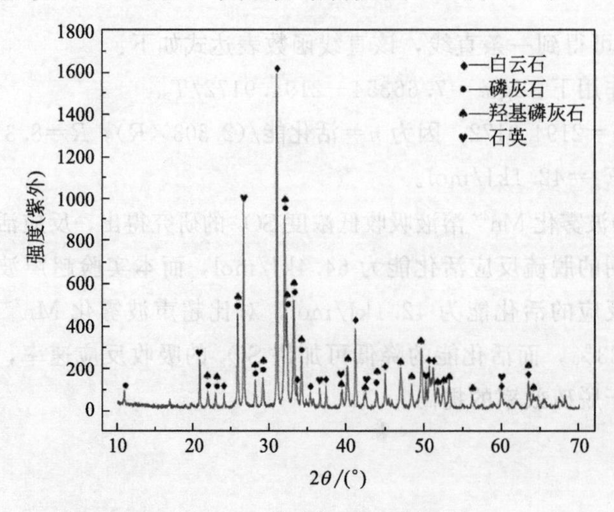

图 6.1　磷矿的 XRD 谱图

磷矿主要由白云石、磷灰石、羟基磷灰石、石英构成。

实验所用气体如表 6.2 所示。

表 6.2 实验所用气体

气体名称	浓度	生产厂家
高纯 N_2	99.999%	昆明广瑞达特种气体有限责任公司
SO_2 标准气	9999.7mg/m^3	昆明广瑞达特种气体有限责任公司
O_2	99.5%	昆明广瑞达特种气体有限责任公司

6.1.1.2 仪器设备

实验过程中所用仪器设备如表 6.3 所示。

表 6.3 实验所用设备

设备名称	型号	生产厂家
电子天平	AR224CN	奥豪斯上海有限公司
pH 计	STARTER 2100	奥豪斯上海有限公司
集热式恒温磁力搅拌器	DF-101S	巩义市予华仪器有限责任公司
质量流量计	D07	北京七星华创电子股份有限公司
恒温鼓风干燥箱	LDO-9070A	上海龙跃仪器设备有限公司
微波管式炉	HY-ZG3012	湖南华冶微波科技有限公司
超声波清洗器	SG7200HDT	上海冠特超声仪器
集气袋	铝制 500mL	云南瑞祥化玻教仪研发有限公司
烟气分析仪	MGA5	德国 MRU 公司
电感耦合等离子体质谱仪	ICP-MS	美国安捷伦公司
离子色谱仪	IC-919	瑞士万通中国有限责任公司
场发射扫描电镜	Nova Nano SEM450	美国 FEI 公司
X 射线荧光光谱仪	EDX-8000	日本岛津 SHIMADZU

6.1.2 实验流程及方法

6.1.2.1 实验装置与流程

将经过微波焙烧处理的磷矿配制成实验所需浓度的矿浆，向矿浆中通入 SO_2 进行吸收，实验流程如图 6.2 所示。实验采用动态配气，采用浓度为 9999.7mg/m^3 的 SO_2 标准气、高纯 N_2 和 99.5%的 O_2，配制 SO_2 浓度为 2500mg/m^3、氧含量分别为 0%、5%、10%、15%的模拟烟气。使用质量流量计控制配制好的模拟烟气，经混合气罐混合均匀后，进入三颈烧瓶反应装置与磷矿浆进行反应，反应后的气体经出气口，通过干燥管干燥后，用烟气分析仪进行检测，同时计算 SO_2 的脱除率，尾气用高锰酸钾溶液吸收。

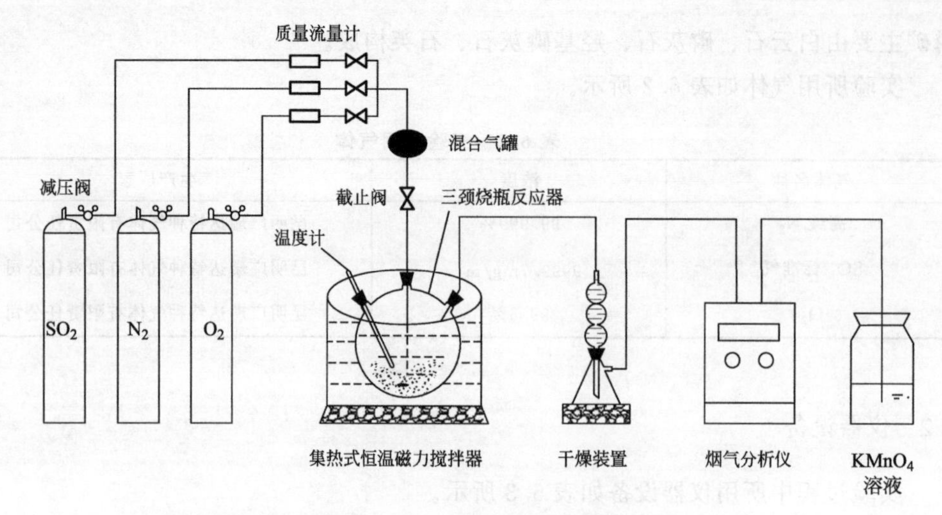

图 6.2 微波强化磷矿进行湿法脱硫的实验流程图

6.1.2.2 模拟烟气的配制

实验采用高纯氮气、氮中二氧化硫标准气和氧气来模拟配制实验废气，实验条件下二氧化硫浓度为 c_{SO_2}，氧含量为 φ_{O_2}，根据以下式子计算模拟烟气中各气体流量：

$$Q_{SO_2}=Q_{总}\times\frac{c_{SO_2}}{钢瓶气浓度} \tag{6-1}$$

$$Q_{O_2}=Q_{总}\times\frac{\varphi_{O_2}}{钢瓶气浓度} \tag{6-2}$$

$$Q_{O_2}=Q_{总}-Q_{SO_2}-Q_{O_2} \tag{6-3}$$

6.1.2.3 SO_2 脱除率的计算

SO_2 脱除率的计算公式如下：

$$\eta=\frac{c_0-c_1}{c_0}\times 100\% \tag{6-4}$$

式中 η——SO_2 脱除率，%；

c_0——SO_2 入口浓度，mg/m^3；

c_1——SO_2 出口浓度，mg/m^3。

6.1.3 反应前后磷矿及矿浆的成分测定

6.1.3.1 微波辐照前后磷矿的表征分析

(1) 吸附等温线

图 6.3 和图 6.4 分别为原磷矿和微波辐照后磷矿的吸附脱附曲线，根据 IUPAC 分类推测，原磷矿和经微波辐照后的磷矿为Ⅳ型吸附。相对压力较低时，分子冷凝填充

了介孔孔道，单分子层吸附；相对压力较高时，吸附质发生毛细管凝聚，在孔壁环状吸附膜上发生毛细凝结吸附，吸脱附等温线不相重合形成滞后环；待所有孔凝聚后，吸附现象只在外表面上发生，曲线平坦。在相对压力接近 1 时，在大孔上发生吸附，曲线上升；原磷矿滞后环中相对压力 p/p_0 为 0.4～0.9，因此，低压条件下的吸附受到限制；微波辐照后磷矿滞后环中相对压力 p/p_0 为 0.1～0.9，低压条件下的吸附不受限制。

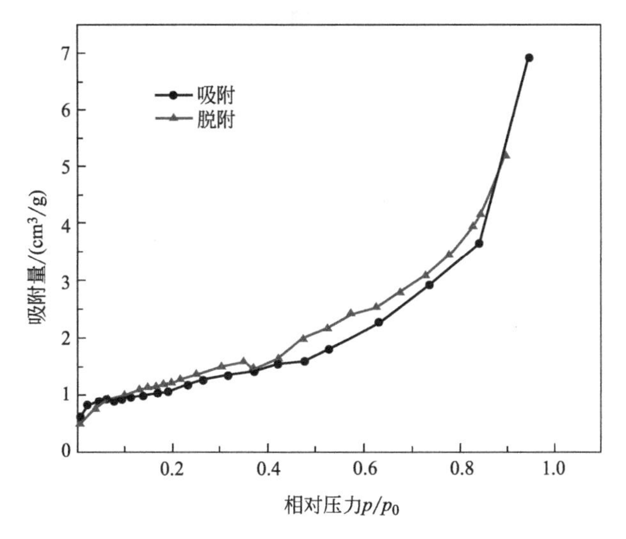

图 6.3　原磷矿的 N_2 吸附脱附曲线

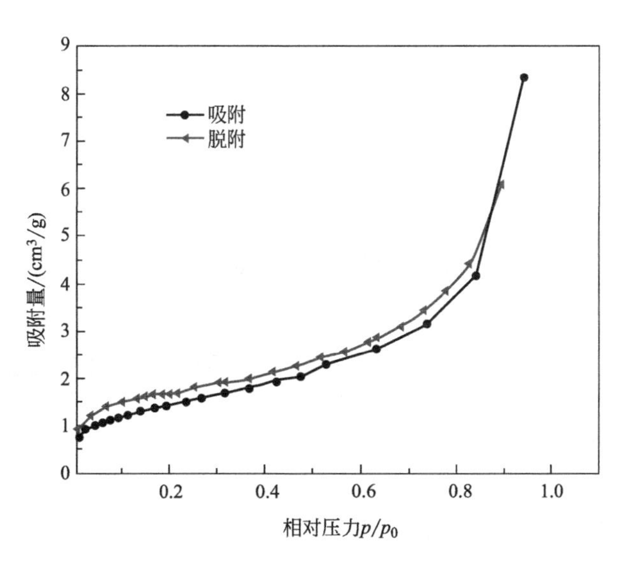

图 6.4　微波辐照后磷矿的 N_2 吸附脱附曲线

(2) BET 测试

根据 BET 吸附方程：

$$\frac{p}{V(p_0-p)}=\frac{1}{V_m \times C}+\frac{C-1}{V_m \times C}\times\frac{p}{p_0} \tag{6-5}$$

式中 p——N_2分压，kPa；

p_0——吸附质的饱和蒸气压，kPa；

V——样品表面N_2的实际吸附量，cm^3/g；

V_m——N_2单层饱和吸附量，cm^3/g；

C——吸附剂与吸附质间相互作用的经验常数。

以p/p_0为x轴，$p/[V\times(p_0-p)]$为y轴，对数据进行线性模拟，得到一条直线，根据直线的斜率和截距，可求得V_m值。

微波辐照前后磷矿的BET图见图6.5。

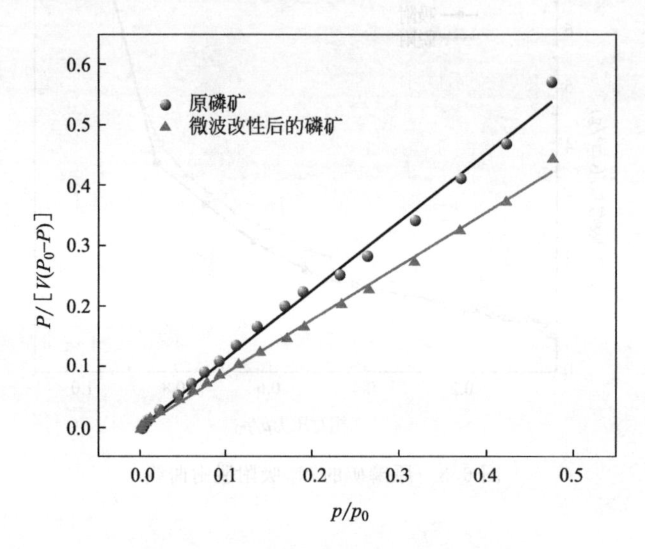

图6.5 微波辐照前后磷矿的BET图

$$V_m=1/(斜率+截距) \tag{6-6}$$

$$S=\frac{V\cdot N\cdot\delta}{22400}=4.356V_m \tag{6-7}$$

式中 S——比表面积，m^2/g；

δ——每个氮分子所占的横截面积（$0.162nm^2$）。

计算结果如表6.4所示。

表6.4 微波辐照前后磷矿的比表面积参数

样品	原磷矿	微波辐照后的磷矿
截距	0.0027851	0.011455
斜率	1.1459	0.8075
R^2	0.99625	0.99702
$V_m/(cm^3/g)$	0.8706	1.221
C	412.42	71.497
比表面积/(m^2/g)	3.7923	5.3187
孔容/(cm^3/g)	0.0106	0.0120
孔径/nm	4.24	4.24

从表 6.4 可以看出：微波辐照前磷矿的比表面积为 3.7923m^2/g，累积孔容为 0.0106cm^3/g，孔径为 4.24nm；微波辐照后磷矿的比表面积为 5.3187m^2/g，累积孔容为 0.0120cm^3/g，孔径为 4.24nm。经微波辐照处理后，磷矿比表面积增大，比表面积的增大进一步加大了反应物之间的接触面积，利于进入矿浆的 SO_2 与磷矿充分进行反应，进一步促进气态污染物的吸附。

图 6.6 为微波辐照前后矿样的孔径分布图，从图中可以看出，原磷矿孔径主要集中在 4.2～10.5nm，在 5.4nm 处有明显的峰，说明原磷矿的孔径以 5.4nm 居多；微波辐照后的磷矿孔径主要集中在 2.4～12.1nm，且在 5.5nm 和 13.8nm 处有明显峰，这说明微波辐照后的磷矿孔径主要以 5.5nm 和 13.8nm 居多，孔径分布结果表明微波辐照前后的磷矿均以介孔为主。

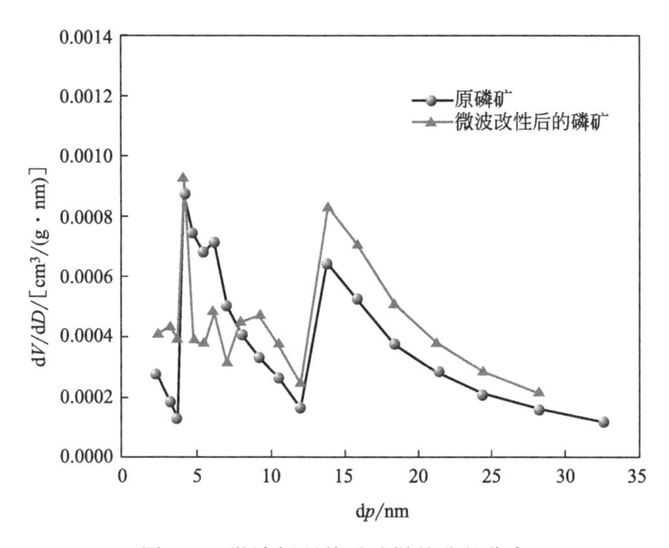

图 6.6 微波辐照前后矿样的孔径分布

(3) 微波辐照前后矿样表面形貌的变化

对微波辐照前后的磷矿进行 SEM-EDS 表征，结果如图 6.7 和图 6.8 所示，原磷矿结构致密，表面粗糙，呈片状堆叠紧密排列，呈聚集态；EDS 能谱分析结果显示，原磷矿主要含有 Ca、O、P、Si、Mg、Fe、Al、K。经过微波辐照处理后的磷矿较为疏松，形态不固定，为块状、棒状、颗粒状等，且矿石表面出现了许多微裂痕，这主要是由于微波焙烧处理过程中矿石内部产生了热应力，产生的热应力会促使矿物内部产生裂缝，裂缝的产生有效地促进了矿物的解离以及矿物比表面积的增大，从而有利于后续磷矿的溶出过程；而 EDS 能谱分析结果表明，经微波处理后磷矿元素种类没有太大的变化，仅元素含量发生了改变，Fe、Mn 分别由 0.68%、0.49%增加至 1.05%、0.55%，这与矿样表面产生的裂缝存在一定关系，进一步验证了 SEM 的表征结果。

对反应过程中的矿样进行了 SEM 表征，结果如图 6.9 所示，经微波辐照后的矿样表面产生了微裂缝，裂缝的产生进一步促进了矿浆对 SO_2 的充分吸收，反应过程中的反应方程式如下：

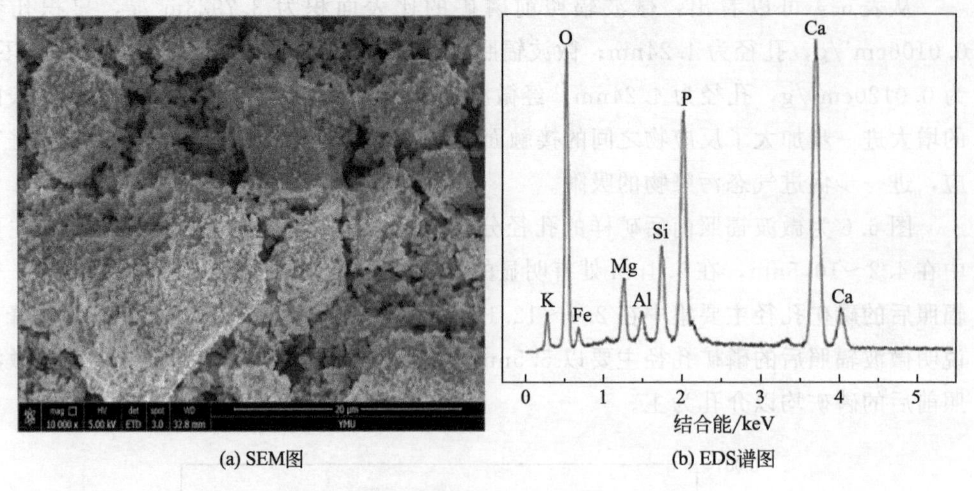

图 6.7　微波辐照前矿样的 SEM-EDS 图

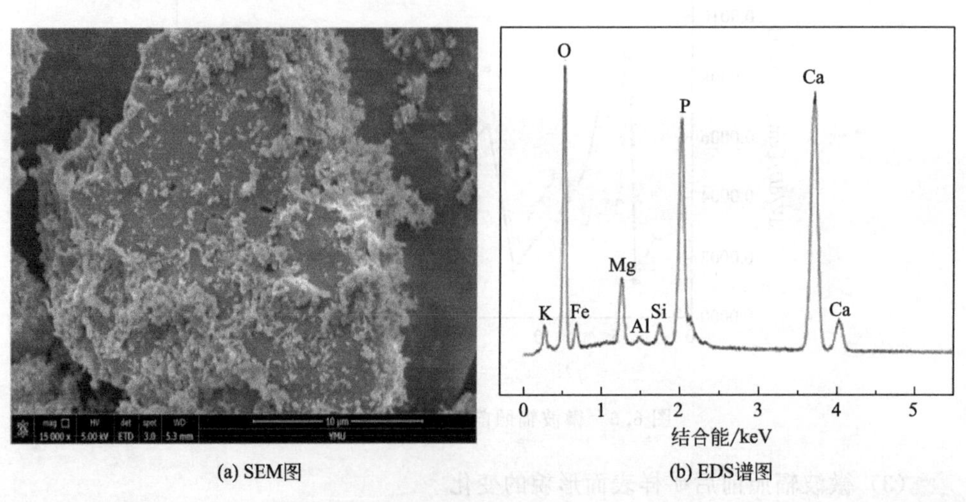

图 6.8　微波辐照后矿样的 SEM-EDS 图

(c) 反应9h　　(d) 脱硫12h

图 6.9　矿样的 SEM 图

$$Fe_2O_3+3H_2SO_4 \xlongequal{} 2Fe^{3+}+3SO_4^{2-}+3H_2O \quad (6\text{-}8)$$

$$MnO_2+H_2SO_4 \xlongequal{} Mn^{2+}+SO_4^{2-}+H_2O+0.5O_2 \quad (6\text{-}9)$$

$$2SO_2+O_2+2H_2O \xlongequal{Fe^{3+}/Mn^{2+}} 2H_2SO_4 \quad (6\text{-}10)$$

$$Ca_5(PO_4)_3F+5H_2SO_4+5nH_2O \xlongequal{} 3H_3PO_4+5CaSO_4 \cdot nH_2O+HF\uparrow \quad (6\text{-}11)$$

微波辐照前后矿样的元素变化见表 6.5。

表 6.5　微波辐照前后矿样的元素变化

元素	原矿		微波辐照后的矿样	
	质量分数/%	原子分数/%	质量分数/%	原子分数/%
O	38.35	58.31	40.62	56.92
Ca	40.21	24.40	33.13	18.53
P	13.27	10.42	10.76	7.79
Mg	2.65	2.65	2.14	1.97
Si	3.61	3.13	5.95	4.75
Fe	0.68	0.30	1.05	0.42
Al	0.41	0.37	0.64	0.53
Mn	0.49	0.22	0.55	0.22

(4) 微波辐照处理后矿样的物相组成

对微波辐照后的矿样进行 XRD 表征分析，图 6.10 为微波辐照后矿样的物相组成。如图 6.10 所示，微波辐照后矿样的主要成分为磷灰石、羟基磷灰石、石英以及少量的白云石，与微波辐照前的矿样对比，矿样的物相组成没有发生太大的变化，其中，白云石的衍射峰相比微波辐照前变少，这可能是由于白云石的主要成分 $CaMg(CO_3)_2$ 部分受热分解。

$$CaMg(CO_3)_2 \xlongequal{高温} CaO+MgO+2CO_2 \quad (6\text{-}12)$$

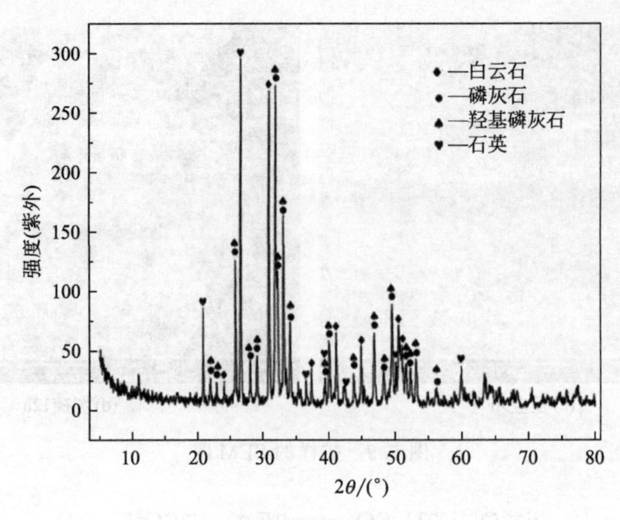

图 6.10 微波辐照后矿样的 XRD 谱图

6.1.3.2 脱硫反应前后磷矿的表征分析

对矿浆湿法脱硫过程中不同反应时间段的矿渣进行 XRD 表征，结果如图 6.11 所示。从图 6.11 中可以看出，反应过程不同阶段下矿渣的主要成分还是石英、磷灰石、羟基磷灰石、白云石，但随着反应时间的延长，白云石、磷灰石、石英的衍射峰强度有所变弱，这是由于在反应过程中不断有硫酸生成，而白云石、磷灰石、石英的化学成分依次为 $CaMg(CO_3)_2$、$Ca_5(PO_4)_3F$、SiO_2，生成的硫酸会与其发生如下反应：

$$CaMg(CO_3)_2+2H_2SO_4+2nH_2O \xlongequal{} CaSO_4\cdot nH_2O\downarrow+MgSO_4\cdot nH_2O+2H_2O+2CO_2\uparrow \tag{6-13}$$

$$Ca_5(PO_4)_3F+5H_2SO_4+5nH_2O \xlongequal{} 3H_3PO_4+5CaSO_4\cdot nH_2O+HF\uparrow \tag{6-14}$$

$$SiO_2+4HF \xlongequal{} SiF_4\uparrow+2H_2O \tag{6-15}$$

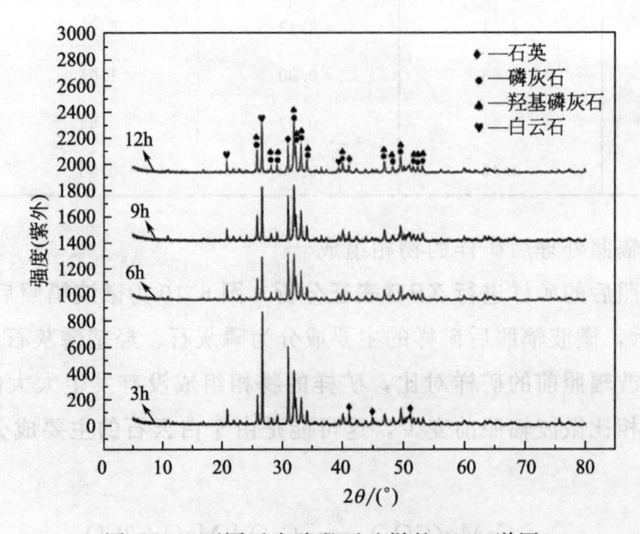

图 6.11 不同反应阶段下矿样的 XRD 谱图

6.1.3.3 脱硫反应前后矿浆的表征分析

分别对微波辐照前后所配制的磷矿浆液进行通 SO_2 和不通 SO_2 试验，用ICP对浆液中的 Fe^{3+}、Mn^{2+} 进行测定。在未通入 SO_2 的条件下，无论磷矿是否经过微波辐照处理，浆液中的 $c(Fe^{3+})$、$c(Mn^{2+})$ 均为0；而通入 SO_2 后，浆液中的 $c(Fe^{3+})$、$c(Mn^{2+})$ 明显随着反应时间的延长逐渐增大，这是因为 SO_2 通入浆液后易生成 H_2SO_3，生成的 H_2SO_3 不稳定易被氧化为 H_2SO_4，磷矿中的金属氧化物 Fe_2O_3、MnO_2 在酸性条件下分解生成 Fe^{3+}、Mn^{2+}，故随着反应时间的延长，浆液酸性逐渐增强，浆液中 Fe^{3+}、Mn^{2+} 的浓度也随之增大，发生的反应如下所示。从图6.12可以看出，经微波辐照处理后的磷矿浆液中 $c(Fe^{3+})$、$c(Mn^{2+})$ 随反应时间延长较微波辐照前明显增大，这是由于微波辐射降低了磨矿损耗，提高了矿物的解离程度，增大了矿浆中 Fe^{3+}、Mn^{2+} 的浸出。

$$2SO_2+O_2+2H_2O \xrightarrow{Fe^{3+}/Mn^{2+}} 2H_2SO_4 \tag{6-16}$$

$$Fe_2O_3+3H_2SO_4 = 2Fe^{3+}+3SO_4^{2-}+3H_2O \tag{6-17}$$

$$MnO_2+H_2SO_4 = Mn^{2+}+SO_4^{2-}+H_2O+0.5O_2 \tag{6-18}$$

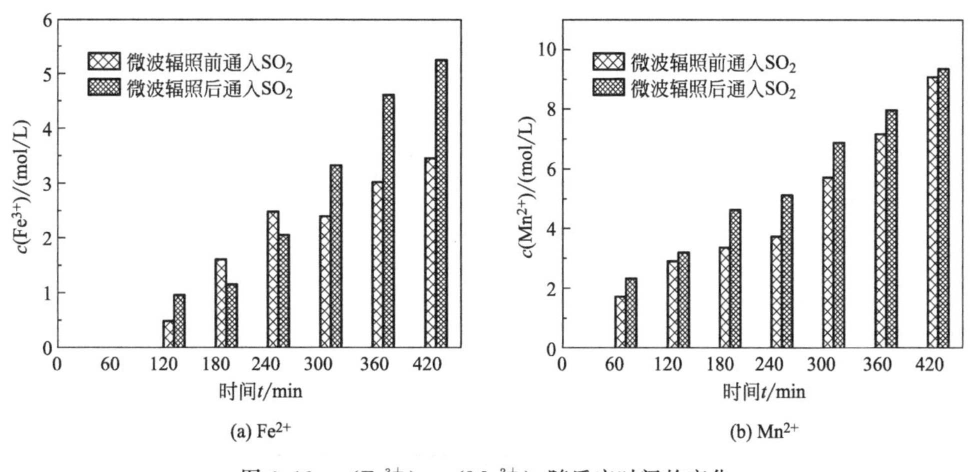

图6.12 $c(Fe^{3+})$、$c(Mn^{2+})$ 随反应时间的变化

6.2 微波强化磷矿湿法催化氧化脱硫单因素实验

6.2.1 浆液温度对微波强化磷矿湿法催化氧化脱硫效率的影响

图6.13所示为浆液温度对矿浆脱除 SO_2 的影响，实验条件如下：SO_2 浓度为 $2500mg/m^3$，氧含量为5%，固液比为7∶400，进气流量为500mL/min，控制浆液温度分别为25℃、35℃、40℃、55℃、70℃。由图6.13可知：在25～40℃，随着反应

时间的延长，脱硫率随吸收温度的升高而增加；而继续升高反应温度至 70℃，随着反应时间的延长，脱硫率逐渐下降。这是因为吸收温度对矿浆催化氧化 SO_2 的影响主要取决于模拟烟气中 SO_2、O_2 的溶解过程和 SO_2 在液相的催化氧化速率，升高浆液温度，矿浆脱硫反应的扩散系数增大，超过反应平均活化能的分子量也随之增多，从而导致脱硫率的增加；但从表 6.6 中可看出，SO_2、O_2 的溶解度随温度升高而降低，故温度的升高会使 SO_2、O_2 在矿浆中的传质阻力增大，不利于其在矿浆中的溶解，实验选取 40℃为反应的最佳温度。

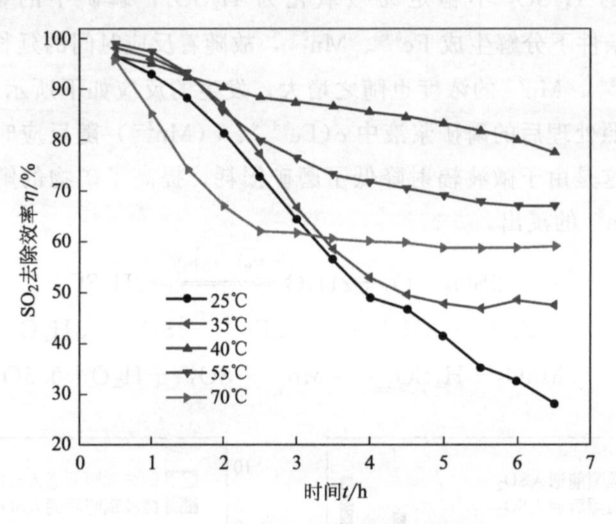

图 6.13　浆液温度对脱硫率的影响

表 6.6　常压下 SO_2、O_2 溶解度与温度的关系

温度/℃	SO_2 在水中的溶解度/(g/100g)	O_2 在水中的溶解度/(g/100g)
25	9.4	8.25
30	8.0	7.56
40	6.5	6.41
50	5.0	5.47

6.2.2　固液比对微波强化磷矿湿法催化氧化脱硫效率的影响

图 6.14 所示为浆液固液比对矿浆脱除 SO_2 的影响，实验条件如下：SO_2 浓度为 $2500mg/m^3$，氧含量为 5%，进气流量为 500mL/min，控制浆液温度为 40℃，固液比分别为 1g∶400mL、3g∶400mL、5g∶400mL、7g∶400mL、9g∶400mL。如图 6.14 所示：在同一反应时间下，随着矿浆固液比的增大，脱硫率呈上升趋势。这是因为随着固液比的增大，矿浆吸收液中磷矿的比例增大，浆液黏度增大，导致通入浆液中 SO_2 的扩散速率逐渐减慢；且吸收液中磷矿含量的增加有利于提高磷矿在溶液中的分散程度，使得吸收液混合均匀；同时固液比的增大使得浆液中溶出的过渡金属离子随

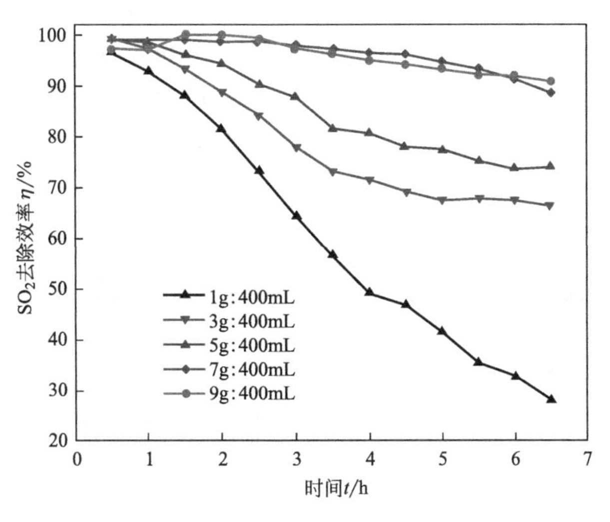

图 6.14　固液比对脱硫率的影响

之增多，有利于矿浆吸收 SO_2 反应的进行，综合考虑原料成本及脱硫效率，实验选择 7g∶400mL 为最佳固液比。

6.2.3　氧含量对微波强化磷矿湿法催化氧化脱硫效率的影响

由于实验本质上是利用磷矿中过渡金属离子 Fe^{3+}、Mn^{2+} 的催化特性，将 SO_2 液相催化氧化为硫酸根。因此，氧气作为氧化剂是不可缺少的反应物。图 6.15 所示为氧含量对矿浆脱除 SO_2 的影响，实验条件如下：SO_2 浓度为 $2500mg/m^3$，进气流量为 500mL/min，浆液温度为 40℃，固液比为 7g∶400mL，控制氧含量分别为 0%、5%、10%、15%、20%。由图 6.15 可知：当氧含量≤5%时，在同一反应时间下，脱硫率随氧含量的增加逐渐增大；当氧含量>5%时，脱硫率随氧含量的增加逐渐下降。Huss

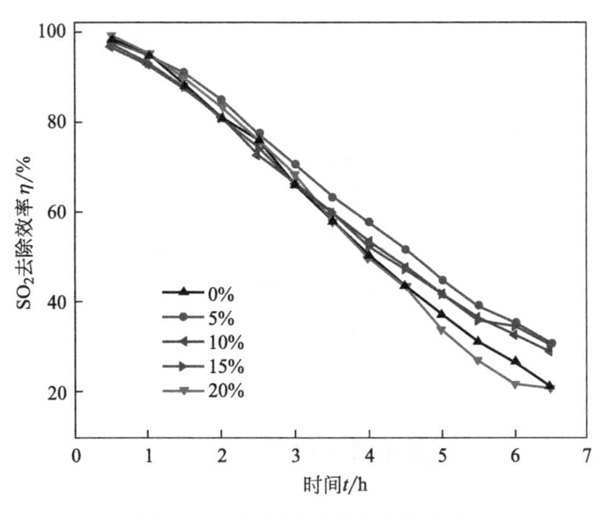

图 6.15　氧含量对脱硫率的影响

等指出，整个过程中的气液传质主要受 O_2 在吸收液中的溶解控制，氧含量在 0%～5%范围时，随着氧含量的增大，模拟烟气中的氧浓度得到提高，有利于气液传质的进行，脱硫率也随之提高；当氧含量在 5%～15%范围时，$SO_3^{\cdot -} + O_2 = SO_5^{\cdot -}$ 为快速反应，不会限制总的反应速率，脱硫率随氧含量的变化并不大，实验选择 5%为最佳氧含量。

6.2.4 进气流量对微波强化磷矿湿法催化氧化脱硫效率的影响

实验过程本质是一个气液接触反应，气液扩散速率的大小决定了整个系统的脱硫效率，而气体流量则是影响气液扩散最主要的因素。图 6.16 所示为气体流量对矿浆脱除 SO_2 的影响。实验条件如下：SO_2 浓度为 2500mg/m^3，氧含量为 5%，固液比为 7g∶400mL，浆液温度为 40℃，控制进气流量分别为 500mL/min、600mL/min、700mL/min、800mL/min、900mL/min。由图 6.16 可知：在相同反应时间下，矿浆脱硫率随进气流量的增大而逐渐降低。这是因为进气流量会影响气体在矿浆中的停留时间，气体流量增大，停留时间缩短，进而导致部分 SO_2 还未被矿浆吸收就被直接排空，此外，当气体流量增大时，矿浆中溶出的过渡金属离子（如 Fe^{3+}、Mn^{2+}）未能与进入矿浆的 SO_2 充分反应；且随着反应时间的延长，矿浆 pH 逐渐降低，pH 的下降降低了 SO_2 在矿浆中的溶解程度，从而进一步导致反应过程中脱硫率的下降。因此，随着反应时间的延长，矿浆脱硫率逐渐下降，实验选取 500mL/min 为最佳进气流量。

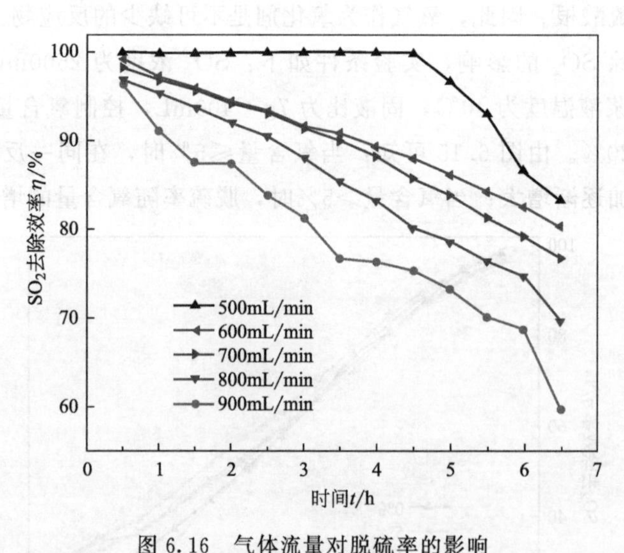

图 6.16 气体流量对脱硫率的影响

6.2.5 pH 对微波强化磷矿湿法催化氧化脱硫效率的影响

在 SO_2 浓度为 2500mg/m^3，氧含量为 5%，进气流量为 500mL/min，浆液温度为

40℃，固液比为 7g：400mL 的最佳条件下进行实验，结果见图 6.17。由图 6.17 可知：未向矿浆中通入模拟配制的 SO_2 时，原浆液的 pH 为 9.06，向浆液中通入 SO_2 后，浆液 pH 呈现急剧下降趋势，向矿浆中通入 SO_2 1h 后，浆液 pH 由 9.06 降至 5.57。反应过程中磷矿浆吸收液的 pH 随反应时间的延长而逐渐降低，同时，矿浆脱硫率也逐渐下降。这是由于随着反应的进行，矿浆中不断生成 H_2SO_3，且生成的 H_2SO_3 在氧气的作用下生成 H_2SO_4，生成的 H_2SO_4 又与磷矿中的 $CaMg(CO_3)_2$ 反应生成 CO_2，CO_2 易溶于水生成 H_2CO_3，另外，磷矿粉中的 P_2O_5 能与热水反应生成磷酸，导致吸收液 pH 逐渐下降，进一步导致了脱硫率的下降，反应方程见式(6-19)～式(6-22)。

$$2SO_2+O_2+2H_2O \xlongequal{Fe^{3+}/Mn^{2+}} 2H_2SO_4 \tag{6-19}$$

$$CaMg(CO_3)_2+2H_2SO_4+2nH_2O = CaSO_4 \cdot nH_2O \downarrow + MgSO_4 \cdot nH_2O+2H_2O+2CO_2 \uparrow \tag{6-20}$$

$$CO_2+H_2O = H_2CO_3 \tag{6-21}$$

$$P_2O_5+3H_2O(热) = 2H_3PO_4 \tag{6-22}$$

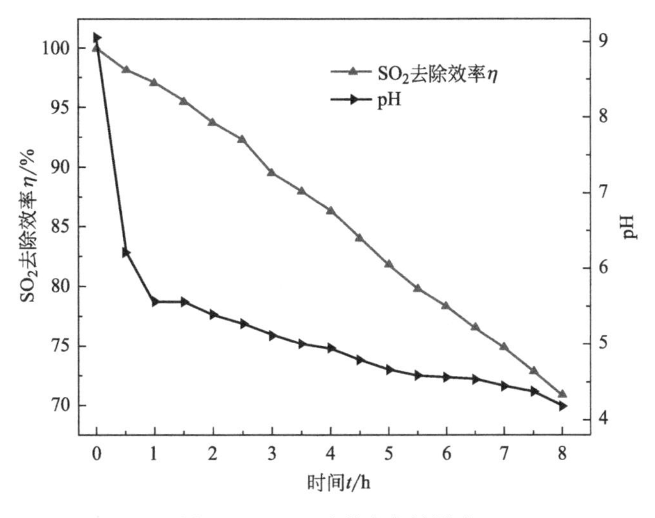

图 6.17　pH 对脱硫率的影响

6.2.6　微波辐照前后矿浆湿法脱硫的活化能对比

将微波辐照前后的矿粉与去离子水按照一定比例配制成实验所需浓度的矿浆，并对模拟配制的 SO_2 进行吸收，采用离子色谱分别测定各阶段浆液中 SO_4^{2-} 的浓度，测定结果见表 6.7～表 6.10。

表 6.7　298.15K 时不同时间下的 $c(SO_4^{2-})$

时间/min	0	20	40	60	80	100	120
c_1/(mol/L)	52.6	103.3	206.3	321.7	445.3	533.0	694.4
c_2/(mol/L)	69.4	192.0	332.0	482.9	616.8	715.6	879.6

续表

时间/min	140	160	180	200	220	240	—
c_1/(mol/L)	859.4	1011.0	1062.6	1243.1	1440.3	1564.2	—
c_2/(mol/L)	1020.0	1245.8	1287.3	1510.1	1683.1	1715.7	—

表 6.8　303.15K 时不同时间下的 $c(SO_4^{2-})$

时间/min	0	20	40	60	80	100	120
c_1/(mol/L)	67.7	151.0	227.1	339.7	485.8	599.1	708.9
c_2/(mol/L)	45.4	147.9	268.6	398.1	550.5	628.8	726.6
时间/min	140	160	180	200	220	240	—
c_1/(mol/L)	812.9	922.0	1086.4	1221.6	1406.0	1556.0	—
c_2/(mol/L)	898.9	1016.7	1178.0	1220.0	1401.8	1567.6	—

表 6.9　308.15K 时不同时间下的 $c(SO_4^{2-})$

时间/min	0	20	40	60	80	100	120
c_1/(mol/L)	64.5	135.7	213.9	345.5	472.5	609.2	791.6
c_2/(mol/L)	63.9	169.8	264.4	369.5	568.3	829.1	900.1
时间/min	140	160	180	200	220	240	—
c_1/(mol/L)	935.4	1094.3	1253.6	1384.3	1574.8	1728.7	—
c_2/(mol/L)	1026.4	1188.3	1391.7	1528.5	1652.2	1886.3	—

表 6.10　313.15K 时不同时间下的 $c(SO_4^{2-})$

时间/min	0	20	40	60	80	100	120
c_1/(mol/L)	57.8	132.1	225.1	392.7	527.2	668.6	807.9
c_2/(mol/L)	54.8	171.5	292.6	426.5	559.1	689.4	834.4
时间/min	140	160	180	200	220	240	—
c_1/(mol/L)	933.2	1041.2	1236.2	1439.2	1606.7	1730.7	—
c_2/(mol/L)	1026.6	1134.8	1245.0	1430.4	1562.5	1747.4	—

从表 6.7～表 6.10 可以看出：浆液中 SO_4^{2-} 的浓度均随着反应时间的延长而逐渐增大。SO_2 进入浆液后在浆液中首先生成 H_2SO_3，而磷矿中的金属氧化物在酸的作用下会生成 Fe^{3+}、Mn^{2+}，由于生成的 H_2SO_3 不稳定，在 Fe^{3+}、Mn^{2+} 以及模拟烟气中 O_2 的催化氧化作用下，其在溶液中易发生氧化进一步生成 H_2SO_4，因此难以在吸收液中检测到 HSO_3^- 和 SO_3^{2-}，这也是吸收液中 SO_4^{2-} 浓度逐渐增大的原因之一，发生的反应式如下：

$$SO_2 + H_2O = H_2SO_3 \tag{6-23}$$

$$H_2SO_3 = H^+ + HSO_3^- \tag{6-24}$$

$$HSO_3^- = H^+ + SO_3^{2-} \tag{6-25}$$

$$Fe_2O_3 + 3H_2SO_4 = 2Fe^{3+} + 3SO_4^{2-} + 3H_2O \tag{6-26}$$

$$MnO_2 + H_2SO_4 = Mn^{2+} + SO_4^{2-} + H_2O + 0.5O_2 \quad (6\text{-}27)$$

$$HSO_3^- + 0.5O_2 \xlongequal{Fe^{3+}/Mn^{2+}} SO_4^{2-} + H^+ \quad (6\text{-}28)$$

$$SO_3^{2-} + 0.5O_2 \xlongequal{Fe^{3+}/Mn^{2+}} SO_4^{2-} \quad (6\text{-}29)$$

$$2SO_2 + O_2 + 2H_2O \xlongequal{Fe^{3+}/Mn^{2+}} 2H_2SO_4 \quad (6\text{-}30)$$

利用 origin 9.0 数据处理软件，对各反应温度下的 SO_4^{2-} 浓度进行一阶求导并求取对数，以 $\ln(dc_A/dt)$ 对 $\ln c_A$ 进行标绘，可得到一条直线以及这条直线的函数表达式：

$$\ln(dc_A/dt) = \ln k + n \cdot \ln c_A \quad (6\text{-}31)$$

式中 c_A——SO_4^{2-} 的浓度，mol/L；

t——反应时间，min；

n——反应级数；

k——速率常数。

原矿浆各温度下 $\ln(dc_A/dt)$ 与 $\ln c_A$ 的关系曲线如图 6.18 所示。

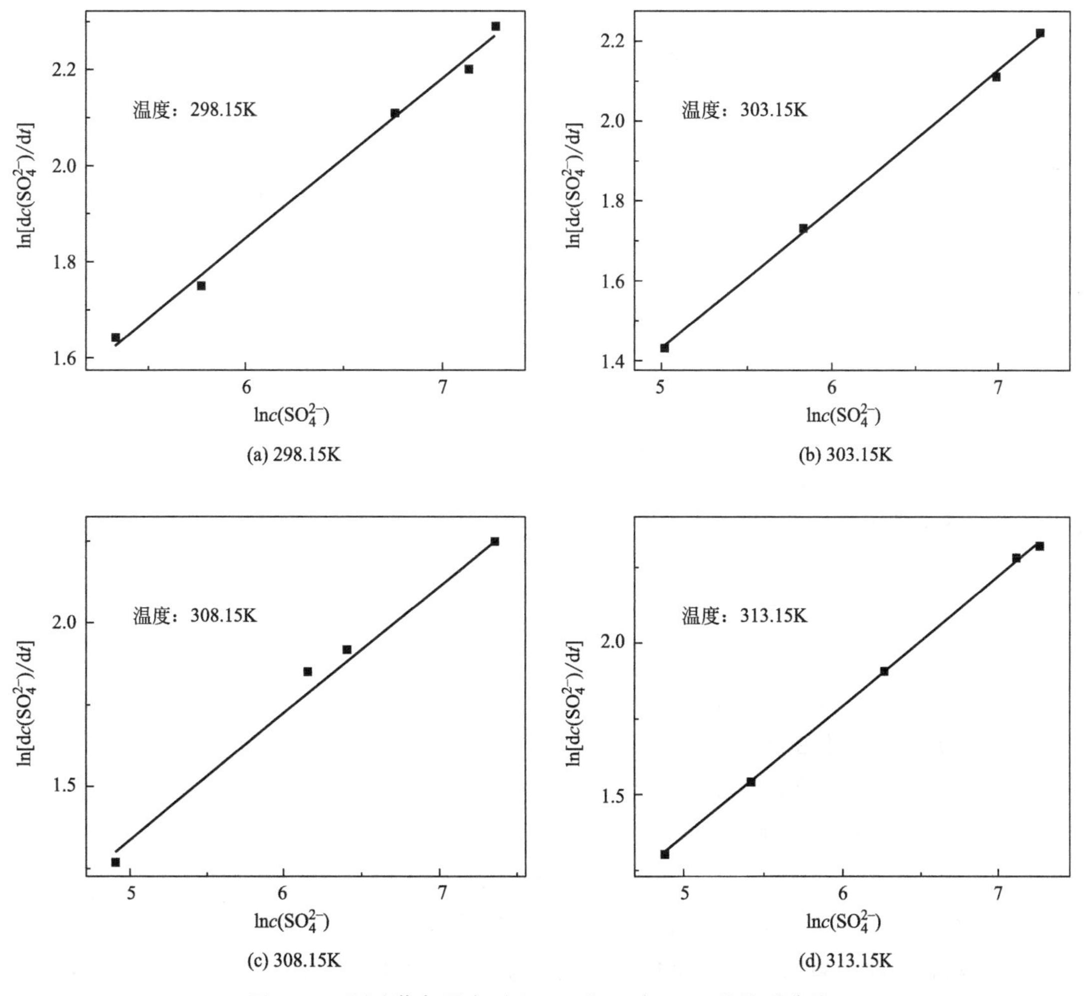

图 6.18 原矿浆各温度下 $\ln(dc_A/dt)$ 与 $\ln c_A$ 的关系曲线

微波辐照后矿浆各温度下 $\ln(dc_A/dt)$ 与 $\ln c_A$ 的关系曲线如图 6.19 所示。

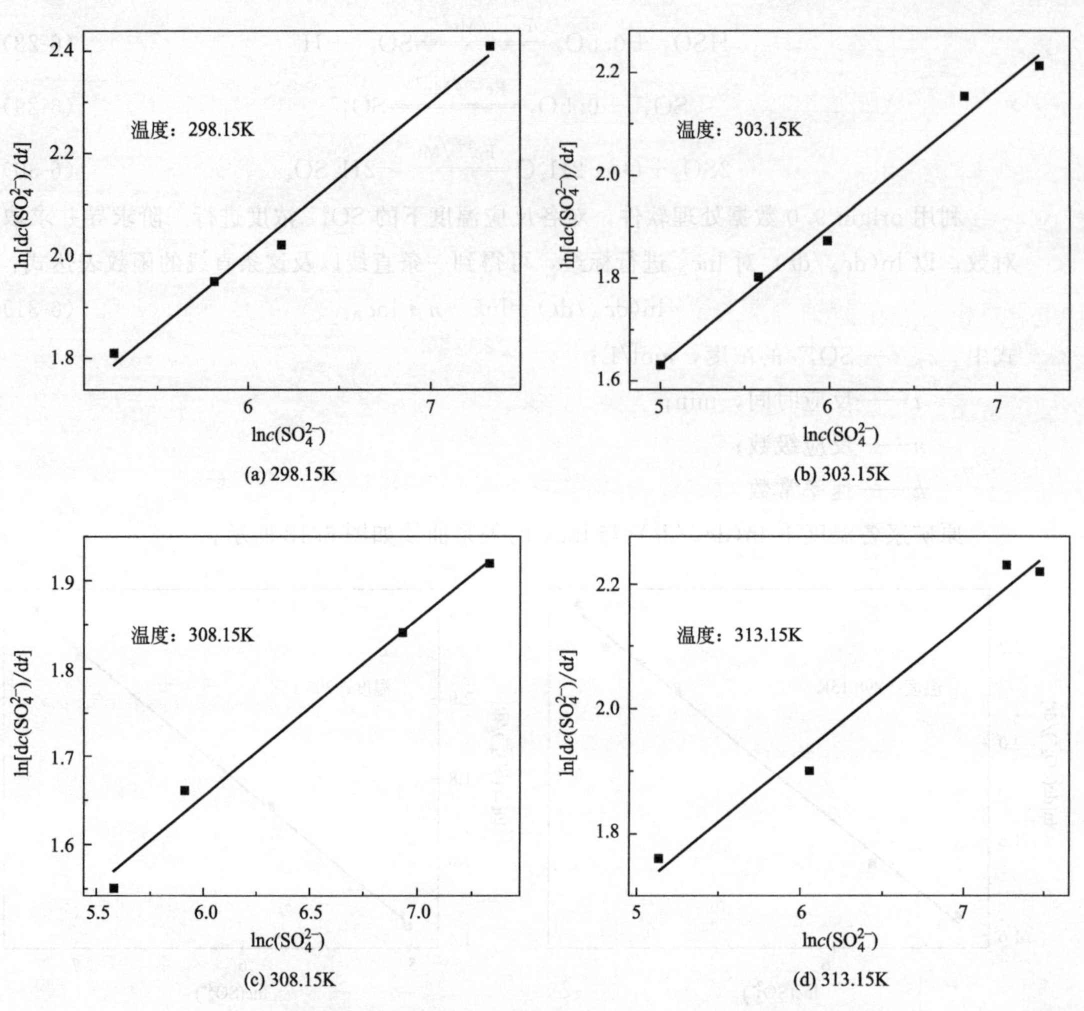

图 6.19 微波辐照后矿浆中各温度下 $\ln(dc_A/dt)$ 与 $\ln c_A$ 的关系曲线

根据阿伦尼乌斯公式：

$$k=A\cdot e^{-E_a/(RT)} \tag{6-32}$$

式中 k——速率常数；

A——频率因子；

E_a——活化能，J/mol；

R——气体常数，8.314J/(mol·K)；

T——反应热力学温度，K。

对式(6-32) 等号两边进行求导，得：

$$\ln k=\ln A-E_a/(RT) \tag{6-33}$$

根据式(6-33)，以 $1/T$ 为横坐标，$\ln k$ 为纵坐标作图，得到一条不经过原点的直线，根据直线的斜率可以求出反应的活化能 E_a。微波辐照前后 $\ln k$ 与 $1/T$ 的关系见图 6.20。微波辐照前后矿浆脱除 SO_2 的活化能见图 6.21。

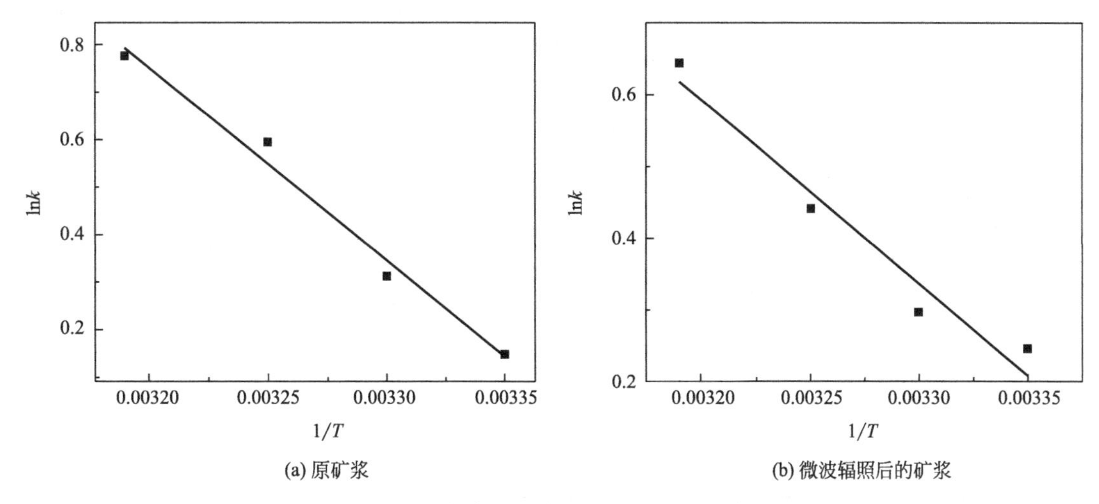

图 6.20　微波辐照前后 ln$k$ 与 $1/T$ 的关系

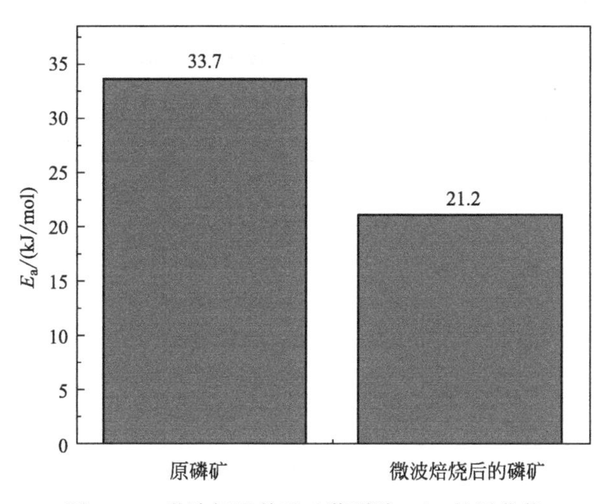

图 6.21　微波辐照前后矿浆脱除 SO_2 的活化能

计算结果表明：微波辐照前，磷矿浆脱除 SO_2 的活化能为 33.7kJ/mol；经微波辐照处理后，磷矿浆脱除 SO_2 的活化能降为 21.2kJ/mol，活化能明显降低，进一步验证了对磷矿进行微波辐照处理后再进行湿法催化氧化，对脱硫具有强化作用。

6.3 微波强化磷矿湿法催化氧化脱硫响应面条件优化实验

6.3.1 实验设计

微波强化磷矿后进行湿法催化氧化脱硫的影响因素有：通入的模拟烟气流速，浆液温度，模拟烟气中二氧化硫的入口浓度、浆液固液比、模拟烟气中的氧含量等。但本实验主要考察的是浆液温度（℃）、固液比（g∶400mL）、氧含量（%），故将浆液温度（℃）、固液比（g∶400mL）、氧含量（%）三个因素作为自变量，自变量的数值范围以单因素实验得到的最佳条件为基础，分别用A、B、C表示浆液温度（℃）、固液比（g∶400mL）、氧含量（%），以浆液脱硫率作为响应值，响应值浆液脱硫率用η表示。采用响应曲面法（Box-Behnken Design，BBD）设计实验，实验选取的自变量水平编码具体见表6.11。

表6.11　响应面实验设计

因素	水平		
	−1	0	1
A	25	40	55
B	3	5	7
C	0	5	10

将设定好的各因素和水平导入Design-Expert软件，利用Box-Behnken Design模型对不同因素和水平进行组合，可得到3因素3水平共17个试验点的实验方案，按照实验方案进行实验并将结果导入表格，详细的实验方案及实验结果见表6.12。

表6.12　响应面设计方案及结果

序号	浆液温度/℃	固液比/(g∶400mL)	氧含量/%	脱硫率/%
1	40	5	5	90.4
2	55	5	10	92.6
3	25	3	5	84.2
4	40	5	5	87
5	55	3	5	67
6	40	3	0	46.5
7	40	5	5	90.9
8	55	5	0	64.6
9	25	5	0	88.8
10	40	3	10	70
11	40	7	10	91
12	40	5	5	82.4
13	40	7	0	88.7
14	25	7	5	90.2
15	55	7	5	79.5
16	40	5	5	85.5
17	25	5	10	93.6

6.3.2 模型精确性分析

采用Design-Expert 8.0对表6.12的实验结果进行二次响应面回归分析，并对实验结果进行多元回归拟合，得到以浆液脱硫率 η 为目标函数的回归方程，即响应值 η（浆液脱硫率,%）与自变量之间的关系方程：

$$Y=92.29-4.31X_1+5.31X_2+5.22X_3-0.73X_1X_2+2.60X_1X_3 \\ -5.05X_2X_3-6.26X_2^2-2.19X_3^2 \tag{6-34}$$

回归方程中各变量对响应值（浆液脱硫率）影响的显著性，用 F 值和 P 值检验来判定。F 值越大，表示该项或者该模拟的可信度越大；$P \leqslant 0.05$，表明该项或者该模型显著；$P>0.1$，表示该项不显著；失拟项显著则会影响整体模型的显著性。

对回归方程进行方差分析，分析结果见表 6.13，回归方程中一次项（X_1、X_2 和 X_3）的偏回归系数绝对值的大小与该项对应因素对响应值影响程度的大小呈正比关系，因此，A、B、C 三项因素对脱硫率的影响程度由大到小依次为 B>C>A，即固液比（B）>氧含量（C）>浆液温度（A）。

由表 6.13 可知：该模型的 P（Model）为 0.0156<0.05，表明微波强化磷矿湿法催化氧化脱硫和各因素回归方程之间的关系是显著的；浆液温度（A）、氧含量（C）、固液比（B）一次项和固液比（B）二次项的 P 值均小于 0.05，说明这些因素对浆液脱硫率存在着显著影响；失拟项的 P 值为 0.0604>0.05，表明失拟项相对于纯误差是不显著的。

表 6.13　回归方程的方差分析结果

Source	Sum of Squares	df	Mean Square	F Value	P-value Prob>F	显著性
模型	916.99	8	114.62	5.21	0.0156	significant
A	148.78	1	148.78	6.77	0.0315	significant
B	225.78	1	225.78	10.27	0.0125	significant
C	218.41	1	218.41	9.94	0.0136	significant
AB	2.10	1	2.10	0.096	0.7650	
AC	27.04	1	27.04	1.23	0.2996	
BC	102.01	1	102.01	4.64	0.0633	
B^2	165.63	1	165.63	7.54	0.0253	significant
C^2	20.22	1	20.22	0.92	0.3656	
Residual	175.84	8	21.98	—	—	
Lack of Fit	149.55	4	37.39	5.69	0.0604	not significant
Pure Error	26.29	4	6.57	—	—	
Cor Total	1092.82	16	—	—	—	

图 6.22 为模型的残差正态概率分布图，图中散点越接近直线，则模型精度越高。如图 6.22 所示，图中所有散点均匀分布在直线两侧，几乎在同一直线上，无明显偏离的点，服从正态分布，这表明该模型具有显著性，回归方程的分析结果可靠，并且合理地拟合了实验数据。

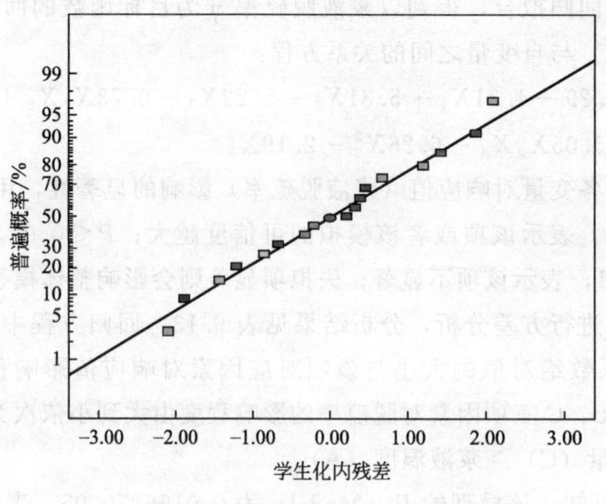

图 6.22　残差正态概率分布图

图 6.23 为模型预测值与实验值的对比图，在浆液脱硫率预测值与实验值的散点图中，数据点基本分布在一条直线上，这说明该优化实验设计的偏差不大，可以较为准确地对实验进行预测，且模型能够较好地反映出浆液脱硫率的影响因素与响应值的关系，能够较为合理地描述实验数据。

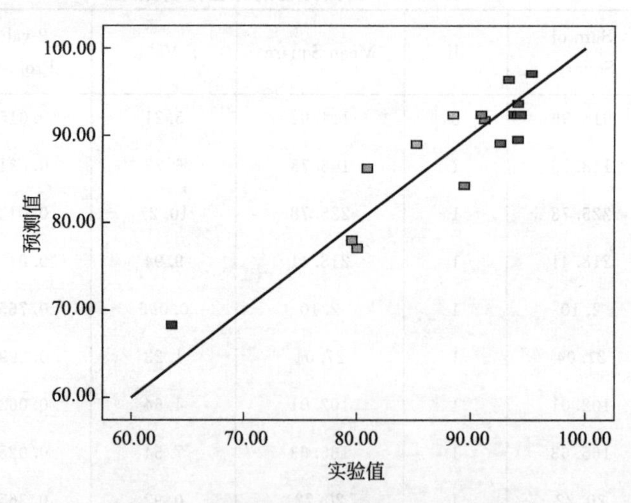

图 6.23　模型预测值与实验实际值对比图

6.3.3　响应曲面分析

对方差和残差进行分析，运用 Design-Expert 8.0 软件绘制各影响因素间交互作用对响应值影响的等高线图与三维响应曲面图，得出各因素两两交互作用的最佳反应条件以及对响应值的影响程度。其中，等高线的形状反映了两因素间交互作用的强弱，等高线呈椭圆形，说明两因素间的交互作用对响应值影响较大，效果显著；等高线呈圆形，则说明两因素间的交互作用对响应值影响较小，效果不显著；通过三维响应曲面的颜色渐变程度及倾斜度可判断选取因素对响应值的影响程度，颜色变深，说明响应值（脱硫率）发生由低到高的变化，倾斜度越大表明变化越快，即两因素间交互作用对实验结果的影响越显著。

图 6.24 和 6.25 分别为浆液温度和固液比交互作用对浆液脱硫率影响的等高线图和三维响应曲面图，从图中可以看出，随着浆液温度和矿浆固液比的增加，浆液脱硫率呈现增大的趋势，且 AB（浆液温度与固液比）交互作用的等高线呈椭圆形，说明浆

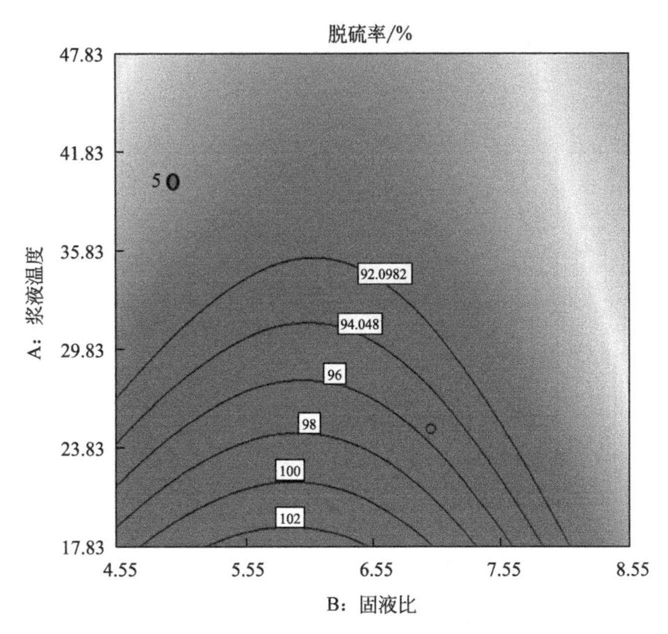

图 6.24　浆液温度和固液比交互作用对浆液脱硫率影响的等高线图

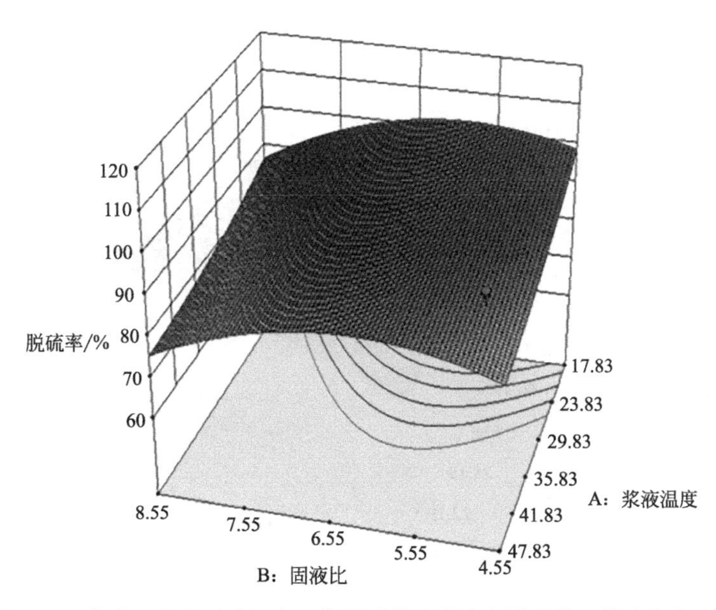

图 6.25　浆液温度和固液比交互作用对浆液脱硫率影响的三维响应曲面图

液温度与固液比间存在交互影响。但 AB（浆液温度与固液比）等高线的椭圆中心并不在所观察到的平面内，因此响应值（脱硫率）在等高线图中不存在极大值；AB（浆液温度与固液比）交互作用的三维响应曲面随浆液温度和矿浆固液比的增大而逐渐呈现“陡坡”状，表明响应值（脱硫率）随浆液温度和矿浆固液比的增大逐渐增大，这个结论与等高线图相一致。

图 6.26 和图 6.27 分别为浆液温度和氧含量交互作用对浆液脱硫率影响的等高线图

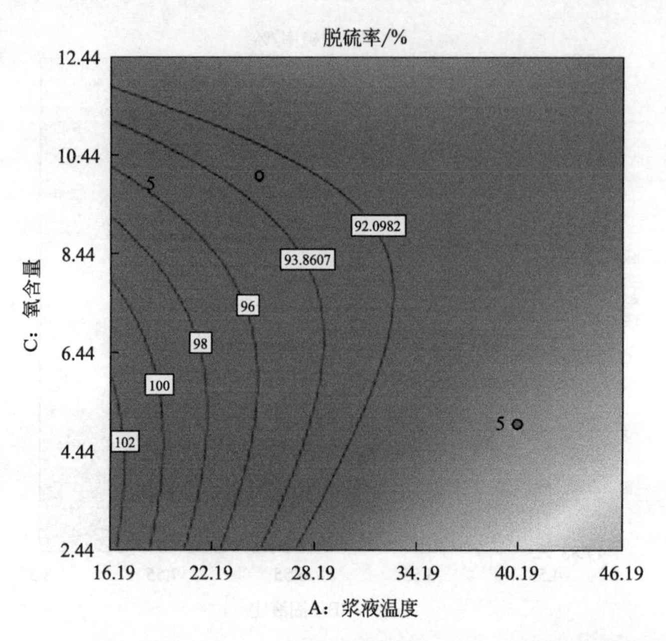

图 6.26　浆液温度和氧含量交互作用对浆液脱硫率影响的等高线图

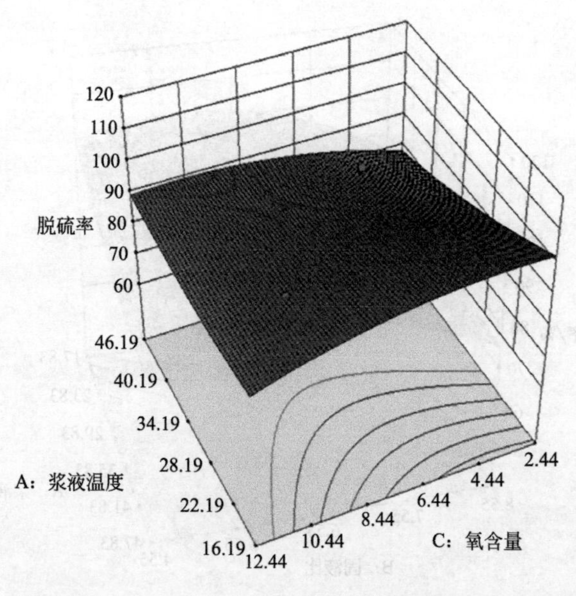

图 6.27　浆液温度和氧含量交互作用对浆液脱硫率影响的三维响应曲面图

和三维响应曲面图，从图中可以看出，随着浆液温度的升高，矿浆脱硫率先逐渐增加，后逐渐降低；随着氧含量的增加，矿浆脱硫率先增大后减小。且 AC（浆液温度与氧含量）交互作用的等高线也呈椭圆形，说明浆液温度与氧含量间也存在交互影响，但同 AB（浆液温度与固液比）一样，椭圆中心并未出现在等高线图内，所以响应值（脱硫率）不存在极大值。

图 6.28 和图 6.29 分别为固液比和氧含量交互作用对浆液脱硫率影响的等高线图和三维响应曲面图，如图所示，BC（固液比与氧含量）交互作用的等高线呈椭圆形，这

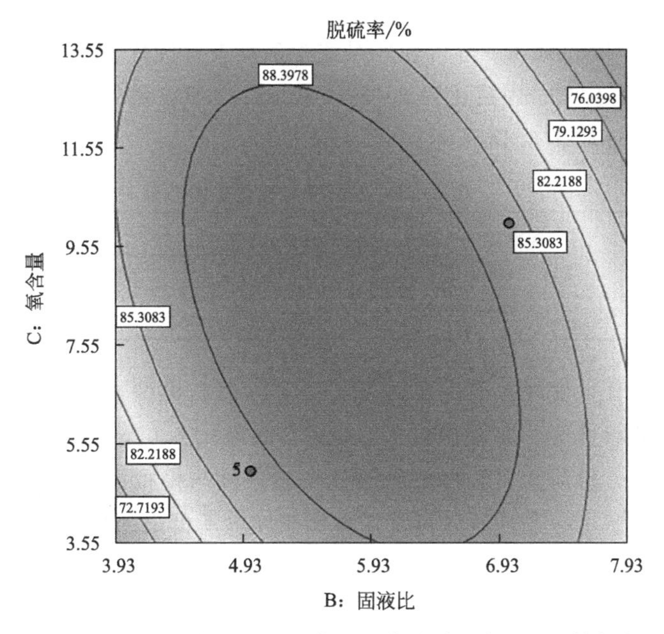

图 6.28　固液比和氧含量交互作用对浆液脱硫率影响的等高线图

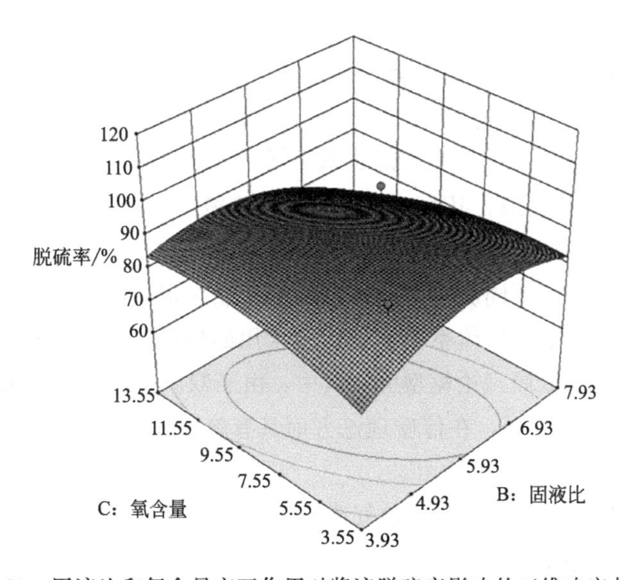

图 6.29　固液比和氧含量交互作用对浆液脱硫率影响的三维响应曲面图

说明BC（固液比与氧含量）间存在较强的交互作用，对响应值（脱硫率）的影响显著，且随着固液比和氧含量的增大，响应值（脱硫率）逐渐增大；在三维响应曲面图中，当固液比逐渐增大至7∶400左右时，曲面呈现相对较陡趋势，此说明固液比的改变对BC（固液比与氧含量）的交互作用有较大影响，且由于椭圆中心在等高线图内，故响应值（脱硫率）在等高线图的椭圆中心处存在极大值。

6.3.4 最佳优化条件及模型验证

采用Design-Expert 8.0分析软件对实验条件进行优化分析，并得到最优的实验条件：浆液温度40.19℃、固液比为6.05g∶400mL、氧含量4.27%，并在所得条件下进行实验，模型验证如表6.14所示。

表6.14 回归模拟优化实验参数

浆液温度 A/℃	固液比 B/(g∶400mL)	氧含量 C/%	脱硫率/%	
			预测值	实际值
40.19	6.05	4.27	97.04	97.16

通过模型验证，发现在最优条件下实验实际值与模型预测值十分接近，所以选取最终的最佳工艺参数为：浆液温度40.19℃、固液比6.05g∶400mL、氧含量4.27%。由于在本实验中，单因素实验得出的最佳实验条件与模拟的最优条件相差不大，且最终的脱硫效果也基本一致，所以可采用单因素实验所得出的最佳实验条件。

6.4 微波强化磷矿浆湿法催化氧化传质过程初探

6.4.1 反应器内磷矿浆脱硫的过程分析

磷矿浆脱除模拟烟气中SO_2的过程属于气-液-固三相体系，首先，模拟烟气中的SO_2溶于水属于气-液两相反应；其次，磷矿浆中的有效成分与溶于水的SO_2反应属于液-固两相反应。在理论研究方面，磷矿浆液吸收SO_2的过程实质上是：气体溶质分别在气相与液相流体间流动时，不同流体对气体溶解度存在一定差异，从而使气体由气相经相界面流向液相。对于湿法脱硫体系而言，比较常用的模型有：湍流模型、表面更新理论模型、溶质渗透模型、双膜理论模型等。其中，由于双膜理论模型与其他理论模型相差不大，模型简单，适应性强，在传质理论方面具有较大的影响力，应用最为广泛和成熟。

双膜理论的要点：

a. 在气-液相接触界面，存在着气膜和液膜，待吸收组分必须以分子扩散的方式连续通过该气膜和液膜；

b. 在气-液界面上，气液两相保持平衡状态，液相的界面浓度是和在界面处的气相组成平衡的饱和浓度，即在相界面上无扩散阻力；

c. 一般认为膜的厚度很小，在膜中和相界面上不存在溶质的积累，吸收过程为固定膜的稳定扩散；

d. 在两相主体中，吸收质浓度保持均匀不变，仅在薄膜中发生浓度变化，两相薄膜中的浓度差与膜外两相的平衡浓度差相等。

根据双膜理论，气体溶质在吸收过程中由气相主体出发，先后通过气膜界面、气液相界面、液相界面，最后进入液相主体。在气液相主体中，气体溶质以涡流扩散方式运动，而在气膜与液膜中，气体溶质以分子扩散的方式运动。根据双膜理论的要点，传质阻力集中在气膜与液膜层内，即当气相主体和液相主体的浓度一定时，传质速率的大小是由气体溶质通过气膜、液膜的传质阻力所决定的。

6.4.2 数据分析方法

6.4.2.1 总传质速率方程

$$N_s = k_G(p_{s,0} - p_{s,i}) = E \cdot k_L(c_{s,i} - c_{s,0}) \tag{6-35}$$

式中 N_s——气体溶质的吸收速率，mol/(m^2·s)；

k_G——气体溶质的气相传质系数，mol/(m^2·s·Pa)；

$p_{s,0}$——气体溶质在气相主体上的分压，Pa；

$p_{s,i}$——气体溶质在相界面上的分压，Pa；

E——增强因子；

k_L——气体溶质的液相传质系数，m/s；

$c_{s,i}$——气体溶质在相界面的浓度，mol/m^3；

$c_{s,0}$——气体溶质在液相主体的浓度，mol/m^3。

6.4.2.2 吸收速率 N_s 的计算

根据进出口物料衡算，吸收速率 N_s 为：

$$N_s = \frac{Q_s \cdot (c_{s,1} - c_{s,2})}{AM} \tag{6-36}$$

式中 Q_s——混合气体的流量，m^3/s；

$c_{s,1}$——反应器进口气相中 SO_2 的浓度，kg/m^3；

$c_{s,2}$——反应器出口气相中 SO_2 的浓度，kg/m^3；

A——反应器内气液界面积，m^2；

M——气体溶质的摩尔质量，kg/m^3。

在固液比为2g∶200mL，氧含量为5%，进气流量为 8.3×10^{-6} m^3/s，模拟烟气中 SO_2 浓度为 3.0×10^{-6} kg/m^3 时，分别计算在浆液温度为298.15K、313.15K、328.15K、343.15K的条件下 SO_2 的吸收速率，结果如表6.15所示。

表 6.15　不同温度下 SO_2 的吸收速率

温度 T/K	298.15	313.15	328.15	343.15
c_{SO_2}/(kg/m³)	1.271×10^{-6}	1.225×10^{-6}	1.791×10^{-6}	1.537×10^{-6}
N_{SO_2}/[mol/(m²·s)]	3.3721×10^{-7}	3.6049×10^{-7}	2.1540×10^{-7}	2.9085×10^{-7}

6.4.2.3　各温度下 SO_2 气相传质系数 k_{G,SO_2} 的计算

根据 SO_2 的传质特性，认为 $p_{s,i}=0$，所以有 $N_s=k_G\cdot p_{s,0}$。根据 6.4.2.2 条件下计算出的 SO_2 气相传质系数 k_{G,SO_2}，结合总传质速率方程式(6-35)，用 origin 绘制 SO_2 的吸收速率 N_s 与气相主体压力 $p_{s,0}$ 的拟合曲线，由总传质速率方程可知，吸收速率 N_s 与气相主体压力 $p_{s,0}$ 呈比例关系，直线的斜率即气相传质系数 k_G，由此可得到不同温度下 SO_2 的气相传质系数，如图 6.30～图 6.33 所示。

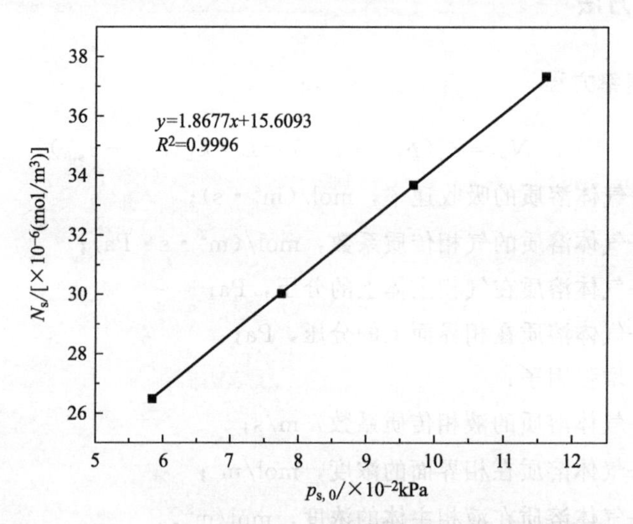

图 6.30　298.15K 时 SO_2 的吸收速率与气相主体压力 $p_{s,0}$ 的关系

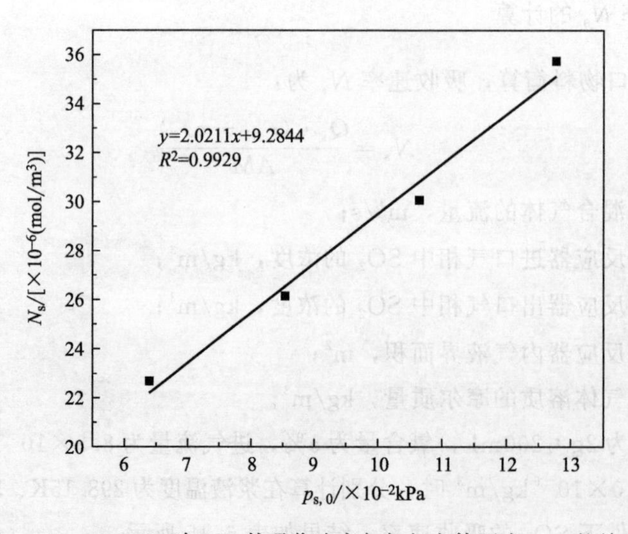

图 6.31　313.15K 时 SO_2 的吸收速率与气相主体压力 $p_{s,0}$ 的关系

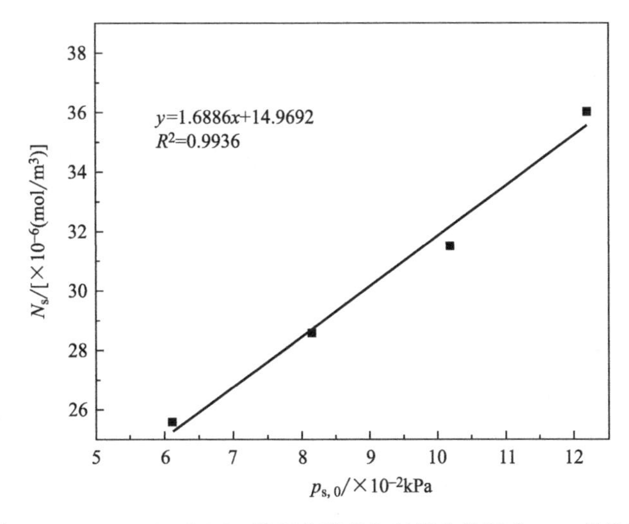

图 6.32　328.15K 时 SO_2 的吸收速率与气相主体压力 $p_{s,0}$ 的关系

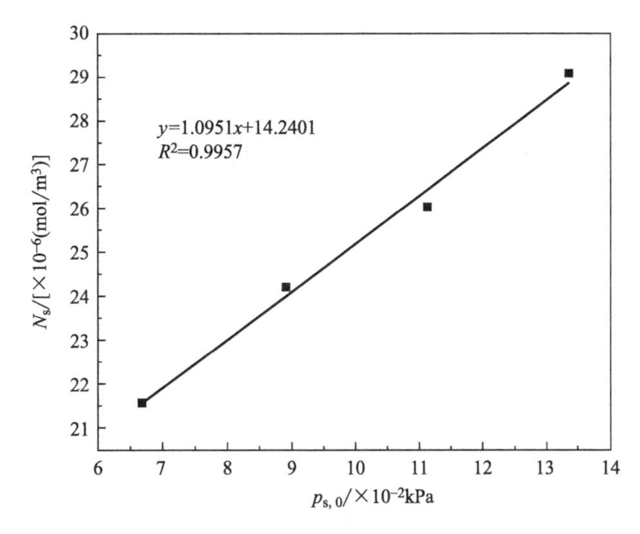

图 6.33　343.15K 时 SO_2 的吸收速率与气相主体压力 $p_{s,0}$ 的关系

由此可得各温度下 SO_2 的气相传质系数 k_{G,SO_2}，如表 6.16 所示。

表 6.16　不同温度下 SO_2 的气相传质系数

温度 T/K	298.15	313.15	328.15	343.15
k_{G,SO_2}/[mol/(m^2·s·Pa)]	1.8677×10^{-6}	2.0211×10^{-6}	1.6886×10^{-6}	1.0951×10^{-6}

由表 6.16 可知，在温度为 298.15～343.15K 时，随着温度的升高，SO_2 的气相传质系数 k_{G,SO_2} 先增大后减小，且在温度为 313.15K 时最大，为 2.0211×10^{-6}mol/(m^2·s·Pa)，这与单因素实验结果（在温度为 25～40℃时，随着反应时间的延长，脱硫率逐渐增大；而当温度由 40℃升高至 70℃时，随着反应时间的延长，脱硫率逐渐下降）相吻合；这表明：在一定温度范围内，反应温度的升高有利于增大气体溶质的气相传质系数，进而提高反应速率，达到增大浆液脱硫率的效果。

6.4.3 液相传质系数的计算

实验采用 Danckwerts 标绘法对液相传质系数 k_L 进行测定，以气相体积法进行定量，即用蒸馏水吸收纯 CO_2 体系测定。

6.4.3.1 不同温度下 CO_2 的液相传质系数

实验过程中保持转速恒定，考察转速为 500r/min 时不同温度下蒸馏水吸收 CO_2 的液相传质系数。根据扩散方程式(6-36)：

$$N_B = k_L \cdot (c_{B,i} - c_{B,0}) \tag{6-37}$$

式中 N_B——CO_2 的吸收速率，mol/(m^2·s)；

k_L——CO_2 的液相传质系数，m/s；

$c_{B,i}$——CO_2 在相界面的浓度，mol/L；

$c_{B,0}$——CO_2 在液相主体的浓度，mol/L。

认为 CO_2 在液相主体中的浓度 $c_{B,0}=0$，所以有：

$$N_B = k_L \cdot c_{B,i} \tag{6-38}$$

通过在不同温度下蒸馏水对不同浓度 CO_2 的吸收，求出各温度下 CO_2 的液相传质系数 k_{L,CO_2}，如图 6.34～图 6.37 所示。

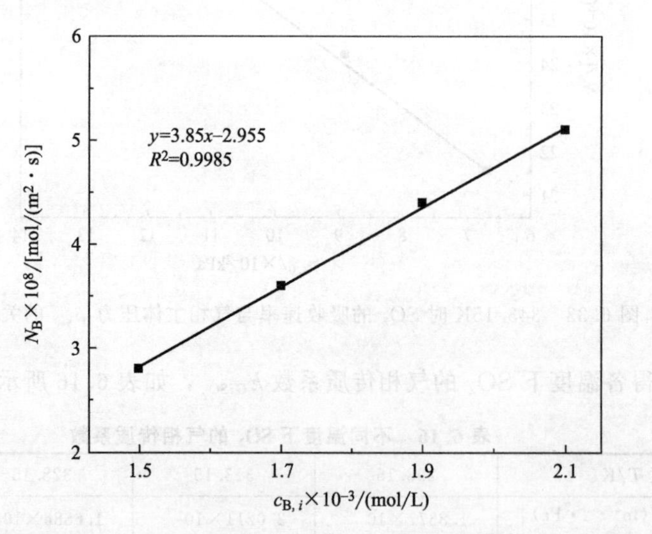

图 6.34 298.15K 时吸收速率 N_B 随 CO_2 相界面浓度 $c_{B,i}$ 的变化情况

6.4.3.2 不同温度下 SO_2 的液相传质系数

根据 SO_2 与 CO_2 液相传质系数 k_L 之间的关系式，温度为 298.15～343.15K 时，SO_2 的液相传质系数 k_{L,SO_2} 为：

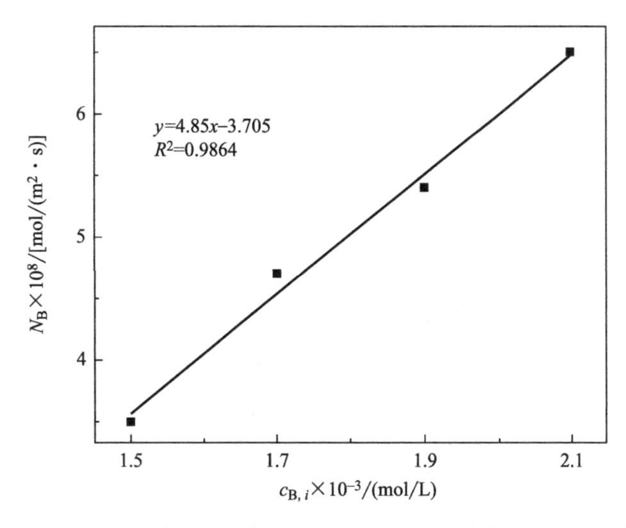

图 6.35　313.15K 时吸收速率 N_B 随 CO_2 相界面浓度 $c_{B,i}$ 的变化情况

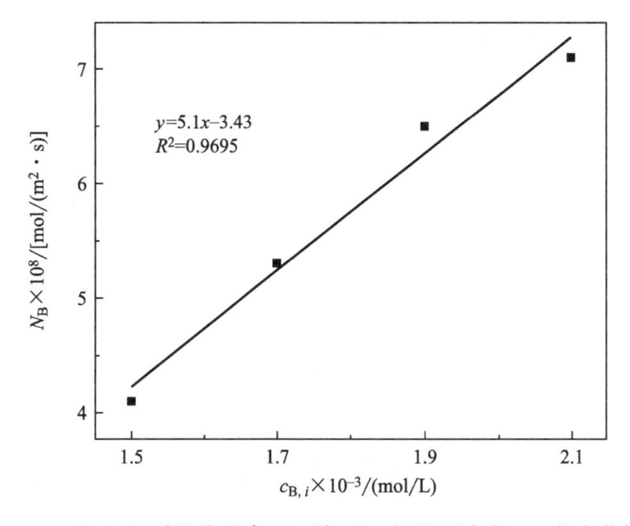

图 6.36　328.15K 时吸收速率 N_B 随 CO_2 相界面浓度 $c_{B,i}$ 的变化情况

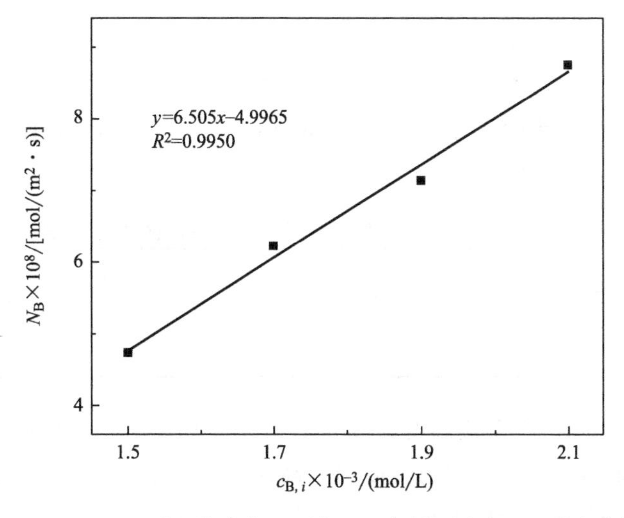

图 6.37　343.15K 时吸收速率 N_B 随 CO_2 相界面浓度 $c_{B,i}$ 的变化情况

$$k_{L,SO_2}=k_{L,CO_2}\times\left(\frac{D_{L_{SO_2,H_2O}}}{D_{L_{CO_2,H_2O}}}\right)\frac{2}{3} \tag{6-39}$$

式中 k_{L,SO_2}——SO_2 的液相传质系数，m/s；

k_{L,CO_2}——CO_2 的液相传质系数，m/s；

D_{L,SO_2,H_2O}——SO_2 气体在水中的扩散系数，m^2/s；

D_{L,CO_2,H_2O}——CO_2 气体在水中的扩散系数，m^2/s。

SO_2 和 CO_2 在水中的扩散系数可通过下式进行计算：

$$D_{X,Y}=7.4\times10^{-8}\sqrt{\phi_Y\cdot M_Y}\cdot(T/\mu_Y)\cdot V_X^{0.62} \tag{6-40}$$

式中 $D_{X,Y}$——溶质 X 在溶剂 Y 中的扩散系数，m^2/s；

ϕ_Y——溶剂 Y 的缔合因子（水作为溶剂时值为 2.6）；

M_Y——溶剂 Y 的分子量；

T——热力学温度，K；

μ_Y——溶剂 Y 的黏度，cP；

V_X——溶质 X 的摩尔容积，cm^3/mol。

不同温度下水的黏度值见表 6.17。

表 6.17 不同温度下水的黏度

温度 T/K	298.15	313.15	328.15	343.15
黏度 μ/cP	0.8937	0.6560	0.5064	0.4061

注：$V_{SO_2}=44.8cm^3/mol$，$V_{CO_2}=34.0cm^3/mol$。

根据式(6-40) 计算出相应温度下 SO_2 和 CO_2 在水中的扩散系数，如表 6.18 所示。

表 6.18 不同温度下 SO_2 和 CO_2 在水中的扩散系数

温度 T/K	298.15	313.15	328.15	343.15
$D_{L,SO_2,H_2O}/(m^2/s)$	1.5989×10^{-5}	2.2878×10^{-5}	3.1056×10^{-5}	4.0496×10^{-5}
$D_{L,CO_2,H_2O}/(m^2/s)$	1.8971×10^{-6}	2.7145×10^{-6}	3.6848×10^{-6}	4.8050×10^{-6}

结合式(6-39)、式(6-40)、表 6.18 可得到 298.15～343.15K 时 CO_2 和 SO_2 的液相传质系数，见表 6.19。

表 6.19 不同温度下 CO_2、SO_2 的液相传质系数

温度 T/K	298.15	313.15	328.15	343.15
$k_{L,CO_2}/(m/s)$	3.85×10^{-11}	4.85×10^{-11}	5.10×10^{-11}	6.51×10^{-11}
$k_{L,SO_2}/(m/s)$	1.59×10^{-10}	2.01×10^{-10}	2.11×10^{-10}	2.69×10^{-10}

由表 6.19 可知，在反应温度为 298.15～343.15K 时，SO_2 的液相传质系数 k_L 随温度的升高逐渐增大，这是因为温度的升高加快了矿浆对 SO_2 的吸收，这也表明适当地升高温度可增大液相传质系数，进一步促进反应的进行。

6.4.4 总传质系数的计算

以气相推动力表示的总传质系数 K_G，可通过以下方程式进行计算：

$$\frac{1}{K_{G,SO_2}}=\frac{1}{k_{G,SO_2}}+\frac{H}{k_{L,SO_2}} \tag{6-41}$$

式中，H 为溶解度系数。

同理，总传质系数 K_L，也可通过如下方程式进行计算：

$$\frac{1}{K_{L,SO_2}}=\frac{H}{k_{G,SO_2}}+\frac{1}{k_{L,SO_2}} \tag{6-42}$$

通过式(6-41)、式(6-42) 计算出 298.15～343.15K 各温度下 SO_2 的气相总传质系数 K_G、液相总传质系数 K_L，如表 6.20 所示。

表 6.20 不同温度下的气相总传质系数 K_G、液相总传质系数 K_L

温度 T/K	298.15	313.15	328.15	343.15
K_{G,SO_2}/(m/s)	1.28×10^{-6}	1.2141×10^{-6}	0.9538×10^{-6}	0.6994×10^{-6}
K_{L,SO_2}/(m/s)	1.59×10^{-10}	2.01×10^{-10}	2.11×10^{-10}	2.69×10^{-10}

已知，0℃时 SO_2 在 100mL 水中的溶解度为 22g，为中等溶解度气体，结合表 6.20，$K_{G,SO_2}\approx k_{G,SO_2}$，$K_{L,SO_2}\approx k_{L,SO_2}$，所以在所设定实验条件下 SO_2 的传质过程受双膜控制。

在 298.15～343.15K 温度范围内：SO_2 的传质速率方程可表示为：

T_1(298.15K)：$N_{SO_2}=1.8677\times10^{-6}\times p_{s,0}=3.9610\times10^{-3}\times(8.3\times10^{-6}-c_{s,0})$

T_2(313.15K)：$N_{SO_2}=2.0211\times10^{-6}\times p_{s,0}=5.2419\times10^{-3}\times(8.3\times10^{-6}-c_{s,0})$

T_3(328.15K)：$N_{SO_2}=1.6886\times10^{-6}\times p_{s,0}=3.6011\times10^{-3}\times(8.3\times10^{-6}-c_{s,0})$

T_4(343.15K)：$N_{SO_2}=1.0951\times10^{-6}\times p_{s,0}=3.1804\times10^{-3}\times(8.3\times10^{-6}-c_{s,0})$

本章对反应器内磷矿浆吸收 SO_2 的传质过程进行了初步探究，分别求出了磷矿浆脱除 SO_2 过程中的各传质参数，并得出以下结论：

① 在温度为 298.15K～343.15K 时，SO_2 的气相传质系数 k_{G,SO_2} 先增大后减小，且在温度为 313.15K 时最大，为 2.0211×10^{-6}mol/(m^2·s·Pa)；

② 在温度为 298.15～343.15K 时，SO_2 的液相传质系数 $k_{L,SO2}$ 随温度的升高逐渐增大；

③ 在温度为 298.15～343.15K 时，有 $K_{G,SO_2}\approx k_{G,SO_2}$，$K_{L,SO_2}\approx k_{L,SO_2}$，所以在设定的矿浆脱硫条件下，反应过程受双膜控制。

7 矿浆脱硫脱硝技术研究总结及推广应用情况

7.1 矿浆脱硫脱硝技术研究总结

本书从工业烟气脱硫脱硝低排放需求出发，结合低品位磷矿资源现状，以湿法磷酸生产原料磷矿为吸收剂，用以在液相反应体系中吸收硫酸（湿法磷酸生产工艺的另一原料）尾气中的 SO_2 和 NO_x，并显示了极佳的脱硫和脱硝效果。在此基础上，根据磷化工行业的生产特征，开发以黄磷生产工艺所产生的废物泥磷与磷矿浆混合构成复合含磷矿浆吸收剂，通过泥磷中含有的黄磷与 O_2 反应生成臭氧（O_3）等氧化性物质将 NO 氧化为 NO_2、N_2O_3、N_2O_4 等易溶于水的高价态氮氧化物，并以复合吸收剂富含的金属离子为液相催化剂，将溶解于液相中的 SO_2、NO_2 等硫氮物种催化氧化为硫酸和硝酸，硫酸和硝酸再进一步分解磷矿，达到以废治废、硫氮资源再利用、低温一体化脱硫脱硝的三重目的。矿浆脱硫脱硝技术的主要研究结论如下：

① 磷矿浆用于湿法脱硫、脱硝过程均显示出了优异的脱除效果。实验室小试显示，在磷矿浆固液比为48%、气体流速为0.3L/min、吸收温度为20℃、烟气中氧含量为21%的反应条件下，磷矿浆100%脱除 SO_2 的时间可维持400min，磷矿粉对 SO_2 的吸收容量为 2.68×10^{-2}g SO_2/g 矿粉，矿浆过滤后澄清液中的 P_2O_5 质量百分含量可达3.20%。磷矿浆用于烟气脱硝过程中，磷矿浆的吸收温度为25℃，固液比为20g/40mL，气流速率为0.3L/min，氧含量为20%，磷矿颗粒大小为250目，脱硝效率达到70%及以上的时间可维持240min。将磷矿浆用于烟气同时脱硫脱硝过程，其脱硫效率相比磷矿浆单独脱硫技术有较大的差距，脱硝效果变化不明显。

② 工业烟气中硫和硝一般同时存在，为了提高磷矿浆用于烟气同时脱硫脱硝过程的净化效率，在磷矿中添加泥磷浆液制成含磷混合矿浆用于烟气同时脱硫脱硝过程。含泥磷混合浆液同时脱硫脱硝效率随气体流速的增大而降低，随浆液固液比的增大而增大。在25～60℃温度范围内，浆液同时脱硫脱硝率随反应温度的升高而提高，脱硝效率在70℃时急剧降低，原因在于此温度条件下 O_3 的生成率下降，导致NO的氧化效果降低；在氧含量为0～30%时，即 O_3/NO 的物质的量比大于0.16时，脱硫脱硝

效率随氧含量增大显著提高，氧含量继续增加（即 O_3/NO 物质的量比不断降低），导致矿浆中 P_4 不断被消耗，进而导致脱硝效率下降。综合考虑，泥磷浆液同时脱硫脱硝的最佳条件（SO_2 浓度 1500mg/m^3、NO 浓度 700mg/m^3、反应温度 60℃、泥磷浆液固液比为 5.0g/40mL、氧含量 20%、气流速率 300mL/min），该条件下的脱硫脱硝率在反应进行 860min 内均可达 99%以上。

③ 含泥磷浆液同时脱硫脱硝旨在利用废物泥磷中的 P_4 与 O_2 反应生成 O_3，同时生成氧化性活性物质 O·、OH·等，进而氧化 SO_2、NO，从而达到脱硫脱硝的目的。泥磷浆液固液比的增大可提高臭氧生成量；温度在 25～60℃时，臭氧产生成量随温度的升高而明显增大，而在 70℃时臭氧产生量急剧降低，最佳温度为 60℃；含氧量为 30%时臭氧产生量增长最快，且臭氧最大产生量值最高。在最佳实验操作条件（反应温度 60℃、泥磷浆液固液比为 5.0g/40mL、含氧量 30%，气体流量 200mL/min）下臭氧最大产生量最大，为 550.6mg/m^3。

④ 在含泥磷浆液同时脱硫脱硝的传质动力学探究中，温度在 298.15～343.15K 之间，SO_2、NO 的气相传质系数和液相传质系数都随温度的升高呈上升趋势，但 SO_2、NO 气相传质系数在 343.15K 时降低。对于 SO_2 和 NO，传质过程为双膜控制。

⑤ 超声波雾化、微波加热等外场技术的加入，能明显降低矿浆脱硫液相催化氧化反应的活化能，对于矿浆法脱硫效果的提高具有一定的强化作用。

7.2 矿浆脱硫脱硝技术推广应用及效益

7.2.1 推广应用情况

针对冶金及化工行业烟气复杂、脱硫成本高、脱硫固废处置难、脱硫工艺与主体工艺匹配性差等公认复杂难题，以矿物原料和固废制备矿浆替代脱硫剂、以烟气中 SO_2 转化后替代硫酸浸出溶剂的独特烟气脱硫技术思路，形成了完备的冶金及化工废气矿浆法资源化脱硫技术体系。目前矿浆法脱硫技术已全面产业化应用并逐步替代传统烟气脱硫技术，累计建成烟气治理装置 6 套，技术入选《大气污染防治先进技术汇编》，全面推动了冶金及化工行业大气污染控制技术进步；烟气脱硫效率、脱硫成本等指标达到同类先进水平；首次实现烟气脱硫扭亏为盈，经济效益明显。

磷矿矿浆法烟气脱硫脱硝耦合磷矿资源高效利用关键技术从 2003 年开始，在云、贵、川等省区、瓮福集团等多个大型磷化工企业推广应用，用于磷化工、湿法磷酸自备硫铁矿制酸和硫磺制酸尾气、黄磷尾气锅炉烟气、自备电厂锅炉烟气等脱硫脱硝。中化云龙有限公司建成的 75t/h 燃煤锅炉烟气脱除 SO_2 装置，于 2019 年投产，入口 SO_2 浓度 2400～2600mg/m^3，经吸收后 SO_2 浓度≤50mg/m^3，远低于国家锅炉排放标准的 200mg/m^3，装置运行稳定，无新增固体与液体废弃物产生，成本低，回收的 SO_2 作为下一工段的原料使用，是磷化工企业脱硫的绿色环保工艺。目前技术推广累计处理烟气 190.66 亿 m^3，减排 SO_2 2.83 万 t，主要应用单位情况如表 7.1 所示。

表 7.1 主要应用单位情况

序号	应用单位名称	应用技术	应用对象及规模	应用起止时间
1	瓮福(集团)有限责任公司	磷矿浆脱硫技术与应用	80 万 t/a 硫铁矿制酸尾气	2010.4—2018.12
2	瓮福(集团)有限责任公司	磷矿浆脱硫技术与应用	20 万 t/a 硫磺制酸尾气	2011.5—2018.12
3	昆明东昇冶化有限责任公司	磷矿浆脱硫技术与应用	6 万 t/a 硫铁矿制酸尾气	2011.10—2018.12
4	昆明锅炉有限责任公司	磷矿浆脱硫脱硝技术与应用	2t/h、4t/h、8t/h、10t/h 黄磷尾气锅炉烟气	2012.1—2018.12
5	雷波凯瑞磷化工有限责任公司	磷矿浆脱硫脱硝技术与应用	6 万 m^3/h 黄磷尾气锅炉烟气	2015.12—2018.12
6	中化云龙有限公司	磷矿浆脱硫脱硝技术与应用	75t/h 燃煤锅炉烟气	2019.10 至今

7.2.2 应用效果

(1) 经济效益可观

① 近三年经济效益。矿浆脱硫技术实现了工业烟气脱硫扭亏为盈，为企业带来了显著经济效益。近三年经济效益折合新增利润 3.1 亿元，计算方式见表 7.2。

表 7.2 近三年经济效益计算方式

经济效益指标计算方式
➤回收 SO_2 ① 减排 SO_2 量(t/a)：烟气量(m^3/h)×烟气 SO_2 浓度(mg/m^3)×净化效率(%)×运行时间(h/a) ② 回收 H_2SO_4 量(t/a)：SO_2 减排量(t/a)×1.56(t/tSO_2) ③ 回收 SO_2 效益(万元/a)：回收 H_2SO_4 量(t/a)×H_2SO_4 价格(万元/t) ➤回收 NO_x ① 减排 NO_x 量(t/a)：烟气量(m^3/h)×烟气 NO_x 浓度(mg/m^3)×净化效率(%)×运行时间(h/a) ② 回收 HNO_3(t/a)：NO_x 减排量(t/a)×1(t/t NO_x) ③ 回收 NO_x 效益(万元/a)：回收 HNO_3 量(t/a)×HNO_3 价格(万元/t) ➤省脱硫(硝)剂(万元/a)：回收硫酸(硝酸)量(t/a)×1.4(1.0)(t 石灰/t)×单价(元/t 石灰) ➤省固废处置费(万元/a)：硫硝减排量(t/a)×30 元/t ➤省排污费(万元/a)：硫硝减排量(t/a)×1200 元/t

② 运行成本。矿浆法脱硫技术与国内外常规烟气脱硫技术运行成本比较如表 7.3 所示。传统烟气脱硫技术因脱硫剂成本高、脱硫固废处理处置困难、副产品售价低等因素，投资和运行成本远高于收益。本项目技术采用脱硫工艺和主体工艺耦合的技术模式，使得脱硫工艺和主体工艺综合成本均显著降低。

表 7.3 本项目矿浆法与国内外常规烟气脱硫技术运行成本比较

脱硫方法	运行成本/(元/tSO_2)						SO_2 脱除成本/(元/tSO_2)
	脱硫剂	副产物	耗电	耗水	蒸汽	排污费	
石灰石-石膏法	520	36.00	1890	4.50	0	−1200	1250.50
磷矿矿浆法	0	−620.88	1395	2.70	0	−1200	−423.18

注：烟气量 10 万 m^3/h，SO_2 浓度 3000mg/m^3，年运行时间 6000h，石灰石价格 80 元/t，电费 0.45 元/(kW·h)，水费 0.3 元/t，中压饱和蒸汽 100 元/t；磷矿矿浆按 H_2SO_4 计算。

与常规湿法烟气脱硫技术相比，矿浆法脱硫技术运行成本降低主要来源于：a. 无需外购脱硫剂，大幅节约原料成本；b. 脱硫液多途径回收利用，无污水处理费用；c. 主体工艺硫酸消耗大幅降低，节约了主体工艺硫酸外购成本；d. 无需处置脱硫固废，节约大量排污费和固废处置费用；e. 副产品加工成本降低，品质提高，增加了销售收入。

（2）环境效益显著

① 污染减排。矿浆法脱硫脱硝技术无需外购脱硫剂，可同步脱硫脱硝，可消纳大量固废，减排效果显著。

② 资源节约。常规烟气湿法脱硫和工业硫酸镁生产使用大量石灰石、菱镁矿资源作为脱硫剂和生产原料，带来矿产资源的消耗和生态破坏。矿浆法脱硫脱硝技术可大幅降低石灰石、菱镁矿等矿产资源消耗，对保护自然资源具有较大贡献。

（3）社会效益明显

① 为冶金及化工行业落实《大气污染防治行动计划》提供了有力技术支撑。冶金及化工行业缺乏可行的工业烟气脱硫技术，是落实《大气污染防治行动计划》的最大障碍。矿浆法烟气脱硫技术的成功研发与推广应用，弥补了冶金及化工行业烟气脱硫技术的短板，为落实《大气污染防治行动计划》提出的“大力推进非电行业达标排放和超低排放技术及应用，尽快部署非电行业的大气污染控制技术升级”、“加快重点行业脱硫脱硝、除尘改造工程建设”等要求提供了可靠技术保障。

② 为冶金及化工行业循环经济、清洁生产提供了新途径。烟气脱硫工艺与矿物加工利用、固废处理工艺的有机结合，转变了冶金及化工行业烟气治理思路，建立了废气治理和固废资源化高效利用新典范，为行业循环经济、清洁生产提供了新模式。矿浆脱硫脱硝技术既满足了低成本高效烟气脱硫脱硝净化与回收利用的要求，又降低了 SO_2 烟气处理、矿物加工利用和固废处理成本，极大丰富了矿物及固废延伸利用途径。在回收烟气中硫资源的同时，大大提高了有价元素回收率和固废利用率，使原来不能经济利用的中低品位矿物、尾矿，甚至固废得到经济有效利用，减少了资源浪费，增加了矿物资源利用效益，改变了以往大气污染治理只投入不产出的状况。

参考文献

[1] 环境保护部．2013 年环境统计年报：废气部［OL］．http：//zls.mep.gov.cn/hjtj/nb/2013tjnb/201411/t20141124_291867.htm.

[2] 新华社"十二五"：转变方式开创科学发展新局面位列首篇［EB/OL］．［2011-03-05］．

[3] GB 13223—2011，火电厂大气污染物排放标准［S］．

[4] 唐念，李华亮．燃煤烟气氮氧化物吸收研究进展［J］．北方环境，2011，(11)：121-121，142.

[5] 苟永桃，张饶，陈琴．氮氧化物排放现状及防治对策分析［J］．泸天化科技，2014，(2)：101-107.

[6] 赵殿五．氮氧化物的来源、危害及治理方法简介［J］．环境科学研究，1977 (02)：43-48.

[7] 任剑锋，王增长，牛志卿，等．大气中氮氧化物的污染与防治［J］．科技情报开发与经济，2003，(5)：92-93.

[8] 张杨帆，李定龙，王晋，等．我国烟气脱硫技术的发展现状与趋势［J］．环境科学与管理，2006，31 (4)：124-127.

[9] 胡和兵．氮氧化物的污染与治理方法［J］．环境保护科学，2006，32 (4)：5-9.

[10] 罗静．基于烧结矿显热利用的烧结烟气 NO_x 危害控制技术研究［D］．武汉：武汉科技大学，2015.

[11] 熊华．络合吸收结合厌氧氨氧化脱除 NO 的研究［D］．大连：大连理工大学，2012.

[12] 陈利强，代立梅．$CuO/Ce_{1-x}Zr_xO_2$ 催化分解 NO 的研究［J］．广州化工，2013，41 (22)：43-44.

[13] 朱铖．甲烷选择性催化还原 NO 钴磷酸铝分子筛的催化性能及其反应机理研究［D］．杭州：浙江大学，2012.

[14] 苏阿龙．甲烷在铁及其氧化物作用下还原 NO 的实验研究［D］．上海：东华大学，2012.

[15] 张羿新，王建伟，王艳辉．新型 WFH-1 催化还原脱除 NO 的实验研究［A］．中国环境科学学会 (Chinese Society for Environmental Sciences)．2015 年中国环境科学学会学术年会论文集（第二卷）［C］．中国环境科学学会 (Chinese Society for Environmental Sciences)：中国环境科学学会，2015：4.

[16] 黄贤峰，孙珮石，王洁，等．烟气中 NO_x 的液相催化氧化处理实验研究［J］．环保科技，2008，14 (4)：18-21.

[17] 熊蔚立，张国斌．火电厂氮氧化物 (NO_x) 的危害和防治［J］．湖南电力，2002，22 (1)：61-62.

[18] 付立家，王小军．公路隧道中氮氧化物危害及检测方法［J］．公路交通技术，2009 (z2)．

[19] 熊蔚立，张国斌．火电厂氮氧化物 (NO_x) 的危害和防治［J］．湖南电力，2002 (1)：61-62.

[20] 罗曦芸．氮氧化物对文物的危害和变化规律［J］．文物保护与考古科学，2002 (S1)：228-238.

[21] 彭琦．浅谈氮氧化物对环境的危害及防控［J］．中国科技博览，2013：289-289.

[22] 刘颖．氮氧化物对环境的危害及污染控制技术［J］．赤子，2013 (13)：237-237.

[23] 孙洪民，曲道志．烟气脱硝技术发展综述［J］．锅炉制造，2013 (4)：30-33.

[24] 刘致强，董睿敏．烟气脱硝技术发展综述［J］．西部煤化工，2014 (2)：68-78.

[25] 景雪晖．低氮燃烧技术及其改造设计方法［J］．新疆电力技术，2011 (2)：56-59.

[26] 张家安，刘心志，张后雷，等．低氮燃烧方法［P］．北京：CN104089299A，2014-10-08.

[27] 黄镇宇，陈乐，孙振龙，等．低挥发分煤低氮燃烧技术研究［J］．电站系统工程，2012 (6)：17-19.

[28] 刘崇贺，李建梅．低氮燃烧器改造及运行调整方法探讨［J］．工业，2015 (21)：149-149.

[29] 张永照，张建强．沸腾炉内二段燃烧降低 NO_x 排放的试验研究［J］．动力工程学报，1988 (5)：26-30，66.

[30] 杜雅琴，李新国，屈卫东，等．火电厂 NO_x 污染排放控制方法探讨［C］//全国节约能源与热电联产分布式能源的发展学术交流会．2005：33-35.

[31] 徐颂，李季伟，曹小旭，等．一种二段式煤粉燃烧方法［P］．浙江：CN103615718A，2014-03-05.

[32] 李俊华，常化振，邵元凯，等．一种脱硝脱硫活性炭催化剂再生方法［P］．北京：CN104190478A，2014-12-10.

[33] 梁平，王岳军，莫建松，等．一种用于烟气中氮氧化物吸收的可再生油性脱硝吸收液及其制备方法和应用［P］．浙江：CN104190235A，2014-12-10.

[34] 郭彦霞，刘振宇，王建成，等．脱硫脱硝后 V_2O_5/AC 在含 NH_3 气氛中的再生及硫资源化的耦合过程研究［J］．燃料化学学报，2008，36 (1)：36-41.

[35] 王承学，王璐瑶，付挽得．干湿法联合脱硫脱硝工艺研究［J］．长春工业大学学报：自然科学版，2009，30 (5)：

493-499.
[36] 丁双根．烟气脱硝技术研究 [J]．环境与生活，2014 (18)：137-137.
[37] 张宗峰，张忠训，杨森．一种气相联合脱硫脱硝方法 [P]．山东：CN104399369A，2015-03-11.
[38] 韩奎华．先进再燃脱硝优化试验与机理研究 [D]．济南：山东大学，2007.
[39] 宋立民，赵毅，赵音，等．液相同时脱硫脱硝技术研究 [J]．电力科技与环保，2007，23 (1)：46-48.
[40] 林杉帆，杨岚，张博浩，等．液相氧化吸收法同时脱硫脱硝技术的研究进展 [J]．煤化工，2015，43 (5)：24-27.
[41] 张宗宇，赵改菊，尹凤交，等．液相同时脱硫脱硝技术研究进展 [J]．山东化工，2009，38 (10)：14-17.
[42] 蔡守珂．石灰石—石膏法联合液相氧化同时脱硫脱硝技术的研究 [D]．湖南：中南大学，2012.
[43] 白静．SNCR 法与氧化吸收资源利用法脱硝对比分析 [A]．河北省冶金学会、北京金属学会、天津市金属学会、河北省环境科学学会．2014 京津冀钢铁业清洁生产、环境保护交流会论文集 [C]．河北省冶金学会、北京金属学会、天津市金属学会、河北省环境科学学会：中国金属学会，2014：2.
[44] 欧自伟，莫建松，周长海．液相氧化吸收脱硝中的氧化技术研究 [J]．广东化工，2012，39 (6)：52-54.
[45] 任岷，毛本将，黄文凤．电子束氨法烟气脱硫脱硝装置的设计 [J]．中国电力，2005，38 (7)：69-73.
[46] 任志凌，杨睿戆，毛本将．电子束辐照烟气脱硫脱硝技术及模型模拟 [J]．能源环境保护，2006，20 (6)：18-19.
[47] 李燕．电子束烟气脱硫脱硝技术 [J]．西山科技，2002 (S1)：3-5.
[48] 许行勇，徐建昌，李雪辉，等．固体吸附/再生法同时脱硫脱硝技术的研究进展 [J]．广州化工，2003，31 (1)：4-8.
[49] 段丽．活性炭吸附法联合脱硫脱硝技术分析 [J]．云南电力技术，2009，37 (4)：58-59.
[50] 郭旸旸，李玉然，朱廷钰，等．活性炭吸附法同时脱硫脱硝 [A]．中国化学会环境化学专业委员会、中国环境科学学会环境化学分会．第七届全国环境化学大会摘要集-S05 大气污染与控制 [C]．中国化学会环境化学专业委员会、中国环境科学学会环境化学分会：中国化学会，2013：2.
[51] 陈留平，靳志玲，陈先钧．有机纳滤膜法盐水脱硝技术的应用研究 [J]．盐业与化工，2012，41 (3)：27-29.
[52] 曾永寿，段成义，李国骁．淡盐水膜法—冷冻脱硝工艺 [J]．中国氯碱，2009 (9)：12-14.
[53] 宋克强，西文枫，陈洪祥，等．膜法脱硝实际应用总结 [J]．氯碱工业，2014，50 (2)：4-5.
[54] 李敬，王振国，陈楠．燃煤电厂脱硝技术研究 [J]．内蒙古科技与经济，2011 (10)：109-110.
[55] 胡影，白利明，韩一凡，等．微生物-软锰矿耦合脱硫脱硝技术的研究 [J]．中国锰业，2013，31 (3)：13-16.
[56] 符艳辉．微生物法净化烟气中 SO_2 和 NO_x 的研究进展 [J]．农业与技术，2015 (5)：171-173.
[57] 李小旭．生物法同时脱除工业废气中 SO_2 和 NO_x 的初步研究 [D]．天津：天津大学，2009.
[58] 刘炜，张俊丰，童志权．选择性催化还原法 (SCR) 脱硝研究进展 [J]．工业安全与环保，2005，31 (1)：25-28.
[59] 邹斯诣．选择性催化还原 (SCR) 脱硝技术应用问题及对策 [J]．节能技术，2009，27 (6)：510-512.
[60] 姚强，张鹏．选择性催化还原 (SCR) 法烟气脱硝技术 [C] //2004 中国国际脱硫脱硝技术与设备展览会暨技术研讨会．2004.
[61] 罗朝晖．选择性非催化还原烟气脱硝技术 (SNCR) 在循环流化床锅炉上的工程应用 [D]．上海：上海交通大学，2007.
[62] 郑国栋．选择性非催化还原法脱硝工艺在大型循环流化床锅炉上的应用 [J]．内蒙古科技与经济，2014 (19)：101-102.
[63] 孙锦余，廖宏楷，徐程宏．选择性非催化还原 (SNCR) 脱硝技术在电厂中的应用 [C] //2009 年火电厂环境保护综合治理技术研讨会．2009.
[64] 赵音．液相同时脱硫脱硝技术及机理研究 [D]．保定：华北电力大学，2006.
[65] 样飚．氮氧化物减排技术与烟气脱硝工程 [M]．冶金工业出版社，2007.
[66] 李敏，仲兆平．氨选择性催化还原 (SCR) 脱除氮氧化物的研究 [J]．能源研究与利用，2004 (2)：24-27.
[67] 王雷，章明川，周月桂，等．半干法烟气脱硫工艺探讨及其进展 [J]．锅炉技术，2005，36 (1)：70-74.
[68] 吴忠标．大气污染控制工程 (21 世纪高等院校教材) [M]．科学出版社，2002.
[69] 束航，张玉华，范红梅，等．SCR 脱硝中催化剂表面 NH_4HSO_4 生成及分解的原位红外研究 [J]．化工学报，

2015：0-0.
[70] 李明峰，马建泰．NO_x 气体的催化治理 [J]．环境工程，1999，17 (2)：36-38.
[71] 童志权．工业废气净化与利用 [M]．北京：化学工业出版社，2001.
[72] 袁从慧，刘华彦，卢晗锋，等．催化氧化-还原吸收法脱除工业含湿废气中 NO [J]．环境工程学报，2008，2 (9)：1207-1212.
[73] 王琼，胡将军，邹鹏．$NaClO_2$ 湿法烟气脱硫脱硝技术研究 [J]．电力环境保护，2005，21 (2)：4-6.
[74] Chien T W，Chu H. Removal of SO_2 and NO from flue gas by wet scrubbing using an aqueous $NaClO_2$ solution [J]. Journal of Hazardous Materials，2000，80 (1)：43-57.
[75] Chu H，Chien T W，Li S Y. Simultaneous absorption of SO_2 and NO from flue gas with $KMnO_4$/ NaOH solutions [J]. Science of the total environment，2001，275 (1)：127-135.
[76] 王智化，周俊虎，温正城，等．利用臭氧同时脱硫脱硝过程中 NO 的氧化机理研究 [J]．浙江大学学报：工学版，2008，41 (5)：765-769.
[77] 白云峰，李永旺，吴树志，等．$KMnO_4/CaCO_3$ 协同脱硫脱硝实验研究 [J]．煤炭学报，2008，33 (5)：575-578.
[78] 王兰新．烟气脱硫脱硝的进展 [J]．化学研究与应用，1997，9 (4)：413-419.
[79] 毛本将，王保健．电子束辐照烟气脱硫脱硝工业化试验装置 [J]．环境保护，2000 (8)：13-14.
[80] 印建朴，熊源泉．湿法烟气脱除 NO_x 的研究进展 [J]．能源研究与利用，2008 (4)：6-9.
[81] 陈留平，靳志玲，陈先钧．有机纳滤膜法盐水脱硝技术的应用研究 [J]．盐业与化工，2012，41 (3)：23-25.
[82] 赵博，董雷．膜法脱硝工艺在离子膜法烧碱生产中的应用 [J]．中国氯碱，2013 (2)：10-11.
[83] 何志桥，王家德，陈建孟．生物法处理 NO_x 废气的研究进展 [J]．环境污染治理技术与设备，2002，3 (9)：59-62.
[84] 赵毅，马双忱，李燕中，等．利用粉煤灰吸收剂对烟气脱硫脱氮的实验研究 [J]．中国电机工程学报，2002，22 (3)：108-112.
[85] 马双忱，苏敏，马京香，等．臭氧液相氧化同时脱硫脱硝实验研究 [J]．环境科学，2009，30 (12)：3461-3464.
[86] 马双忱，赵毅，陈颖敏．液相催化氧化脱除烟气中 SO_2 和 NO_x 机理讨论 [J]．华北电力大学学报，2001，28 (4)：75-79.
[87] Counce R M，Crawford D B，Lucero A J，et al. Performance models for NO_x absorbers/ strippers [J]. Environmental Progress，1990，9 (2)：87-92.
[88] Hongyan Wang，Honghong Yi，Xiaolong Tang，Ping Ning，Lili Yu，Dan He，Shunzheng Zhao，Kai Li. Catalytic hydrolysis of COS over calcined CoNiAl hydrotalcite-like compounds modified by cerium [J]. Applied Clay Science，2012，70：8-13
[89] 韩国刚，梁鹏，韩振宇，等．中国 2020 年节能减排 SO_2 排放量发展预测与对策研究 [J]．电力科技与环保，2012，28 (2)：11-12.
[90] 匡国明．我国磷化工产业发展面临的形势及发展策略 [J]．磷肥与复肥，2008，23 (5)：1-4.
[91] 宁平，马林转，杨月红，等．磷矿浆催化氧化脱除低浓度二氧化硫的方法 [P]．云南：CN1899668，2007-01-24.
[92] 王小妮．泥磷回收产品的净化提纯研究 [D]．昆明：昆明理工大学，2011.
[93] 黄小凤，马仲明，宁平，等．泥磷的处理方法研究 [J]．中国工程科学，2005，7 (11)：91-93.
[94] 刘书勤，赵军，赵世忠．泥磷的综合利用 [J]，化工环保，1992，12 (2)：93-89.
[95] 高慧敏．泥磷综合利用基础研究 [D]．昆明：昆明理工大学，2005.
[96] 赵音．液相同时脱硫脱硝技术及机理研究 [D]．河北：华北电力大学，2007.
[97] 黄小凤．泥磷制磷酸盐联产 PH_3/THPC 研究 [D]．昆明：昆明理工大学，2013.
[98] 沈迪新．用含碱黄磷乳浊液同时净化烟气中 NO_x 和 SO_2 [J]．中国环保产业，2002 (8)：30-31.
[99] Chang S G，Lee G C. LBL PhoSNOX process for combined removal of SO_2 and NO_x from flue gas [J]. Environmental progress，1992，11 (1)：66-73.
[100] 郑小明．环境保护中的催化治理技术 [M]．化学工业出版社，2003：64-67.

[101] 北京师范大学，华中师范大学，南京师范大学无机化学教研室编．无机化学［M］．北京：高等教育出版社，2003：132-137.

[102] 硫酸协会编辑委员会［日］．张弦等译．硫酸手册（修订版）［M］．北京：化学工业出版社，1982：379-383.

[103] Perry R. Chemical Engineers' Handbook. 5th Edition ［J］． McGraw-Hill International Book Company，1973：3-6.

[104] 郭东明．硫氮污染防治工程技术及其应用［M］．化学工业出版社，2001：52～64.

[105] 刘天齐．三废处理工程技术手册：废气卷［M］．化学工业出版社，1999.

[106] 国家统计局，国家环境保护总局编．中国环境统计年报［M］．中国统计出版社，2003.

[107] 肖文德，吴志泉．二氧化硫脱除与回收［M］．化学工业出版社，2001.

[108] 汤桂华．硫酸［M］．北京：化学工业出版社，1999.

[109] Goar B G. Processes Cited for SO_2 Removal from Furnace Stacks. The oil and gas journal ［J］，1979，77（4）：58-67.

[110] Conroy E H，Johnstone H F. Combustion of Sulfur in a Venturi Spray Burner ［J］． Ind. eng. chem，2002，41（12）：2741-2748.

[111] 史启祯．无机化学与化学分析［M］．北京：高等教育出版社，1998.

[112] A. Huss，Jr.，P. K. Lim，and C. A. Eckert，Oxidation of Aqueous Sulfur Dioxide. 1. Homogenous Manganese（Ⅱ）and Iron(Ⅱ）Catalysis at Low Ph ［J］． Phys. Chem.，1982，86：4224-4228.

[113] Conklin M. H. and Hoffmann M. R.，Metal Iron-Sulfur(Ⅳ）Chemistry. 3. Thermodynamics and Kinetic of Transient Iron(Ⅲ)-Sulfer(Ⅳ）Complexes ［J］，Environmental Science & Technology，1988，22（8）：899-907.

[114] 宁平，孙佩石，宋文彪．液相催化氧化净化低浓度 SO_2 生产复肥研究［J］．环境科学，1991，12（5）：10-13.

[115] 马双忱，赵毅，郑福玲等．液相催化氧化脱除烟道气中 SO_2 和 NO_x 的研究［J］．中国环境科学，2001，21（1）：33-37.

[116] 陈传敏，赵毅，马双忱等．Mn-Fe 协同催化氧化脱除烟气中 SO_2 的研究［J］．华北电力大学学报，2001，28（4）：80-83.

[117] 赵毅，马双忱，张朝晖等．液相催化氧化法用于燃煤工业锅炉烟气脱硫的研究［J］．环境污染治理技术与设备，2003，4（6）：5-8.

[118] Leathan W W，Jacob E，Lincla L，etal. Ferro bacillus ferrooxdans：A Chemo synthetic atmosphic autotrophic bacterium ［J］． J. Bacteriology，1956，72（5）：142-158.

[119] 徐毅．微生物法脱除煤炭中黄铁矿硫［J］．微生物学报，1990，30（2）：134-140

[120] 郑士民，庄国强，吴志红．酸性工业气体的细菌脱硫［J］．微生物学报，1993，33（3）：192-198.

[121] Saleen Hasan，Julie S，Rebow M，etal. Large-sale cultivation of yhiobacillus denitrificans to support pilot and field tests of a bioaugmentation process for microbial oxidation of sulfides ［J］． Appl Biochem and Biotech，1994，（45/46）：925-934.

[122] 王永川，陈光明，李建新．细菌湿法烟气脱硫试验研究初探［J］．中国电机工程学报，2004，24（8）：233-237.

[123] 王永川，陈光明．微生物与过渡金属催化相结合的烟气脱硫试验研究［J］．电站系统工程，2003，19（3）：18-21.

[124] 杨伟华，郑明超．锰离子、铁离子液相催化氧化吸收 SO_2 的研究［J］．煤矿环境保护，16（5）：23-25.

[125] 蔡伟建，李济吾．液相催化氧化脱除烟气中 SO_2 技术的研究［J］．环境科学与技术，2002，25（5）：31-33.

[126] 沈迪新，何占元，王玉荣．液相催化氧化吸收烟气中的 SO_2 研究［J］．环境化学，1993，12（2）：99-103.

[127] 陈昭琼，童志权．锰离子催化氧化脱除烟气中 SO_2 的研究［J］．环境科学，1995，16（3）：32-34.

[128] 王鸿良，宋文彪，王家驹．液相催化氧化——氨中和法处理低浓度 SO_2 的研究［J］．昆明工学院学报，1992，17（4）：84-87.

[129] 王幸锐，崔莲溪．烟气脱硫副产物——稀硫酸的综合利用．第四届全国环境污染防治技术研讨会——脱硫技术专题会议论文集［M］．北京：中国环境科学出版社，1995：67-69.

[130] 张玉，周集体，王栋，等．$FeSO_4$ 液相催化氧化烟气中 SO_2 研究［J］．大连理工大学学报，2004，44（1）：60-64

[131] 张玉，周集体，王栋，等．铁离子液相催化氧化烟气脱硫［J］．环境科学与技术，2003，26（5）：11-12.
[132] 张玉，周集体，张爱丽等．$FeSO_4$ 液相催化氧化烟气脱硫实验研究［J］．环境保护科学，2002，28（114）：6-9.
[133] 张玉，周集体，王一鸥．Fe^{2+}液相催化氧化脱除烟气中 SO_2［J］．现代化工，2002，22（7）：22-26.
[134] 朱晓帆，蒋文举．软锰矿脱除烟气中 SO_2 的研究及进展［J］．中国锰业，2001，19（2）：10-12.
[135] 李英，栗海锋，薛敏华，等．软锰矿液相催化氧化烟气中 SO_2 的副产稀硫酸的工艺［J］．矿产综合利用，2001，4：6-9.
[136] 郭翠香，朱晓帆，蒋文举．软锰矿烟气脱硫资源化工艺研究［J］．四川化学，2002，21（1）：27-31.
[137] 符剑刚，毛耀清，钟宏．软锰矿湿法脱硫工艺的研究［J］．中国锰业，2003，21（1）：19-22.
[138] 宁平，孙佩石，宋文彪．冶炼厂 SO_2 软锰矿湿法脱硫研究［J］．环境科学，1997，18（5）：68-70.
[139] 宁平，陈亚雄，孙佩石．含锰废渣吸收低浓度 SO_2 生产 $MnSO_4 \cdot H_2O$ 研究［J］．环境科学，1997，18（6）：58-60.
[140] 陈银飞，刘华彦．MgFe 氧化物催化氧化吸附 SO_2 的研究［J］．宁夏大学学报（自然科学版），2001，22（2）：178-180.
[141] 陈银飞，葛忠华，吕德伟．不同制备方法对 MgFe 氧化物催化氧化吸附 SO_2 性能的影响［J］．化工学报，2001，52（5）：429-433.
[142] 梁坚．用二氧化硫分解磷矿制取高浓度磷肥的研究．化肥工业，1989，(5)：9-14
[143] 张汉杰．湿法烟气脱硫副产 N-P 复合肥的可行性研究［J］．环境污染与防治，1994，16（2）：16-17.
[144] 张玉，周集体．过渡金属离子液相催化氧化烟气脱硫［J］．现代化工，2002，22（1）：15-18.
[145] 宁平，孙佩石，宋文彪．冶炼厂低浓度 SO_2 烟气化学催化吸收扩大试验研究［J］．环境科学，1997，18（4）：45-48.
[146] 全国化学标准化技术委员会无机化工分会，中海油天津化．磷及磷化合物质量标准手册［M］．中国质检出版社中国标准出版社，2011.
[147] 金钦汉，戴树珊，黄卡玛，微波化学［M］．北京：科学出版社，1999.
[148] 陈毓川，朱裕生，等．中国矿床成矿模式［M］．北京：地质出版社，1993.
[149] J. W. Walkiewicz，G. Kazonich and S. L. McGill，Minerals and Metallurgical Processing，Feb. 1988，39.
[150] 江善襄．磷酸、磷肥和复混肥料［M］．北京：化学工业出版社，1999.
[151] Coronado E，Galán-Mascarós JR，Giménez-Saiz C，et al. J. Am. Chem. Soc［J］．Journal of the American Chemical Society，1998，121.
[152] 李成章．湿法磷酸用磷矿的评价试验［J］．云南化工，1988（04）：15-18.
[153] 蒋文举，宁平．大气污染控制工程［M］．成都：四川大学出版社，2001.
[154] 宁平．铁系催化剂液相催化氧化低浓度 SO_2 冶炼氧气研究（硕士学位论文）［D]，昆明：昆明理工大学，1989.
[155] Schwartz S E，Freiberg J E. Mass-Transport Limitation to the Rate of Reaction of Gases in Liquid Droplets：Application to Oxidation of SO_2 in Aqueous Solution［J］．Atmospheric Environment，1981，15（7）：1129-1144.
[156] Brandt C，Lamotte W．Kinetics and Mechanism of Iron(Ⅲ)-catalyzed autoxidation of sulfur(Ⅳ) in aqueous solution evidence for the redox cycling of iron in the presence of oxygen and modeling of the overall reaction mechanism［J］．Inorg．Chem，1994，33（4）：687-701.
[157] 时钧，汪家鼎，余国琮．化学工程手册［M］．北京：化学工业出版社，1996.
[158] Hans G T. Inorganic microbial sulfer metabolism［J］．Methods in Enzymol，1994，243：422-426.
[159] Buchanan J S，Stern D L，Nariman K E，et al. Regenerable solid sorbents for Claus tailgas cleanup：A treatment process for the catalytic removal of SO {sub 2 and H {sub 2S［J］．Industrial & Engineering Chemistry Research，1996，35（8）：2495-2499.
[160] Yoo J S，Bhattacharyya A A，Radlowski C A，et al. De-SOx catalyst：the role of iron in iron mixed solid solution spinels，MgO. cntdot. $MgAl_2$-$xFexO_4$［J］．Industrial & Engineering Chemistry Research，1992，31（5）：1252-1258.

[161] 孙佩石，宁平，宋文彪．低浓度 SO_2 冶炼烟气的液相催化法净化处理研究 [J]．环境科学，1996，17 (4)：4-6.

[162] Pasiuk W. The rate equation for SO_2 autoxidation in aqueous $MnSO_4$ solution containing H_2SO_4 [J]. Chem Eng Sci，1981，36 (2)：215-218.

[163] Huss A，lon P K Jr，Eckert C A. Oxidation of aqueous sulfur dioxide. High-pressure studies and proposed reaction mechanisms [J]. J Phys Chem，1982，86 (21)：4229-4233.

[164] 童志权，陈昭琼．用液相催化法和脱硫除尘器脱除烟气中 SO_2 [J]．中国环境科学，1994，14 (6)：452-455.

[165] 王绍林．微波加热技术的应用——干燥和杀菌 [M]．北京：机械工业出版社，2003.

[166] 化学工业部建设协调司，化工部硫酸和磷肥设计技术中心组织．磷酸 磷铵 重钙技术与设计手册 [M]．北京：化学工业出版社，1997.

[167] 姜伟民．浅析硫酸供需情况与市场格局 [J]．硫酸工业，2004，(5)：51-52.

[168] Perry R H，Green D W，Maloney J O. Perry's chemical engineers' handbook [J]. McGraw-Hill international editions，1984.

[169]《中国环境年鉴》委员会．中国环境年鉴．2012 [M]．中国环境年鉴社，2012.

[170]《中国环境年鉴》委员会．中国环境年鉴．2013 [M]．中国环境年鉴社，2013.

[171]《中国环境年鉴》委员会．中国环境年鉴．2014 [M]．中国环境年鉴社，2014.

[172]《中国环境年鉴》委员会．中国环境年鉴．2015 [M]．中国环境年鉴社，2015.

[173]《中国环境年鉴》委员会．中国环境年鉴．2016 [M]．中国环境年鉴社，2016.

[174] 何丽．二氧化硫及其酸雨（雾）对人体的危害 [J]．暴雨灾害，1999，18 (1)：42-44.

[175] 聂永丰．三废处理工程技术手册 [M]．化学工业出版社，2000.

[176] 关丽杰，陶飞，邵双，等．二氧化硫对植物生理生化的影响 [J]．环境保护科学，2005，31 (2)：51-53.

[177] 张晓勇，王振红．当前酸雨形势和治理对策 [J]．环境科学与管理，2007，32 (8)：85-88.

[178] 梁东东，李大江，郭持皓，等．我国烟气脱硫工艺技术发展现状和趋势 [J]．有色金属（冶炼部分），2015，(4)：69-73.

[179] 姜秀平，刘有智．湿法烟气脱硫技术研究进展 [J]．应用化工，2013，42 (3)：535-538.

[180] 梁宇．石灰石-石膏湿法烟气脱硫技术分析 [J]．新疆电力技术，2009，(4)：54-55.

[181] 余新成．燃煤锅炉脱硫工艺及相关技术应用研究 [J]．现代制造，2012，(36)：105-105.

[182] 许大平．钠钙双碱法在中小型燃煤锅炉脱硫改造中的应用 [J]．环境保护与循环经济，2012，(4)：58-60.

[183] 武春锦，吕武华，梅毅，等．湿法烟气脱硫技术及运行经济性分析 [J]．化工进展，2015，34 (12)：4368-4374.

[184] 宋华，王雪芹，赵贤俊，等．湿法烟气脱硫技术研究现状及进展 [J]．化学工业与工程，2009，26 (5)：455-459.

[185] 聂丽君．烟气干法脱硫技术 [J]．重庆环境科学，2003，25 (2)：50-52.

[186] 沈红玲，白志强，郭晓品，等．烟气脱硫技术 [J]．玻璃，2014，41 (8)：40-43.

[187] 刘福国，郑秀华，房中海，等．炉内喷钙脱硫对锅炉性能影响的试验研究 [J]．山东电力技术，2009，(3)：3-5.

[188] Mochida I，Kawabuchi Y，Kawano S，et al. High catalytic activity of pitch-based activated carbon fibres of moderate surface area for oxidation of NO to NO_2，at room temperature [J]. Fuel，1997，76 (6)：543-548.

[189] 张秀云，郑继成．国内外烟气脱硫技术综述 [J]．电站系统工程，2010，26 (4)：1-2.

[190] 李守信，纪立国，于军玲，等．石灰石-石膏湿法烟气脱硫工艺原理 [J]．华北电力大学学报（自然科学版），2002，29 (4)：91-94.

[191] 张冬冬，魏爱斌，张晋鸣，等．液相催化氧化 SO_2 研究进展 [J]．昆明理工大学学报（自然科学版），2015，(5)：97-107.

[192] 刘卉卉．低浓度 SO_2 磷矿浆液相催化氧化净化研究 [D]．昆明：昆明理工大学，2005.

[193] Cho E H. Removal of SO_2，with oxygen in the presence of Fe(Ⅲ) [J]. Metallurgical Transactions B，1986，17 (4)：745-753.

[194] Johnstone H F. Metallic Ions as Catalysts for the Removal of Sulfur Dioxide from Boiler Furnace Gases [J].

Ind. eng. chem, 1931, 23: 559-561.

[195] 宁平，易红宏，唐晓龙．工业废气液相催化氧化净化技术［M］．中国环境科学出版社，2012：58-68.

[196] Huss A, Lim P K, Eckert C A. Oxidation of aqueous dioxide. 2. High-pressure studies and proposed reaction mechanisms [J]. Journal of Physical Chemistry, 1982, 86 (21): 4229-4233.

[197] 杨伟华，顾强．液相催化氧化吸收烟气中 SO_2 及其影响因素分析［J］．环境科技，1998（2）：8-10.

[198] 朱德庆，潘建，潘润润．过渡金属离子液相催化氧化低浓度烟气脱硫［J］．中南大学学报（自然科学版），2003，34（5）：489-493.

[199] 孙佩石，宁平．几种金属离子液相催化氧化 SO_2 研究［J］．硫酸工业，1989（5）：38-42.

[200] Bassett H, Parker W G. 352. The oxidation of sulphurous acid [J]. Journal of the Chemical Society, 1951, 27 (5): 1540-1560.

[201] Matteson M J, Stöber W, Luther H. Kinetics of the Oxidation of Sulfur Dioxide by Aerosols of Manganese Sulfate [J]. Industrial & Engineering Chemistry Fundamentals, 1969, 8 (4): 677-687.

[202] Siskos P A, Peterson N C, Huie R E. Kinetics of the manganese(Ⅲ)-sulfur(Ⅳ) reaction in aqueous perchloric acid solutions [J]. Inorganic Chemistry, 1984, 23 (8): 1134-1137.

[203] Bäckström H L J. Chain mechanism for the autoxidation of sodium sulfite solutions [J]. Z. Phys. Chem, 1934, B25: 122-138.

[204] Zhang W, Singh P, Muir D. Iron(Ⅱ) oxidation by SO_2/O_2 in acidic media: -Part Ⅰ. Kinetics and mechanism [J]. Hydrometallurgy, 2000, 58 (2): 117-125.

[205] Kraft J, Rudi V E. The possible role of iron(Ⅲ)-sulfur(Ⅳ) complexes in the catalyzed autoxidation of sulfur (Ⅳ)-oxides. A mechanistic investigation [J]. Atmospheric Environment, 1989, 23 (12): 2709-2713.

[206] Brandt C, Fabian I, Eldik R V. Kinetics and Mechanism of the Iron(Ⅲ)-catalyzed Autoxidation of Sulfur (Ⅳ) Oxides in Aqueous Solution. Evidence for the Redox Cycling of Iron in the Presence of Oxygen and Modeling of the Overall Reaction Mechanism [J]. Inorganic Chemistry, 1994, 33 (4): 47-47.

[207] Ziajka J, Beer F, Warneck P. Iron-catalysed oxidation of bisulphite aqueous solution: Evidence for a free radical chain mechanism [J]. Atmospheric Environment, 1994, 28 (15): 2549-2552.

[208] And R E C, Zhang Y X. Kinetics and Mechanism of the Oxidation of HSO_3- by O_2 2. The Manganese (Ⅱ) -Catalyzed Reaction [J]. Inorganic Chemistry, 1996, 35 (16): 4613-4621.

[209] 胡富强，赵寒涛，牛晓明．喷射式超声波发生器及应用［J］．机械工程师，2000，(1)：45-46.

[210] 葛飞．超声波技术的应用现状及发展前景［J］．郑州牧业工程高等专科学校学报，1999，(1)：58-59.

[211] 应彪，刘传绍，赵波．功率超声技术的研究现状及其应用进展［J］．机械研究与应用，2006，19（4）：41-43.

[212] 林书玉．功率超声技术的研究现状及其最新进展［J］．陕西师范大学学报（自科版），2001，29（1）：101-106.

[213] 顾煜炯，周兆英．功率超声技术研究进展［J］．现代电力，1998，(1)：95-101.

[214] 刘国，杨恩荣．浅析超声波雾化降尘在综采工作面的应用［J］．山东煤炭科技，2010，(3)：198-199.

[215] 李伟光，张金，李勇，等．消除空调滴水的超声波装置研究［J］．制冷学报，2005，26（3）：53-56.

[216] 黄卫星，高建民，陈翠英．超声雾化的研究现状及在农业工程中的应用［J］．农机化研究，2007，(3)：154-158.

[217] 黄晖，姚熹，汪敏强，等．超声雾化系统的雾化性能测试［J］．压电与声光，2004，26（1）：62-64.

[218] Messing G L, Zhang S, Jayanthi G V. Ceramic Powder Synthesis by Spray Pyrolysis [J]. Journal of the American Ceramic Society, 2010, 76 (11): 2707-2726.

[219] Patil P S. Versatility of chemical spray pyrolysis technique [J]. Materials Chemistry & Physics, 1999, 59 (3): 185-198.

[220] 沈耀亚，赵德智，许凤军．功率超声在化工领域中的应用现状和发展趋势措施［J］．现代化工，2000，20（10）：14-18.

[221] Camara C G, Hopkins S D, Suslick K S, et al. Upper bound for neutron emission from sonoluminescing bubbles in deuterated acetone [J]. Physical Review Letters, 2007, 98 (6): 064301

[222] Bard A J, Faulkner L R. Electrochemical methods: fundamentals and applications [J]. Journal of Chemical Education, 2001, 60 (1): 669-676.

[223] Sun G L, Wang H R, Jiang Z D, et al. Design of Pt electrode in a SO_2 gas sensor based on LaF3solid electrolyte [C] // IEEE International Conference on Nano/micro Engineered and Molecular Systems. IEEE, 2009: 543-546.

[224] 袁伟东，邹康，金丽莎．电化学传感器烟气分析仪在烟气中二氧化硫测试时准确程度的实验 [J]. 山东环境，2000 (2): 25-25.

[225] 彭崇慧，冯建章．定量化学分析简明教程（第二版）[M]. 北京大学出版社，1997: 88-101.

[226] 华东化工学院分析化学教研组．分析化学（第二版）[M]. 高等教育出版社，1982: 41-53.

[227] 海克伦．大气化学 [M]. 科学出版社，1983: 150-167.

[228] 黄卫星．超声雾化试验研究 [D]. 镇江：江苏大学，2007.

[229] Perry R H. Chemical Engineers Handbook [M]. 5th ed. 1973: 3-6.

[230] 陈建江．磷化工产业可持续发展问题探索 [J]，化工管理，2013，11: 208-209.

[231] Hongyan Wang, Honghong Yi, Xiaolong Tang, et al. Catalytic hydrolysis of COS over calcined CoNiAl hydrotalcite-like compounds modified by cerium [J]. Applied Clay Science, Volume 70, December 2012, Pages 8-13.

[232] 逄晓龙．超声波雾化技术捕集微细颗粒物性能的研究 [D]. 北京：北京化工大学，2015.

[233] 陈泊豪．超声波雾化除尘机理的实验探究 [D]. 兰州：兰州大学，2014.

[234] 王银林．温度与活化能和反应热的关系 [J]. 南方农机，2018，49 (22): 214.

[235] 姚玉峰．环境污染物防控对少儿健康综合影响分析研究 [J]. 环境科学与管理，2019，44 (01): 41-45.

[236] 刘宗豪，孟凡华．国内 SO_2 污染现状及治理技术 [J]. 环境保护与循环经济，2003，(1): 5-7.

[237] 邵中兴，李洪建．我国燃煤 SO_2 污染现状及控制对策 [J]. 山西化工，2011，31 (1): 46-48.

[238] 曹冬梅．我国 SO_2 污染、危害及控制技术 [J]. 环境科学导刊，2013，32 (2): 73-74.

[239] 单卿，张新磊，张焱，等．煤炭中硫分的快速测量系统 [J]. 南京航空航天大学学报，2015，47 (05): 767-771.

[240] 丰宝宽，张子和．燃烧——碘酸钾法测定煤炭中的硫含量 [J]. 青岛建筑工程学院学报，1996，(04): 31-34.

[241] 王泽涛．基于偏最小二乘回归法的煤中硫含量近红外检测 [D]. 北京：华北电力大学（北京），2017.

[242] 杨海燕，朱万学．荧光测硫仪在石油产品硫含量分析中的应用研究 [J]. 全面腐蚀控制，2018，32 (02): 38-41.

[243] 李扬．40 年来中国经济的全面高速发展 [N]. 团结报，2018-12-06 (005).

[244] 任保平．新时代中国经济增长的新变化及其转向高质量发展的路径 [J]. 社会科学辑刊，2018，(05): 35-43.

[245] 张豪，樊静丽，汪航，等．2016 年中国能源流和碳流分析 [J]. 中国煤炭，2018，44 (12): 15-19，50.

[246] 陆燕．中国及全球能源消费大气污染物排放的历史演变与未来预测 [D]. 南京：南京大学，2018.

[247] 岳振明．中国能源安全边界的度量与对策 [D]. 长春：吉林大学，2018.

[248] 王浩田．大气污染治理形势及其存在问题和建议 [J]. 低碳世界，2018，(12): 9-10.

[249] 罗锦程，丁问薇．40 年我国大气污染问题的回顾与展望——访中国工程院院士、北京大学环境科学与工程学院教授唐孝炎 [J]. 环境保护，2018，46 (20): 11-13.

[250] 赵晓红．SO_2 的污染现状及控制措施 [J]. 内蒙古科技与经济，2010，(17): 48-49.

[251] 蔡朋程．浅析中国的酸雨分布现状及其成因 [J]. 科技资讯，2018，16 (15): 127-128.

[252] 王朝梁．中国酸雨污染治理法律制度研究 [D]. 重庆：西南政法大学，2010.

[253] 张灿，孟小星，张关丽．重庆地区酸雨污染现状 [J]. 绿色科技，2018，(16): 11-14.

[254] 韦翠云，蔡丽．柳州酸雨分布特征分析 [J]. 气象研究与应用，2008 (S1): 22.

[255] 朱兆洲，李军，王志如．贵阳酸雨中溶解态重金属质量浓度及形态分析 [J]. 环境科学，2015，36 (06): 1952-1958.

[256] 王帅星，杜楠，刘道新，等．模拟酸雨作用下红壤含水量对 X80 钢腐蚀行为的影响 [J]. 中国腐蚀与防护学报，2018，38 (02): 147-157.

[257] 郑红亮．以开放促改革：一个中国成功发展的经验 [J]. 深圳大学学报（人文社会科学版），2017，34 (03): 33-37.

[258] 段栋丹．呼吸强度对颗粒物在下呼吸道暴露量影响的研究［D］．西安：西安建筑科技大学，2018.
[259] 陈晓乐．人体呼吸道内可吸入颗粒物的气固两相流数值模拟与仿生实验［D］．南京：东南大学，2015.
[260] 袁博云，刘欣，袁雅冬．2018年呼吸系统疾病研究部分进展［J］．临床荟萃，2019，34（01）：49-55.
[261] 郭东明．硫氮污染防治工程技术及其应用［M］．化学工业出版社，2001：74-95.
[262] 刘昌景，黄飞，杨志洲，等．我国空气污染物与人群呼吸系统疾病死亡急性效应的Meta分析［J］．中华流行病学杂志，2015，36（8）：889-895.
[263] 朱智颖．烟气脱硫技术的发展与应用［J］．工程设计与研究，2014，（01）：3-9.
[264] 刘兆斌．氧化锌法烟气脱硫产物回收工艺基础研究［D］．北京：北京化工大学，2013.
[265] 亢万忠．镁法烟气脱硫副产物资源化利用研究［D］．上海：华东理工大学，2011.
[266] 刘新鹏．用于硫化氢脱除与硫资源回收的绿色脱硫新体系性能研究［D］．济南：山东大学，2017.
[267] 张评，冯权莉．电解铝废气处理的研究进展［J］．化工科技，2018，26（05）：63-67.
[268] 陈新顺，张欢．火电厂锅炉脱硫脱硝及烟气除尘的技术解析［J］．山东工业技术，2019，（05）：196.
[269] 郭伟平．火力电厂锅炉脱硫脱硝及烟气除尘的技术分析［J］．能源技术与管理，2018，43（05）：148-150.
[270] 邱立莉．燃煤电厂循环流化床锅炉脱硫效率的监测方法比较［J］．能源环境保护，2011，25（01）：60-61，40.
[271] 林晓芬，林卫华．循环流化床烟气脱硫技术简介［J］．广东化工，2017，44（22）：116-117.
[272] 顾亮亮．循环流化床燃煤锅炉烟气脱硫的工艺设计［D］．上海：华东理工大学，2017.
[273] 高建强，李寒冰，王立坤，等．大型循环流化床锅炉烟气脱硫工艺的可行性研究［J］．节能，2014，33（07）：27-30，2.
[274] 范丽婷．循环流化床烟气脱硫系统的稳态过程建模研究［D］．沈阳：东北大学，2007.
[275] 石福军．一种高效锅炉烟气脱硫塔实用新型专利技术［A］．中国节能协会热电产业联盟．2015清洁高效燃煤发电技术交流研讨会论文集［C］．中国节能协会热电产业联盟：北京中能联创信息咨询有限公司，2015：4.
[276] 王月娟．烟气脱硫技术的现状分析与应用［D］．大庆：东北石油大学，2016.
[277] 刘伟，徐东耀，陈佐会，等．超声波雾化脱硫除尘一体化废气净化技术的研发与应用［J］．环境工程，2018，36（05）：94-99.
[278] 何伯述，郑显玉，常东武，等．温度对氨法脱硫率影响的实验研究［J］．环境科学学报，2002，（03）：412-416.
[279] 金龙．锅炉炉内喷钙脱硫技术应用CFB的创新探究［J］．价值工程，2018，37（34）：164-165.
[280] 房慧德．旋转喷雾干燥法脱硫塔优化模拟研究［D］．保定：华北电力大学，2018.
[281] 叶恒棣．活性炭法烧结烟气净化技术研究及应用［A］．中国金属学会（The Chinese Society for Metals）、宝钢集团有限公司（Baosteel Group Coporation）．第十届中国钢铁年会暨第六届宝钢学术年会论文集III［C］．中国金属学会（The Chinese Society for Metals）、宝钢集团有限公司（Baosteel Group Coporation）：中国金属学会，2015：6.
[282] 谯自强．重庆松藻矿区中高硫煤燃前脱硫实验研究［D］．重庆：重庆科技学院，2018.
[283] Halvorson H. 97/04650 High catalytic activity of pitch-based activated carbon fibres of moderate surface area for oxidation of NO to NO_2，at room temperature：Mochida，I. et al.［J］．Fuel，1997，76（6），543-548.
[284] 赵建勇，蒋世国．布袋除尘器在复合肥尾气处理中的应用［J］．磷肥与复肥，2018，33（11）：48-50.
[285] 张玉．铁屑法烟气脱硫工艺及Fe(Ⅱ）催化氧化S（Ⅳ）动力学研究［D］．大连：大连理工大学，2003.
[286] 贺鹏，张先明．中国燃煤发电厂烟气脱硫技术及应用［J］．电力科技与环保，2014，30（1）：8-11.
[287] 大木达也．煤深度处理技术中的化学洗选法［J］．煤质技术，1996（05）：29-33，22.
[288] 杜维鲁，朱法华，朱庚富．电厂煤粉炉燃煤中硫的转化规律研究［J］．电力环境保护，2009，25（02）：9-12.
[289] 任轶凌，徐瑞萍，刘秋红．煤炭中微生物脱硫技术的研究概述［J］．化工管理，2018，（10）：119-120.
[290] Afferden M V，Tappe D，Beyer M，et al. Biochemical mechanisms for the desulfurization of coal-relevant organic sulfur compounds［J］．Fuel，1993，72（12）：1635-1643.
[291] 苗强．燃煤脱硫技术研究现状及发展趋势［J］．洁净煤技术，2015，（2）：59-63.
[292] 燕中凯，刘媛，岳涛，等．我国烟气脱硫工艺选择及技术发展展望［J］．环境工程，2013，31（6）：58-61.

[293] 王宁，秦勤，孙明雪，等．烟气干法脱硝技术的研究进展［A］．中国金属学会能源与热工分会．第八届全国能源与热工学术年会论文集［C］．中国金属学会能源与热工分会：中国金属学会能源与热工分会，2015：4.

[294] 王明基．一种适合我国国情的烟气脱硫技术——荷电干式吸收剂喷射脱硫系统（CDSI）［J］．环境技术，2006，(02)：24-26.

[295] 李金凤．焦炉烟气脱硫脱硝余热回收技术改造［J］．山西焦煤科技，2018，42（02）：7-9.

[296] 靳胜英，赵江，边钢月．国外烟气脱硫技术应用进展［J］．中外能源，2014，19（3）：89-95.

[297] 王乾，段钰．半干法烟气脱硫技术［J］．能源研究与利用，2007，(4)：1-4.

[298] 左莉娜，贺前锋，刘德华．湿法烟气脱硫技术研究进展［J］．环境工程，2013（s1）：412-416.

[299] 庞皓．工业烟气赤泥脱硫中试装置的初步设计及设备选型［D］．郑州：郑州大学，2013.

[300] 陈婷，曾婷．中国循环经济发展简述［J］．再生资源与循环经济，2019，12（01）：12-14.

[301] 王立明，霍东，钟明灿，等．湿法烟气脱硫技术研究［J］．化工设计通讯，2018，44（08）：68.

[302] 李绍森，莫晓晴，黄文科，等．化工三废处理技术及其应用研究［J］．化工管理，2016，(7)：142-142.

[303] 吴遐．示范厂采用再生碳酸钠法进行烟道气脱硫［J］．硫酸工业，1983，(02)：57.

[304] 张基伟．国外燃煤电厂烟气脱硫技术综述［J］．中国电力，1999，32（7）：61-65.

[305] 葛春定．德国烟气脱硫技术现状［J］．华东电力，2000，28（1）：49-51.

[306] 黄妍，王治军，童志权．软锰矿浆脱除烟气中 SO_2 的研究［J］．环境工程，1998，16（4）：43-46.

[307] 陶雷，王学谦，宁平，等．矿浆烟气脱硫及资源化研究进展［J］．化工进展，2017，36（05）：1868-1879.

[308] 鄢正华．我国磷矿资源开发利用综述［J］．矿冶，2011，(3)：21-25.

[309] 魏明俐，杜延军，刘松玉，等．磷矿粉稳定铅污染土的溶出特性研究［J］．岩土工程学报，2014，36（4）：768-774.

[310] 项双龙，陈彬，吴有丽．燃煤锅炉尾气磷矿浆法脱硫技术研究［J］．硫磷设计与粉体工程，2017，(06)：1-7.

[311] 武春锦．磷矿浆脱除燃煤锅炉烟气中 SO_2 的研究［D］．昆明：昆明理工大学，2016.

[312] 孙泽明，庞培川，张芊，等．基于可听声波的 GIS 击穿点定位方法［J］．西安交通大学学报，2018，52（10）：88-109.

[313] 张津铭，庞钧儒，李春燕．次声波的物理性质及其应用［J］．物理通报，2018，(01)：123-126.

[314] 曾意翔．超声波技术应用现状浅析［J］．技术与市场，2015，(11)：144-144.

[315] 缪灿锋．压电喷涂式薄膜制备仪器开发与应用研究［D］．苏州：苏州大学，2017.

[316] 孟占凯．超声雾化系统驱动装置关键技术分析与实验研究［D］．哈尔滨：哈尔滨工程大学，2016.

[317] 刘浩东，胡芳友，李洪波，等．功率超声技术的分类研究及应用［J］．电焊机，2014，44（12）：25-29.

[318] 陈思忠．我国功率超声技术近况与应用进展［J］．声学技术，2002，21（2）：46-49.

[319] 陈涛，王晓彧，章德，等．压电换能式超声波雾化喷嘴的研究进展［C］// 2010 中国西部地区声学学术交流会．2010.

[320] 马汉泽．雾化吸收低浓度二氧化硫的研究［M］．昆明：昆明理工大学，2011.

[321] 王树民．燃煤电厂近零排放综合控制技术及工程应用研究［D］．北京：华北电力大学（北京），2017.

[322] 赵琪琤，刘庆安，姜安玺，等．超声波雾化脱硫方法：CN101091868［P］．2007-12-26.

[323] 徐德龙，李超，林伟军，等．声空化工程初步［J］．应用声学，2018，37（05）：825-830.

[324] Cabanaspolo S，Suslick K S，Sanchezherencia A J，et al. Effect of reaction conditions on size and morphology of ultrasonically prepared $Ni(OH)_2$ powders.［J］．Ultrasonics Sonochemistry，2011，18（4）：901.

[325] 夏青，贾绍义．化工原理（下册）第二版［M］．天津：天津大学出版社，2012.

[326] 陆佳冬，王广全，耿康生，等．超重力旋转床转子结构与性能研究进展［J］．化工进展，2017，36（10）：3558-3568.

[327] 陈鹏，黄霜，李书艺，等．微波辐照对玉米淀粉及其改性淀粉理化特性的影响［J］．食品科学，2013，34（1）：121-126.

[328] 刘卉卉，宁平．微波辐照对磷矿浆吸收 SO_2 的影响［J］．中国工程科学，2005（s1）：425-429.

[329] 吕刚．工业废气的危害及防治措施［J］．科技创新与应用，2016，(11)：160-160.
[330] 杨晓．燃煤烟气脱硫的高效促进过程及机理研究［D］．北京：华北电力大学，2014.
[331] Yi. X，Li L L，Lu P，et al. Simultaneous purifying of HgO，SO_2，and NO_x from flue gas by Fe^{3+}/H_2O_2：the performance and purifying mechanism［J］. Environmental Science and Pollution Research，2018，25 (7)：6456-6465.
[332] Hao R，Wang X，Mao X，et al. An integrated dual-reactor system for simultaneous removal of SO_2 and NO：Factors assessment，reaction mechanism and application prospect［J］. Fuel. 2018，220：240-247.
[333] 张永光，刘勇洲．过量二氧化硫对植物体危害的研究概述［J］．农业与技术，2015，(11)：10-10.
[334] Liu Y，Ning P，Li K，et al. Simultaneous removal of NO_x and SO_2 by low-temperature selective catalytic reduction over modified activated carbon catalysts［J］. Russian Journal of Physical Chemistry A. 2017，91 (3)：490-499.
[335] JACOBSON M Z. Strong radiative heating due to the mixing state of black carbon in atmospheric aerosols［J］. Nature，2001，409 (6821)：695-697.
[336] 陈一琛，梁美生，辛博．不同反应气氛下尖晶石型 $Cu_{0.7}Ni_{0.3}Fe_2O_4$ 催化剂的柴油车氮氧化物净化性能［J］．科学技术与工程，2019，19 (36)：378-387.
[337] 庞子涛，黄思齐，宋永吉，等．燃煤烟气同时脱硫脱硝技术研究现状与展望［J］．现代化工，2019，39 (01)：56-60.
[338] 王馨博，栗丽，李凯，等．锌-胺改性氢氧化锆对氮氧化物的净化性能及其净化机理［J］．环境工程学报，2020，14 (10)：2761-2773.
[339] Dong R F，Lu H F，Yu Y S，et al. A feasible process for simultaneous removal of CO_2，SO_2 and NO_x in the cement industry by NH_3 scrubbing［J］. Applied Energy，2012，97 (3)：185-191.
[340] 陈利强，代立梅．CuO/Ce1-xZrxO_2 催化分解 NO 的研究［J］．广州化工，2013，41 (22)：43-44.
[341] 彭琦．浅谈氮氧化物对环境的危害及防控［J］．中国科技博览，2013：289-289.
[342] 孙超．未来中长期我国煤炭需求预测［J］．中国煤炭，2017，43 (10)：5-9.
[343] 段希祥，龚贵生．云南磷矿资源开发利用与问题探讨［J］．云南冶金，2002，31 (5)：1824.
[344] 张亚明，李文超，王海军．我国磷矿资源开发利用现状［J］．化工矿物与加工，2020，49 (06)：43-46.
[345] 杨保勇，姜永俊．湿法磷酸渣在大型黄磷电炉上的应用研究［J］．磷肥与复肥，2018，33 (11)：17-22.
[346] 熊家林，刘钊杰，贡长生．磷化工概论［M］．北京：化学工业出版社，1994.
[347] 白天和．热法加工磷的化学及工艺学［M］．昆明：云南科技出版社，2001.
[348] 顾志勤．制磷生产中的泥磷及其处理［J］．磷酸盐工业，1989，(4)：54-56.
[349] Beck S M，Cook E H. Phosphorous recovery from phosphorus-containing pondsludge［P］. USP，4 717558，1988-01-05.
[350] 李旺华．泥磷动态蒸馏工艺设计［J］．江西化工，1999，(4)：24-25.
[351] 钱爱珠，赵玮．一种泥磷的回收处理方法：CN1324759［P］．2001-12-5.
[352] 刘云根，江映翔，周平．泥磷中温真空提取黄磷的技术研究［J］．云南化工，2005，32 (2)：12-14.
[353] Zobel D. Process for the preparation of condensed phosphate［P］. USP，3669662 1972-11-03.
[354] 黄初平．泥磷生产饲料磷酸氢钙工艺［J］．江西化工，1995，(1)：27-28.
[355] 薛福连．双渣磷肥的制取［J］．云南化工，2001，28 (4)：34-35.
[356] Martinelli R，Doyle J B，Redinge K E. SO_x-NO_x-Ro_x Box TM technology review and global commercial opportunities［A］. 4th Annual Clean Coal Technology Conference［C］. Denver，Colorado，USA，1995.
[357] 杨忠凯，武宁，何如意，等．燃煤烟气同时脱硫脱硝技术研究进展［J］．应用化工，2020，49 (05)：1219-1225.
[358] Vijaya G S，Raghavan. Energy aspects of novel techniques for drying biological materials［C］. Drying 2004-Proceedings of the 14th International Drying Symposium，Brazil：IDS，2004.
[359] 刘海龙，赵晶，李兴，等．脱硫脱硝一体化的研究现状［J］．环境与发展，2019，31 (10)：93-96.
[360] 张建斌，马凯，李强，等．湿法烟气脱硫技术［J］．精细石油化 T，2007，24 (2)：64-68.

[361] Kawamura K Hirasawa A，Aoki S，et al. Pilot plant experiment of NOx and SO_2 removal from exhaust gases by electron beam irradiation [J]. Radiation Physics and Chemistry (1977)，1979，13 (1-2)：5-12.

[362] Tokunaga O，Nishimura K，Washino M. Radiation treatment of exhaust gases-Ⅱ. Oxidation of sulfur dioxide in the moist mixture of oxygen and nitrogen [J]. The International Journal of Applied Radiation and Isotopes，1978，29 (2)：87-90.

[363] Ighigeanu D，Martin D，Zissulescu E，et al. SO_2 and NO_x removal by electron beam and electrical discharge induced non-thermal plasmas [J]. Vacuum，2005，77 (4)：493-500.

[364] Janusz L，Andrzej G C，Andrzej P，et al. Electron beam treatment of exhaust gas with high NO_x concentration [J]. Physics Scripts，2014，2014 (T161)：014067.

[365] 杜黎明，刘金荣．燃煤锅炉同时脱硫脱硝技术工艺性分析 [J]. 中国电力，2007，40 (2)：71-74.

[366] Masuda S. Destruction of gaseous pollutants and air toxics by surface discharge induced plasma chemical process (SPCP) and pulse corona induced plasma chemical process (PPCP)，Penetrante B，Schultheis S，editor，Non-Thermal Plasma Techniques for Pollution Control：Springer Berlin Heidelberg，1993：199-209.

[367] Lee Y，Jung W，Choi Y，et al. Application of pulsed corona induced plasma chemical process to an industrial incinerator [J]. Environmental Science& Technology，2003，37 (11)：2563-2567.

[368] 苏亚欣，毛玉如，等．燃煤氮氧化物排放控制技术 [M]. 北京：化学工业出版社，2005.

[369] 邱嫁敏，林晓芬，范志林，等．吸附法脱除燃煤锅炉烟气污染物综述 [J]. 能源研究与利用，2004，(4)：11-13.

[370] Kyung S Y，Sang M J，Sang D K，et al. Regeneration of sul-fated alumina support in CuO/Al_2O_3 sorbent by hydrogen [J]. Eng. Chem. Res. 1996，35 (5)：1543.

[371] Macken C，Hodnelt B K. Reductive regeneration of sulfated CuO/Al_2O_3 catalyst-sorbent in hydrogen，methane and steam [J]. Ind. End. Chem. Res. 1998，37 (7)：2611-2677.

[372] 刘正强，胡胜，廖敏秀等．烟气同时脱硫脱硝技术探讨 [J]. 中国环保产业，2011，(4)：56-62.

[373] Skalska K，Miller J S，Ledakowicz S. Trends in NO_x abatement：A review [J]. Science of The Tatal Environment，2010，408 (19)：3976-3989.

[374] 孙承朗．燃煤工业锅炉臭氧氧化结合镁基湿法联合脱硫脱硝工艺研究 [D]. 杭州：浙江大学，2015.

[375] Sada E，Kumazawa H，Takada Y. Chemical reaction ac-eompanying absorption of NO in aqueous mixed solutions of Fe^{2+}-edta and Na_2SO_3 [J]. Ind. Eng. Chem. Fundam，1984，23 (1)：60-64.

[376] 刘海龙，赵晶，李兴，等．脱硫脱硝一体化的研究现状 [J]. 环境与发展，2019，31 (10)：93-96.

[377] 欧阳云，任如山．湿法烟气脱硫脱硝技术研究进展 [J]. 广州化工，2016，44 (24)：12-14.

[378] 杨岚．基于氧化湿法与非平衡等离子体干法的高效烟气脱硫脱硝工艺研究 [D]. 西安：西北大学，2019.

[379] Sun W Y，Ding S L，Zeng S S，et al. Simultaneous absorption of NO_x and SO_2 from flue gas with pyrolusite slurry combined with gas-phase oxidation of NO using ozone [J]. Journal of Hazardous Maerials，2011，192 (1)：124-130.

[380] Skalska K，Miller J S，Ledakowicz S. Intensification of NO_x absorption process by means of ozone injection into exhaust gas stream [J]. Chemical Engineering and Processing：Process Intensification. 2012，61：69-74.

[381] 马双忱，苏敏，孙云雪，等．O_3 氧化模拟烟气脱硫脱硝的实验研究 [J]. 中国电机工程学报，2010，30 (s1)：81-84.

[382] C. Xu，J. Liu，Z. Zhen，et al. NH_3-SCR denitration catalyst performance over vanadium-titanium with the addition of Ce and Sb [J]. Journal of Environmental Science. 2015，31：74-80.

[383] 刘娜，孙鑫，宁平，等．新型矿浆材料脱硫现状及研究进展 [J]. 材料导报 A，2017，31 (9)：106-111.

[384] 杨加强．黄磷复合矿浆脱除烟气 NO_x 的研究 [D]. 昆明，：昆明理工大学，2017.

[385] 廖兵，伍碧，孙维义，等．软锰矿浆烟气同步脱硫脱硝资源化利用新工艺 [J]. 环境工程，2013，31 (2)：57-61.

[386] 郎婷，许东东，易梦雨，等．软锰矿烟气脱硫渣制备硫铝酸盐水泥熟料 [J]. 环境工程，2014，(10)：108-112.

[387] 宁平，马林转，杨月红，等．磷矿浆催化氧化脱除低浓度二氧化硫的方法：CN，CN1899668 [P].
[388] 贾丽娟，张冬冬，殷在飞，等．磷矿浆脱硫新技术及工业应用 [J]，磷肥与复肥．2016 (31) 3：39-41.
[389] X. Sun，X. L. Tang，H. H. Yi，et al. Simultaneous adsorption of SO_2 and NO from flue gas over mesoporous alumina [J]. Environmental Technology，2015，36 (5-8)：588-594.
[390] 李红林，刘海，赵建勇．磷矿浆脱硫技术的开发及工业应用 [J]. 硫酸工业，2017，4：39-42.
[391] HUSS A，LIM P K，ECKERT C A. Oxidation of aqueous dioxide. Ⅱ. High-pressure studies and proposed reaction mechanisms [J]. Journal of Physical Chemistry，1982，86 (21)：4229-4233.
[392] 王风佳，臧瑶，刘凤，等．臭氧/氧化镁同时脱硫脱硝的反应特性 [J]. 广东化工，2019，46 (21)：5-8.
[393] Fawei Lin，Zhihua Wang，Zhiman Zhang，et al. Flue gas treatment with ozone oxidation：An overview on NO_x，organic pollutants，and mercury [J]. Chemical Engineering Journal，2020，382：123030.
[394] 宁平，张曼，贾丽娟，等．磷矿浆催化氧化湿法脱硝 [J]. 安全与环境学报，2018，18 (1)：320-324.
[395] 王访，贾丽娟，高冀芸，等．泥磷液相催化净化氮氧化物研究 [J]. 化工环保．2018，38 (1)：72-76.
[396] Li M，Peng B F，Wei L S，et al. Research on the Simultaneous Desulfurization and Denitrification of Fumes by Combining Ozone Oxidation and the Double Alkali Method [J]. Advanced Materials Research，2015，3720：759-763.
[397] Sun C，Zhao N，Wang H，et al. Simultaneous Absorption of NO_x and SO_2 Using Magnesia Slurry Combined with Ozone Oxidation [J]. Energy & Fuels，2015，29 (5)：3276-3283.
[398] 沈迪新．用含碱黄磷乳浊液同时净化烟气中 NO_x 和 SO_2 [J]. 中国环保产业，2002，08：27-28.
[399] Grgić I，Berčič G. A simple kinetic model for autoxidation of S(Ⅳ) oxides catalyzed by iron and/or manganese ions [J]. Journal of Atmospheric Chemistry，2001，39 (2)：155-170.
[400] 赖庆柯，张永奎，梁斌，等．酸性 Fe(Ⅲ) 溶液催化氧化 S(Ⅳ) 的研究 [J]. 环境科学学报，2004，24 (6)：1091-1095.
[401] Khuri A I，Mukhopadhyay S. Response surface methodology [J]. Wiley Interdisciplinary Reviews：Computational Statistics，2010，2 (2)：128-149.
[402] Danmaliki G I，Saleh T A，Shamsuddeen A A. Response surface methodology optimization of adsorptive desulfurization on nickel/activated carbon [J]. Chemical Engineering Journal，2017，313：993-1003.
[403] Dean A，Voss D，Draguljić D. Response surface methodology [M] //Design and analysis of experiments. Springer，Cham，2017：565-614.
[404] Kontogiannopoulos K N，Patsios S I，Karabelas A J. Tartaric acid recovery from winery lees using cation exchange resin：Optimization by response surface methodology [J]. Separation and Purification Technology，2016，165：32-41.
[405] Ab Ghani Z，Yusoff M S，Zaman N Q，et al. Optimization of preparation conditions for activated carbon from banana pseudo-stem using response surface methodology on removal of color and COD from landfill leachate [J]. Waste management，2017，62：177-187.
[406] Lavanya A，Sri Krishnaperumal Thanga R. Effective removal of phosphorous from dairy wastewater by struvite precipitation：process optimization using response surface methodology and chemical equilibrium modeling [J]. Separation Science and Technology，2021，56 (2)：395-410.
[407] Jiang J，Chen Y，Cao J，et al. Improved Hydrophobicity and Dimensional Stability of Wood Treated with Paraffin/Acrylate Compound Emulsion through Response Surface Methodology Optimization [J]. Polymers，2020，12 (1)：86.
[408] 彭敦亮．UV-H_2O_2 液相氧化净化烟气中 NO 的研究 [D]. 长沙：湖南大学，2010.
[409] 弓辉．$NaClO_2$ 尿素复合吸收剂脱除 SO_2 和 NO 实验及机理研究 [D]. 上海：华东理工大学，2017.
[410] 于月良．Fenton 试剂同时脱硫脱硝的理论和实验研究 [D]. 上海：上海电力学院，2014.
[411] 胡洪营．环境工程原理 [M]. 北京：高等教育出版社，2015.

[412] 唐家彬，李茹，王欢，等．湿法烟气脱硫技术现状分析 [J]. 广东化工，2015，42 (2)：93-94.

[413] Schmidt K A G，Mather A E. Solubility of sulphur dioxide in mixed polyethylene glycol dimethyl ethers [J]. The Canadian Journal of Chemical Engineering，2010，79 (6)：946-960.

[414] 林进太．有关“漂白性”的困惑与思考 [J]. 中学化学教学参考，2016，(11)：66-68.

[415] 温培娴，丁伟．品红褪色机理的实验探究 [J]. 化学教育（中英文），2020，41 (7)：96-100.

[416] 董小林，杨梦瑶．基于污染治理投入度指数的工业废气排放与治理投资关系 [J]. 地球科学与环境学报，2013，35 (3)：113-118.

[417] 赵彩婷，任一燕．二氧化硫（SO_2）治理方法探讨 [J]. 广州化工，2012，40 (12)：60-62.

[418] 马勇．二氧化硫现状与控制分析 [J]. 中国电力教育，2010 (s1)：5-6.

[419] 徐旭，刘晓莉，韩钰．二氧化硫公众短期接触限值探讨 [J]. 油气田环境保护，2014，24 (3)：70-73.

[420] 陈娟，崔淑卿．空气中二氧化硫对人体的危害及相关问题探讨 [J]. 内蒙古水利，2012，(3)：174-175.

[421] 胡敏哲．酸雨对人体健康的危害及气象学预防措施 [J]. 中国科技信息，2011，(20)：41-42.

[422] 陈宇炼．酸雨对人体健康的潜在危害 [J]. 环境与健康杂质，1990，(2)：96-97.

[423] 柏顺，袁泽华．燃煤排放烟气脱硫技术概述 [J]. 化工管理，2017，(13)：77-78.

[424] Darrall N M. The effect of air pollutants on physiological processes in plants [J]. Plant，Cell and Environment，1989，12 (1)：1-30.

[425] 彭勇，陈刚，涂利华，等．巨桉和天竺桂幼树对不同浓度 SO_2 的光合生理响应彭勇 [J]. 西北植物学报，2014，34 (1)：150-161.

[426] 李灏阳，李衍红．酸雨对混凝土建筑物和文物损坏机理的研究 [J]. 环境科学与管理，2016，41 (1)：33-36.

[427] 李畋汐．酸雨的危害及治理方法分析 [J]. 中国高新区，2017，(24)：177.

[428] 张莹婷．煤电节能减排升级与改造行动计划（2014—2020年）出台 [J]. 工业炉，2014，(06)：58.

[429] 冯凯．关于征求《钢铁烧结，球团工业大气污染物排放标准》等20项国家污染物排放标准修改单（征求意见稿）意见的函 [J]. 砖瓦，2017，(7)：45-48.

[430] 杨忠凯，王敬臣，武宁，等．燃煤烟气脱硫技术综述 [J]. 河南化工，2019，36 (3)：3-6.

[431] 任俊英，崔元媛．国内外脱硫技术的发展 [J]. 自动化应用，2013，(12)：13-14，39.

[432] Kobayashi M，Akiho H. Carbon behavior in the cyclic operation of dry desulfurization process for oxy-fuel integrated gasification combined cycle power generation [J]. Energy Conversion and Management，2016：1-10.

[433] Al-Ghouti M A，Al-Degs Y S. A novel desulfurization practice based on diesel acidification prior to activated carbon adsorption [J]. Korean Journal of Chemical Engineering，2015，32 (4)：685-693.

[434] 陈德放，钱飒飒．荷电干式吸收剂喷射脱硫系统 [J]. 能源研究与信息，1999，000 (1)：18-27.

[435] 张甲．等离子体技术在燃煤烟气脱硝脱硫中的应用 [J]. 广东化工，2014，41 (21)：170，174.

[436] Huang L，Dang Y. Removal of SO_2 and NO_x by Pulsed Corona Combined with in situ Ca $(OH)_2$ Absorption [J]. Chinese Journal of Chemical Engineering，2011，19 (3)：518-522.

[437] 邓大伟，胡嘉驹，孙波，等．水泥工业烟气脱硫技术综述 [J]. 江苏建材，2020，(6)：58-62.

[438] 李娜．石灰石-石膏法单塔双循环烟气脱硫工艺介绍 [J]. 硫酸工业，2014，(6)：45-48.

[439] 段付岗，刘宏荣．用硫酸铵溶液调整磷复肥产品质量的研究 [J]. 硫磷设计与粉体工程，2014，(4)：23-29，5-6.

[440] Tang X，Li T，Yu H，et al. Prediction model for desulphurization efficiency of onboard magnesium-base seawater scrubber [J]. Ocean Engineering，2014，76：98-104.

[441] 苑贺楠，何广湘，孔令通．工厂燃煤烟气脱硫技术进展 [J]. 工业催化，2019，27 (9)：8-12.

[442] Yan L，Lu X，Wang Q，et al. Research on sulfur recovery from the byproducts of magnesia wet flue gas desulfurization [J]. Applied Thermal Engineering，2014，65：487-494.

[443] 张倩．氧化镁法与石灰-石膏法烟气脱硫技术的适用性分析 [J]. 冶金能源，2017，36 (s1)：114-115.

[444] 蒋猛．喷雾干燥法脱硫在水泥企业中的应用实践 [J]. 水泥工程，2017，(2)：66-68.

[445] 冯鹏，赵志南．半干法脱硫及湿法脱硫工艺比较［J］．住宅与房地产，2017，(33)：221.

[446] 雷华，赵新莹．烧结机循环流化床烟气脱硫技术的分析研究［J］．山东工业技术，2019，(4)：39.

[447] 洪屹磐．pH调控强化湿法烟气SO_2脱除研究［D］．杭州：浙江大学，2020.

[448] 任志凌，朱晓帆，蒋文举，等．软锰矿浆烟气脱硫动力学研究［J］．环境污染治理技术与设备，2006，7 (6)：89-91.

[449] 闫奇操，贵永亮，宋春燕，等．软锰矿浆吸收烧结烟气中SO_2的研究现状及展望［J］．河北理工大学学报（自然科学版）2011，33 (2)：34-37.

[450] Sun W，Wang Q，Ding S，et al. Simultaneous absorption of SO_2 and NO_x with pyrolusite slurry combined with gas-phase oxidation of NO using ozone：Effect of molar ratio of $O_2/(SO_2+0.5NO_x)$ in flue gas [J]. Chemical Engineering Journal，2013，228：700-707.

[451] 刘玲玲．关于菱镁矿开发利用现状的简述［J］．黑龙江科技信息，2016，(15)：31.

[452] 赵琪，黄翀，李颖，等．中国菱镁矿需求趋势分析［J］．中国矿业，2016，25 (12)：38-42，47.

[453] 沈志刚．基于产物资源化的湿式镁法烟气脱硫技术研究［D］．上海：华东理工大学，2013.

[454] 范未军．铜渣尾矿脱除冶炼烟气中SO_2及脱硫液制备黄钠铁矾研究［D］．昆明：昆明理工大学，2019.

[455] 田琳，连娜，陈淑江，等．菱镁矿对火电厂烟气脱硫效率的影响［J］．硅酸盐通报，2014，33 (2)：351-354.

[456] 连娜，陈树江，田琳，等．菱镁矿浮选尾矿浆液的烟气脱硫性能［J］．化工环保，2014，34 (1)：81-83.

[457] Jia L，Fan B，Huo R，et al. Study on quenching hydration reaction kinetics and desulfurization characteristics of magnesium slag [J]. Journal of Cleaner Production，2018，190：12-23.

[458] 于同川，于才渊，胡冠男．基于湿法脱硫技术的钢渣脱硫剂性能研究［J］．化学工程，2009，37 (8)：55-58.

[459] 刘盛余，邱伟，吴萧，等．鼓泡塔中钢渣湿法烧结烟气脱硫过程及机理［J］．应用基础与工程科学学报，2017，25 (1)：46-55.

[460] 张顺雨，贵永亮，袁宏涛，等．钢渣湿法脱硫工艺试验研究［J］．矿产综合利用，2017，(6)：108-111.

[461] Meng Z，Wang C，Wang X，et al. Simultaneous removal of SO_2 and NO_x from flue gas using $(NH_4)_2S_2O_3$/steel slag slurry combined with ozone oxidation [J]. Fuel，2019，255：115760.

[462] 竹涛，王若男，金鑫睿，等．以废治废——铝厂固废赤泥治理工业废气二氧化硫的应用研究［J］．有色金属工程，2019，9 (7)：109-114.

[463] 王亮，修磐石．氧化铝生产中赤泥的堆存与环境保护［J］．辽宁化工，2011，40 (10)：1056-1059.

[464] 赵琳，刘含笑，陈招妹，等．氧化铝赤泥的产生、危害及处置方式初探《环境工程》2018年全国学术年会论文集(下册)［C］．《环境工程》编委会、工业建筑杂志社有限公司：《环境工程》编辑部，2018.

[465] 刘伟，粘丽娜，周波，等．赤泥制备新型燃煤脱硫剂工业应用［J］．山东冶金，2019，41 (2)：40-42.

[466] 左晓琳，李彬，胡学伟，等．拜耳法赤泥脱硫特性研究［J］．硅酸盐通报，2017，36 (5)：1512-1517.

[467] 张家明，王丽萍，赵雅琴，等．热活化赤泥脱硫剂的制备及其脱硫性能研究［J］．环境工程，2018，36 (8)：113-117，182.

[468] 蒋妮娜，罗丹，孔小原，等．赤泥用于热电厂烟气脱硫研究［J］．科学技术创新，2019，(10)：29-30.

[469] Li B，Wu H，Liu X，et al. Simultaneous removal of SO_2 and NO using a novel method with red mud as absorbent combined with O_3 oxidation [J]. Journal of Hazardous Materials，2020，392：122270.

[470] 周文雅，吕振福，曹进成，等．中国磷矿大型资源基地开发利用现状分析［J］．能源与环保，2021，43 (1)：56-60.

[471] Nie Y，Li S，Wu C，et al. Efficient Removal of SO_2 from Flue Gas with Phosphate Rock Slurry and Investigation of Reaction Mechanism [J]. Industrial & Engineering Chemistry Research，2018，57：15138-15146.

[472] Nie Y，Li S，Dai J，et al. Catalytic effect of Mn^{2+}，Fe^{3+} and Mg^{2+} ions on desulfurization using phosphate rock slurry as absorbent [J]. Chemical Engineering Journal，2020，390.

[473] Nuechter M，Ondruschka B，Bonrath W，et al. Microwave assisted synthesis - a critical technology overview [J]. Green Chemistry，2004，6 (51)：128-141.

[474] Horikoshi S, Schiffmann R F, Fukushima J, et al. Microwave Chemical and Materials Processing: A Tutorial [M]. Singapore: Springer Nature Singapore Pte Ltd, 2018.

[475] 万子岸，高飞，王辉，等．微波加热技术在材料制备中的研究进展 [J]. 现代化工，2017，37 (12)：50-53，55.

[476] 丁泽智，杨晚生．微波加热技术的现状与发展分析 [J]. 南方农机，2019，50 (5)：152.

[477] 刘汉桥，孙磊，魏国侠，等．微波技术在典型固体废物污染治理中的应用 [J]. 环境科学与技术，2017，40 (1)：101-106.

[478] 高志芳，高蔷，苏世怀，等．微波改性高炉瓦斯泥吸附特性研究 [J]. 环境科学学报，2011，31 (9)：1968-1973.

[479] 于海莲，胡震．微波辐射作用下磷矿制备磷酸二氢钾的研究 [J]. 化工矿物与加工，2013，42 (5)：9-10，32.

[480] 王俊鹏，姜涛，刘亚静，等．微波预处理对钒钛磁铁矿磨矿动力学的影响 [J]. 东北大学学报（自然科学版），2019，40 (5)：663-667.

[481] Luo Y, Liao T, Yu X, et al. Dielectric properties and microwave heating behavior of neutral leaching residues from zinc metallurgy in the microwave field [J]. Green Process Synth, 2020, 9 (1): 97-106.

[482] 金会心，吴复忠，李军旗，等．高硫铝土矿微波焙烧脱除黄铁矿硫 [J]. 中南大学学报（自然科学版），2020，51 (10)：2707-2718.

[483] 张凤，蒋晓原，楼辉，等．微波条件下 $ZnCl_2$ 改性离子交换树脂催化改质生物油的研究 [J]. 燃料化学学报，2011，39 (12)：901-906.

[484] Bachari K, Guerroudj R M, Lamouchi M. Structural characterization and catalytic properties of gallium-modified folded sheet mesoporous materials prepared using microwave-hydrothermal process [J]. Reaction Kinetics, Mechanisms and Catalysis, 2011, 102 (1): 219-233.

[485] 田红，王会香，史卫梅，等．微波辅助溶剂热合成 In-Si 共改性 TiO_2 的增强光催化性能 [J]. 物理化学学报，2014，30 (8)：1543-1549.

[486] Hongying L, Chunchuan G, Dujuan L, et al. Non-enzymatic hydrogen peroxide biosensor based on rose-shaped $FeMoO_4$ nanostructures produced by convenient microwave-hydrothermal method [J]. Materials Research Bulletin, 2015, 64: 375-379.

[487] 石坤，仲兆平，王佳，等．改性 HZSM-5 催化微波预处理竹木快速热解 [J]. 化工进展，2018，37 (6)：2175-2181.

[488] 张彩云，胡晓霞，邢彦军，等．微波辅助法制备 H_2O_2 改性 TiO_2 及其光催化性能 [J]. 印染，2019，45 (10)：17-20.

[489] 魏爱斌．硫酸尾气磷矿浆脱硫中试研究 [D]. 昆明：昆明理工大学，2016.

[490] 李帅．磷矿浆脱硫影响因素及其动力学研究 [D]. 昆明：昆明理工大学，2018.

[491] 吴琼．磷矿浆脱硫与磷矿脱镁协同机理研究 [D]. 昆明：昆明理工大学，2018.

[492] Mishra G C, Srivastava R D. Kinetics of oxidation of ammonium sulfite by rapid-mixing method [J]. Chemical Engineering Science, 1975, 30 (11): 1387-1390.

[493] Wermink W N, Versteeg G F. The Oxidation of Fe(Ⅱ) in Acidic Sulfate Solutions with Air at Elevated Pressures. Part 2. Influence of H_2SO_4 and Fe(Ⅲ) [J]. Industrial & Engineering Chemistry Research, 2017, 56 (14): 3789-3796.

[494] 李紫珍，覃岭，宁平，等．泥磷乳浊液联合磷矿浆液相脱硝 [J]. 环境工程学报，2018，12 (11)：3177-3184.

[495] Li Z, Li J, Zhang L. Response surface optimization of process parameters for removal of F and Cl from zinc oxide fume by microwave roasting [J]. Transactions of Nonferrous Metals Society of China, 2015, 25 (3): 973-980.

[496] 吴鸿飞，夏飞龙，李军旗，等．低品位高硫铝土矿脱硅精矿溶出及微观结构演变 [J]. 中南大学学报（自然科学版），2019，(9)：2074-2083.

[497] Qian li, Fangzhou ji, Bin xu, et al. Consolidation mechanism of gold concentrates containing sulfur and carbon during oxygen-enriched air roasting [J]. International Journal of Minerals, Metallurgy, and Materials, 2017, 24

(4): 386-392.
[498] Fan L, Zhou X, Liu Q, et al. Properties of Eupatorium adenophora Spreng (Crofton Weed) Biochar Produced at Different Pyrolysis Temperatures [J]. Environmental Engineering Science, 2019, 36 (8): 937-946.
[499] 吴鸿飞，夏飞龙，李军旗，等. 低品位高硫铝土矿静态焙烧脱硫及溶出性能 [J]. 中南大学学报（自然科学版），2020，51 (5)：1163-1173.
[500] 李小斌，余顺文，董文波，等. 锐钛矿对氧化铝溶出性能的影响及其机理 [J]. 中国有色金属学报，2014，24 (11)：2864-2871.
[501] 容凯，王学生，陈琴珠，等. 复合型亚铁络合剂脱硫脱硝动力学及实验研究 [J]. 实验室研究与探索，2018，37 (3)：101-105.
[502] 宏涛. 钢渣用于烧结烟气脱硫的热力学及动力学研究 [D]. 唐山：华北理工大学，2016.
[503] 沈翔，沈凯，王林，等. 基于环境监管平台的脱硫效率双膜模型及优化 [J]. 环境工程，2016，34 (3)：65-69 +75.
[504] 黄晓媛，莫建松，吴忠标. 石灰石-石膏湿法烟气脱硫系统的数值模拟 [J]. 化学反应工程与工艺，2017，33 (1)：55-64.
[505] 冯斌. 影响湿式石灰石烟气脱硫系统脱硫效率的因素分析 [J]. 科技创新与应用，2015，(34)：119.
[506] Shi Z, Cao D, Tang W, et al. Abatement of tetrafluoromethane by chemical absorption with molten aluminum [J]. Journal of Environmental Management, 2017, 204: 375-382.
[507] 施耀. 利用工业废料在旋流板塔内烟气脱硫的基础研究 [D]. 杭州：浙江大学，1991.
[508] 李文新. 水吸收 CO_2 气体的液相总传质系数测定新方法 [J]. 长安大学学报（建筑与环境科学版），2004，(1)：70-72，78.
[509] 明磊凌. 亚铁络合吸收湿法脱硫脱硝试验研究 [D]. 哈尔滨：哈尔滨工业大学，2010.